TensorFlow+PyTorch 深度学习从算法到实战

刘子瑛◎编著

北京大学出版社
PEKING UNIVERSITY PRESS

内 容 提 要

本书详尽介绍深度学习相关的基本原理与使用 TensorFlow、PyTorch 两大主流框架的开发基础知识和基本技术，并且展示了在图像识别与文本生成实际问题中的应用方法。同时考虑到程序员擅长 JavaScript 的人员比熟悉 Python 的人员更多的情况，特别增加了对于 TensorFlow.js 的介绍。初学者面对深度学习望而却步的主要原因是认为入门门槛太高，需要较多的算法基础训练。针对此问题，本书原创了 5-4-6 学习模型提纲挈领地降低学习曲线，并通过将知识点和难点分散到代码中的方式让读者以熟悉的方式迅速入门，并且为进一步学习打下坚实的基础。同时，本书也介绍了 AutoML 和深度强化学习等新技术，帮助读者开阔眼界。

本书内容翔实，讲解深入浅出，通俗易懂，配有大量的程序案例可供实操学习，既适合职场中经验丰富的开发人员学习，又可供计算机等相关专业的在校学生和其他科技人员参考，还可供算法理论相关的研究人员参考。

图书在版编目（CIP）数据

TensorFlow+PyTorch 深度学习从算法到实战 / 刘子瑛编著 . — 北京：北京大学出版社，2019.8

ISBN 978-7-301-30581-2

Ⅰ . ① T… Ⅱ . ①刘… Ⅲ . ①人工智能—算法②机器学习 Ⅳ . ① TP18

中国版本图书馆 CIP 数据核字 (2019) 第 129056 号

书　　名　TensorFlow+PyTorch 深度学习从算法到实战
TensorFlow+PyTorch SHENDU XUEXI CONG SUANFA DAO SHIZHAN
著作责任者　刘子瑛　编著
责 任 编 辑　吴晓月　王蒙蒙
标 准 书 号　ISBN 978-7-301-30581-2
出 版 发 行　北京大学出版社
地　　址　北京市海淀区成府路 205 号　100871
网　　址　http://www.pup.cn　　新浪微博：@ 北京大学出版社
电 子 信 箱　pup7@pup.cn
电　　话　邮购部 010-62752015　发行部 010-62750672　编辑部 010-62570390
印 刷 者　北京溢漾印刷有限公司
经 销 者　新华书店
787 毫米 ×1092 毫米　16 开本　23 印张　445 千字
2019 年 8 月第 1 版　2019 年 8 月第 1 次印刷
印　　数　1—4000 册
定　　价　89.00 元

前 言

人工智能经过三次低潮，终于开始进入井喷阶段。2017 年，国家制定了《新一代人工智能发展规划》，将人工智能技术上升到国家战略高度，深度学习成为每位程序员的必备技能。但是，程序员普遍反映，深度学习门槛太高，理论体系复杂，就算学了也难以应用。

本书旨在解决上述问题，让程序员能快速掌握深度学习相关知识，并应用于实践中。笔者有十多年的开发经验，对深度学习知识的难点、痛点有深入的了解和研究。鉴于软件开发人员擅长阅读代码，本书将深度学习相关知识分散到 TensorFlow 和 PyTorch 的实际应用中，让大家不但能学到原理，而且可以应用到实际中。

如何培养更多人工智能人才，其实也是业界广泛关注的问题， Google、Facebook、微软等无不将此视为重要任务。Google 的 TensorFlow 一直在努力开发面向初学者的高层 API，并且将 Keras 吸收进了 TensorFlow。不仅如此，Google 还面向网页前端开发人员推出了更易用的 TensorFlow.js。与此同时，Facebook 在用 Lua 语言进行开发的 Torch 框架基础上，重新封装，推出了 PyTorch，提供了案例丰富的详细文档。本书充分吸取了以上这些产业界的最新成果，结合本书独创的 5-4-6 逻辑模型，期望初学者可以站在比较高的起点上学习。

◈ 本书特色

1. 这是一本能够让程序员以较低的成本迅速入门的书

与用大量篇幅讲解理论的书不同，本书的一切原理都有相应的代码实现。代码既可以帮助技术开发人员理解原理，又可以直接用于工作中。一时还不能理解的原理，可以在实践中慢慢体会和使用。

“一切以代码说话”的方式符合程序员的思维，正如程序员界的著名口号：Talk is cheap, show me the code。

2. 虽然面向入门者，但并未放低要求，同时适合初学者和希望能深入学习的读者

本书既有真实代码又有对应的理论部分，还有深度学习中的重要知识点。在内容较深入的章节中笔者列出了希望大家阅读的论文。

本书完全可以匹配每位读者自身的需求，自己来决定学到什么程度。如果只是想应用，

学习好本书中的代码开发方法，可以在学习的同时，参考官网上的 API 说明和网上的例程，就能直接使用深度学习来帮助提高工作效率。读者也可以顺着本书的线索深入学习相关论文，了解人工智能的最新进展。

3．独有的多框架同时讲解方法，有助于从多角度学习到深度学习的精华

本书的主体部分同时讲解世界上最流行的两种开发框架：Google 的 TensorFlow 和 Facebook 的 PyTorch，同时还有一章介绍 TensorFlow.js。这样读者学到的知识是独立于框架之外的，将来即使换用其他框架也很容易上手。

除了用以上两种主流框架之外，还有用微软的 CNTK、亚马逊的 MXNet、百度的 PaddlePaddle 等框架实现的代码。学习了主流框架，其他的就可以触类旁通了。阅读本书，读者将拥有更强的能力站在各种框架的“肩上”。

◈ 本书内容及体系结构

第 1 章　30 分钟环境搭建速成

本书的定位决定了以实践贯穿始终的写作风格，而搭建环境是第一道关口。本章介绍使用第三方的 Conda 工具、直接使用 Python 语言和从源代码开始 3 种方式搭建算法运行的编程环境。

第 2 章　深度学习 5-4-6 速成法

与传统学习的四平八稳不同，本书在第 1 章就开始给读者一个图像识别的完整例子，并且将全书的主要知识点以 5-4-6 模型统领起来。本章就像一个全景地图一样，使读者在后续学习中清晰地知道处于知识海洋中的什么位置。

第 3 章　张量与计算图

深度学习与传统编程有所不同，相当于提供了一门全新的编程语言。本章主要介绍这门新编程语言的基本元素，如常量、变量、数据类型、流程控制等，为后面的学习打好基础。计算图这门语言与传统编程语言还是有一定区别的，建议读者不要完全用现有编程知识套用。

第 4 章　向量与矩阵

本章相当于其他语言中容器和数据结构的对应章节。与普通容器基本都是一维线性结构不同，机器学习中大量使用高维张量。张量的变形、拼接、切片都是在实际编程中常用的操作。尤其是高维操作不易理解，需要读者用心体会，因为在其他语言中很少用到二维以上的数组，但是在深度学习中用 4 维张量是很平常的事情。

第 5 章　高级矩阵编程

从第 4 章的高维张量中脱离出来，本章只讲二维的矩阵。虽然维数降下来了，但是也并不轻松，因为这一章涉及很多线性代数和矩阵论的数学知识。后面的神经网络中要用到很多矩阵运算，虽然已经有了很好的封装，但是基础知识还是要学习扎实的。

第 6 章　优化方法

优化方法是训练人工神经网络的核心技术，虽然看起来是比较基础的领域，但是新的优化方法一直层出不穷，对于老方法的改进也一直在进行中。从本章开始，读者可以试着读论文，学习新技术了。

第 7 章　深度学习基础

虽然深度学习被传得神乎其神，但其实基础的神经网络只能处理一类问题，就是数据的分类问题。本章还介绍了深度学习的发展简史。

第 8 章　基础网络结构：卷积网络

虽然深度全连接网络也可以实现卷积网络的功能，但是卷积网络是更适合图像这样的二维表格式数据的利器。引爆深度学习潮流的 AlexNet 也是使用了卷积网络才达到的突破。

第 9 章　卷积网络图像处理进阶

本章简要介绍了 VGGNet、GoogLeNet 和 Resnet 等几种高级网络的简要原理。虽然它们更强大、更复杂，但它们所用的部件都是第 8 章介绍过的，只是有新的不同的组合方法。但是仅仅有高级网络还是不够的，本章还介绍了图像语义分割和人脸识别中真实使用的卷积网络，从而跟实际应用接上轨。

第 10 章　基础网络结构：循环神经网络

循环神经网络是一种特别适合处理文本的神经网络结构。本章由浅入深地介绍了像传统神经网格一样使用循环神经网络和采用隐藏状态的方式使用循环神经网络，为下一章在文本生成中应用循环神经网络打下良好基础。

第 11 章　RNN 在自然语言处理中的应用

循环神经网络 RNN 是专门用于处理文本序列信息的网络。本书用一章的篇幅介绍了应用 RNN 进行字符序列生成的实例，在网上风行的“机器写诗”就是用这个算法来实现的，还可以用来生成 Linux 内核代码等操作。

第 12 章　用 JavaScript 进行 TensorFlow 编程

截至上一章，深度学习的三大核心知识点已经全部介绍完毕。本章开始将这些知识应用于 2018 年年底新推出的 TensorFlow.js 框架。本章的意图并不是再学一个新框架，而是希望将其作为一道例题，为读者将来自学其他框架打下良好的基础。

第 13 章　高级编程

本章是锦上添花的一章，介绍了使用 GPU 加速来提高深度学习的训练速度，并且简单介绍了生成对抗网络的原理。

第 14 章　超越深度学习

本章介绍了深度学习的两个重要应用：一个是如何自动调参，另一个是深度学习引发的强化学习的革命。从案例中可以看到，编程变得越来越简单，但是系统变得越来越复杂。我们一方面要时刻关注它们的进展，另一方面手写神经网络的基本功还不能丢。

◈ 本书读者对象

- Python 程序员。
- 机器学习开发工程师。
- 人工智能研究人员。
- 各类与人工智能打交道的产品经理、运营人员。
- 互联网行业创业者。

◈ 赠送资源

本书为了便于读者学习，特整理了：①本书涉及的所有源代码；②一些相关技术的论文地址；③与书配套的 100 分钟学习视频。

注意：以上资源已上传到百度网盘，供读者下载。请读者关注封底“博雅读书社”微信公众号，找到“资源下载”栏目，根据提示获取。

目　录

绪　论
程序员为什么要学习机器学习

为什么要学习机器学习和深度学习?

作为一个有十几年开发经验的程序员，笔者深深觉得，还在用传统方法写代码的同人们真的未必能够体会到学习机器学习和深度学习的重要性。本章将介绍学习机器学习和深度学习的重要性。

本章将介绍以下内容

- 工业革命级的技术红利
- 中美两国为机器学习作背书
- 从编程思维向数据思维的进化

我们先通过一张图来看一下机器学习与深度学习技术的优势，如图 0.1 所示。

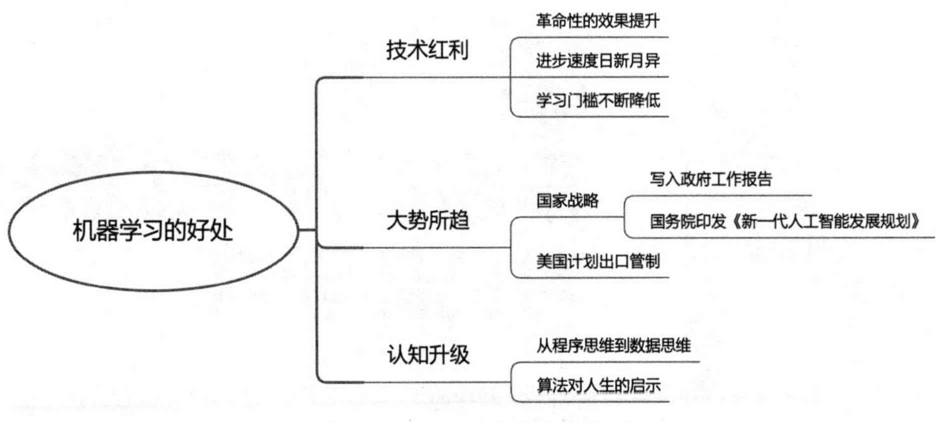

图 0.1　机器学习的优势

0.1　工业革命级的技术红利

人工智能是从一开始就伴随着电子计算机的发明而兴起的。但是直到 2012 年，深度学习在图像识别上引发突破，机器学习的应用才变得如此普遍。

7 年来，深度学习算法使人脸识别、图像识别、语音识别、自然语言处理等各方面都有了迅猛的进展。在人脸识别、图像识别等方面，人工智能迅速超过人类的水平，在曾经被认为计算机算法难以完成的围棋上打败了世界冠军李世石和柯洁，人类最后的智力游戏失守。

深度学习的发展速度可以用日新月异来形容。

从深度方向来举例，2012 年的 AlexNet 解决了 8 层网络的训练问题，2014 年的 VGGNet 就达到了 19 层，同年的 GoogLeNet 为 21 层。而到了 2015 年的 Resnet，就突飞猛进到 152 层。2017 年，CVPR 的最佳论文 Densenet，最高可达 264 层。

同年，Resnet 的下一代技术 ResNeXt 和 2017 年 ImageNet 冠军 DPNet 已经不再追求层数，只用 100 层左右的网络就可以实现超越人类的效果。

同时，深度学习向各领域进行广度的扩充。例如，AlexNet 等网络只能对已经切割好的图片进行分类，而要进行图像识别首先还需要把每个对象识别出来。这种识别当然在深度学习大兴之前早就有了，如 HOG 算法、SIFT 算法等。但是深度学习的 CNN 更有利于提取特征，于是就诞生了 2014 年的 R-CNN 算法。后来将 R-CNN 中的分类用深度学习实现，产生了 2015 年的 Fast R-CNN 算法。2016 年，将整个算法用深度神经网络来实现的 Faster

R-CNN 算法完成了整个对象识别的深度学习化。并不是 2012 年深度学习的 AlexNet 的想法就可以直接用来解决对象识别的问题，但是经过 4 年的努力，这个任务成功实现了。

这样的例子在语音识别和自然语言处理等领域中也在不断上演。

这仅仅是在应用领域，更厉害的是深度学习也深刻地改变了其他算法领域，如强化学习。2012 年深度学习突破之后，2015 年，Google 公司的 DeepMind 团队在 *Nature* 杂志上发表了将深度学习与强化学习结合在一起的深度快速学习算法 DQN。2016 年，基于深度神经网络与树搜索算法的 Alpha Go 再次在 *Nature* 杂志上发表。

最后，深度学习比起传统机器学习，门槛大大降低，正是学习的好机会。

（1）深度学习的知识点较为集中，第 2 章介绍的 5-4-6 模型基本上就可以涵盖大部分内容，而传统机器学习需要的领域专业知识很多且非常分散，算法不通用。

（2）开源开放为深度学习的工具的普及提供了巨大红利。不管是 Google 大脑用的 TensorFlow 框架，还是 OpenAI 的强化学习工具，都是顶尖大厂的一线工具，免费提供给全世界使用。另外，Facebook 的 PyTorch，微软的 CNTK，百度的 PaddlePaddle 等工具也都开源开放，每位学习者都能很容易用到世界上最先进的工具。

（3）Google、Facebook 等企业和机构不遗余力地研发更加方便的工具，降低使用者的门槛。例如，Keras 框架就是主要面向初学者，PyTorch 和 TensorFlow.js 等工具在设计上也充分考虑了易用性。Google 的 TensorFlow 等也在不断探索高层 API。

（4）AutoML 等自动模型生成技术初现曙光。在第 14 章会介绍 AutoML 自动机器学习技术，只需要数据即可在完全不懂深度学习的情况下使用深度学习。

0.2 中美两国为机器学习作背书

机器学习有用的最重要证据，来自中国和美国这两个大国为其进行背书。

先说我国，2017 年，人工智能发展写进了政府工作报告。

同年 7 月，国务院发布了《新一代人工智能发展规划》，其主要内容如图 0.2 所示。

规划中首先承认了人工智能的发展进入了新阶段，给我们带来机遇，也带来了挑战。我国虽有良好的基础，但跟先进国家相比又有差距。

针对这个态势，国家有总体要求和重点任务，提供资源、保障，负责组织实施。

这些重点任务涉及的层次比较深，比较广，但大部分技术都是以本书介绍的技术为基础的。如图 0.3 所示，不仅有基础理论研究，有关键技术攻关，还有基础支撑平台和智能化基础设施的保障。

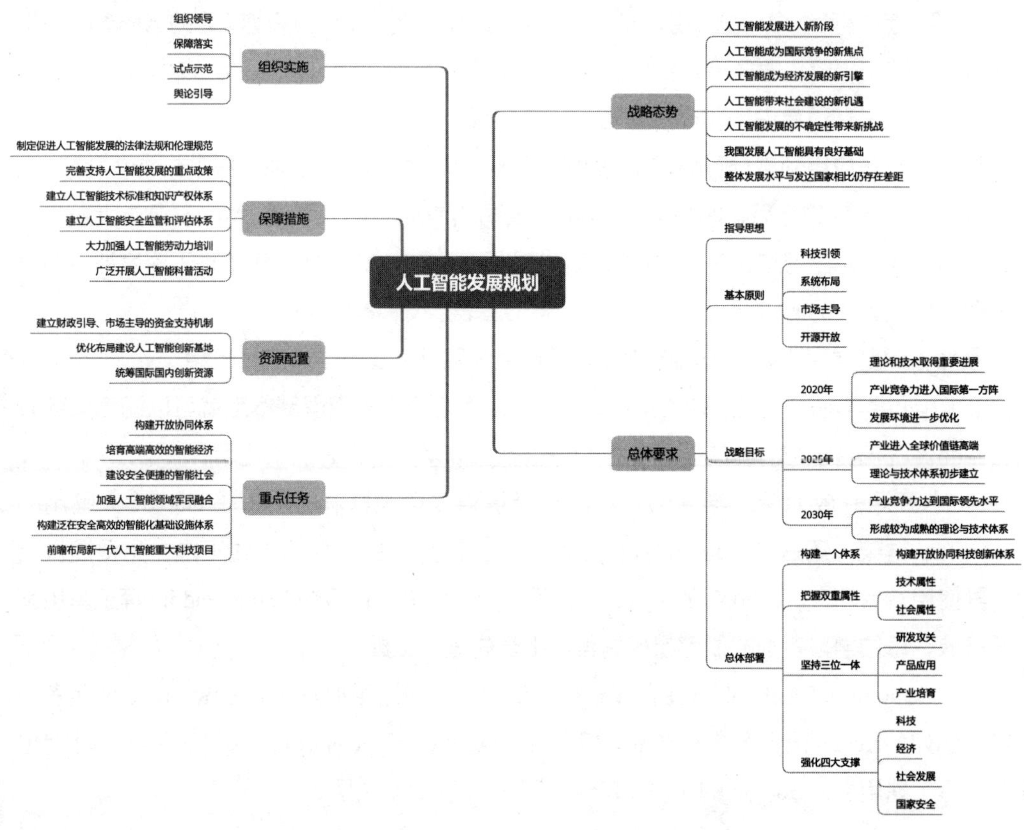

图 0.2　国家新一代人工智能发展规划主要内容思维导图

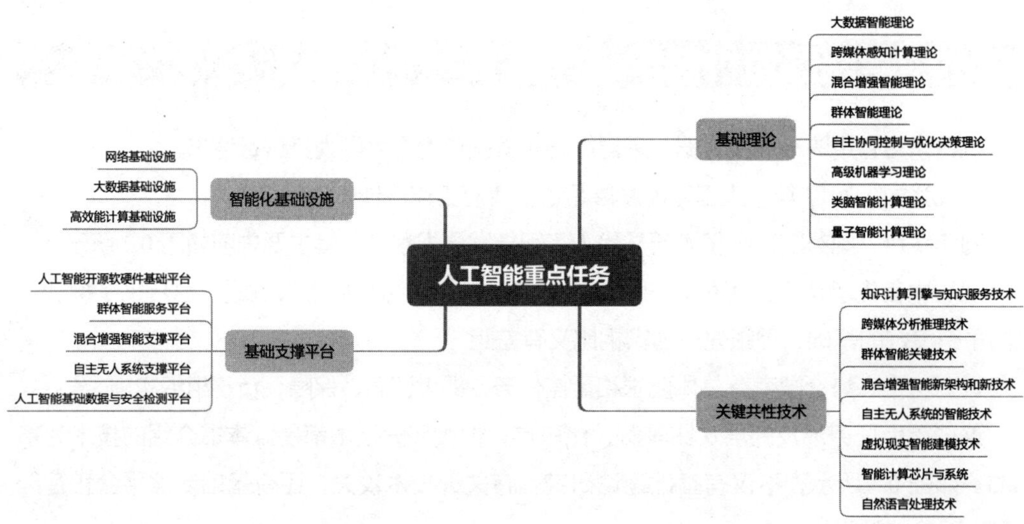

图 0.3　我国人工智能发展的重点任务

2018 年年底，美国商务部工业安全局公布了出口管制的建议公告。下面来看一下其中人工智能部分的限制出口的技术和本书中讲这些技术的相应章节，如图 0.4 所示。

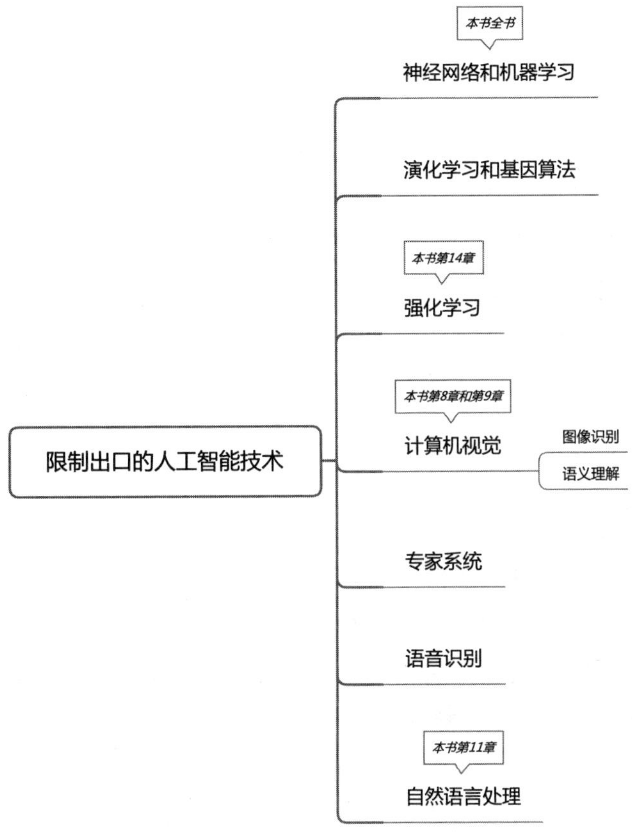

图 0.4　美国商务部工业安全局计划出口管制的人工智能技术

0.3　从编程思维向数据思维的进化

最后谈一下程序员的认知升级。

传统的软件开发方式，无论采用何种开发流程与开发模型，其代码都是确定性的指令序列。机器学习所代表的是通过数据学习、自我迭代更新，但代码不变的一种新的编程方式。

卡耐基－梅隆大学教授邢波说过，机器学习和传统编程的不同之处在于面对任务时，机器学习更具灵活性：传统编程是预设执行动作，按照条件触发的程序，而机器学习则没有预设执行动作，而是通过对大量场景数据的学习，自己确立触发条件和执行动作的关系，并不断迭代优化。

这段话可以说是一语道破了机器学习的本质。工具会限制人的思维，限制程序员思维的就是计算机本身。

计算机提供了指令集，将这些指令封装成汇编语言，就构成了第一代程序员的开发思维。后来出现的结构化编程、面向对象编程、面向切片编程等新思潮，本质上，还是对于机器指令的抽象与封装。这一派的典型代表是 C 语言，用来写作 UNIX 等大量的操作系统。在这一系语言中，影响最大的人物是冯·诺依曼，因为第一代计算机的指令架构就是冯·诺依曼结构。

类 C 语言因为本质上是计算机指令的封装，所以不管如何设计，程序代码都是核心。数据是被程序指令控制的操作数。如果程序基本没有 bug，也不增加新需求，可以固化到只读硬件中，因为逻辑是确定的。

计算机硬件指令的执行，本质上只有顺序和分支两种结构：要么按顺序执行，当然固定的跳转指令也是按顺序执行；要么是 if-then 结构，根据条件判断来执行。

程序开发中，做得最多的事情就是根据各种情况，设计好各种分支结构。循环本质上也是一种多次执行的分支结构。

在传统编程中，数据是为程序服务的，先有程序，才能处理数据。但是在大数据时代，这种方式受到了空前的挑战。在传统方式中，编程对数据的处理本质上依赖人对数据规律的彻底了解，而在机器学习的方法中，程序除了对于现有数据规律的学习外，还要从数据的自动学习中预测没有学习到的数据的规律。

例如，在第 2 章中将介绍手写识别的例子。随着训练次数的增加，识别的准确率越来越高。在这整个过程中，代码并没有任何修改，但是功能却在不断增强。对于机器学习的代码来讲，训练好数据的重要性甚至胜于代码。

甚至在 AutoML 等自动生成模型的系统出现之后，不用写代码，只需要提供数据就可以生成从数据中寻找规律的逻辑代码来。

例如，在第 14 章中将要讲到的例子：

```
automl = autosklearn.classification.AutoSklearnClassifier()   # 创建自动分类器
automl.fit(X_train, y_train)   # 自动建模，自动调参
```

在 AutoML 的支持下，数据换成猫狗的，就可以识别猫狗，数据换成人脸的，就可以识别人脸，从此告别根据领域知识手工编程的模式。

对于深度学习来讲，写代码相对比较容易。但是运行代码，需要大量的数据和计算资源。对于大型的网络来说，可能需要以天或周为单位计算，甚至更长的时间做训练。到了新的应用场景，主要用新的数据做训练，调整参数，也可能调整网络结构。但是基本很难看到像开发传统代码那样，大规模的以写机器指令为逻辑的开发工作。

举个例子来看一下两种开发模式的差别。假如，我们要开发一个自动驾驶程序，现在的问题是，我们想识别路上的交通线，但是总受路边的树的影子的影响。如何消除这个影响？

按照传统编程方式，需要定义出所有可能是树的影子的情况，然后分别通过 if-then 判断去处理。也就是说，还是需要人对逻辑进行梳理和控制。

而对于深度学习的方式，可能只要对网络结构做一些修改，增加一个特定的池化层就可以了。

深度学习的最大进步，就是通过大量数据的训练，可以减少传统机器学习对于算法工程师对领域问题理解的依赖，而且很多场景下效果比传统算法手工做得还要好。

好的算法是有泛化能力的，可以根据有限的数据，推断出未知的情况。而这是对现有的基于每种问题定制策略的 policy base 方法的重大改进。

编程方法的革命影响的将不是一个行业，而是一个元行业，因为它影响的是基础的软件技术。软件开发测试方法的变革，将深刻影响互联网、移动互联网、物联网、区块链等利用传统方法开发的技术，从而对于依托于这些底层技术的各行各业造成二次影响。

在传统方式下，代码一旦写好，除非升级软件，否则逻辑就是一成不变的。例如，小米的 MIUI 几年前之所以成功，就是迭代开发速度快，用户提了意见就马上改，每周一更新，有意见继续改。

而在基于数据智能的软件开发方法下，用户使用的数据就可能为现有的软件提供更多的增强功能。这并不需要付出多少额外的工作量，主要是思维模式需要转变。

最后一点人生启示，算法是我们应对如此复杂的世界的一个新的视角和思路。

第 1 章 30 分钟环境搭建速成

编写代码的第一步是搭建需要用到的工具运行环境。深度学习开发中我们使用的工具都是开源工具，优点是不仅免费，还提供源代码供我们学习。但弊端是，这些开发主要基于 Linux 平台，对于 Windows 平台的支持功能并不完善。如果在 Windows 平台上对主流深度学习框架进行编译，需要做的工作比在 Linux 和 Mac 平台上要复杂得多。TensorFlow 平台明确声明，不支持在 Windows 平台上编译。早期 PyTorch 也不支持 Windows 平台。

如前言所述，现在正是深度学习爆发的年代，这些开源框架在不断进步，对 Windows 的支持也越来越完善。

本章将介绍以下内容

- 使用 Anaconda 搭建开发环境
- 使用 Python 自带的开发环境
- 从源代码搭建开发环境

1.1 使用 Anaconda 搭建开发环境

既然在 Windows 平台搭建开发环境相对复杂，那么可以找一些工具来辅助我们。Anaconda 就是可以给我们提供辅助功能的利器。Anaconda 是一个集成的 Python 开发环境。首先来看一下为什么我们要用 Python 来作为机器学习的主要开发语言。

1.1.1 Python 语言的优势

在深度学习方面，目前 Python 是最主流的语言。主流框架都有 Python 语言的接口。目前流行的 Google 的 TensorFlow 框架就是以 Python 语言作为首选开发语言的。

有个框架称为 Torch，用 Lua 语言作为主要开发语言。但是后来被 Facebook 的开发人员改成以 Python 作为主要开发语言后，变成 PyTorch。现在 PyTorch 是仅次于 TensorFlow 的深度学习框架。

为什么 Python 成了无可争议的深度学习开发语言的第一选择？主要有以下几个原因。

（1）Python 是一门解释型语言，表现力强，同样的功能用 Python 实现比用 C++、Java 等语言实现要简洁得多。

（2）Python 有强大的科学计算的生态。例如，Python 有 NumPy、Scipy 这样的科学计算框架，极大地扩展了语言本身的功能，使得 Python 在科学计算领域完全可以同 Matlab 和 R 这样的专业语言相提并论。而 Python 又是一门通用语言，其用户比 Matlab 和 R 更多。

（3）Python 具有良好的与 C/C++ 的接口经验。Python 在设计时就制定了较完善且易用的 C/C++ 接口规范。相比而言，Java 语言的 JNI 规范设计得较为复杂，JavaScript 语言连官方的 C/C++ 接口规范都没有，只能依赖 Node.js 这样的实现环境的私有的 Addon 接口。

注 意

> Python 有两个主要的大版本，即 Python 2 和 Python 3，本书中的代码均是基于 Python 3 的。

1.1.2 安装 Anaconda

如 1.1.1 小节所述，Python 拥有强大的生态。但不幸的是，这个生态对于 Linux 和 Mac 类 UNIX 系统的支持比较好，而对于 Windows 系统的支持有一定的不足。

图 1.1 说明了搭建开发环境的 3 种方式：直接从 Python 安装，通过集成环境安装，从源码编译来安装。

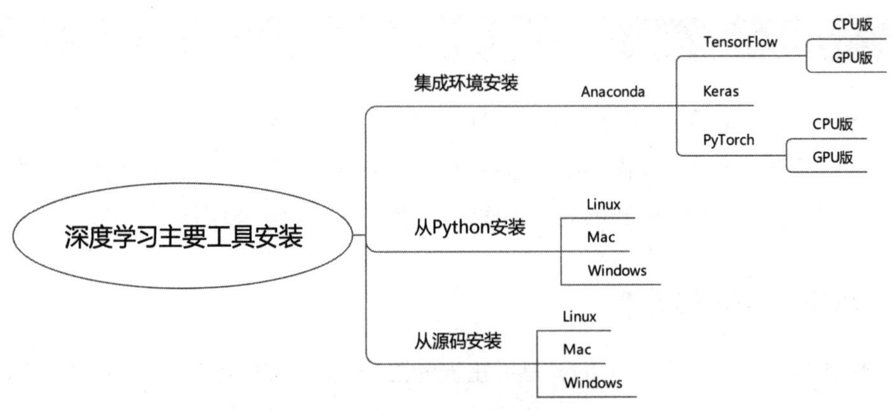

图 1.1　深度学习主要工具安装方法

由于从 Python 安装涉及一个问题——有的包 Windows 平台上没有，因此在 Windows 系统下最简单的方法就是通过集成环境安装，代表产品是 Anaconda。

注 意

> Windows 系统下建议使用 Anaconda 搭建开发环境，Mac 和 Linux 系统下可以自由选择。

Anaconda 是目前最流行的基于 Python 的科学计算和数据处理的软件包之一，可以到 Anaconda 官网下载最新版本。由于 Anaconda 自带 Python 运行环境，安装 Python 环境的步骤可以省略。

如果觉得 Anaconda 官方网站的下载速度慢，或者访问有问题，可以访问国内的映像网站，如清华的映像网站。

Anaconda 的安装过程非常简单，除了选择安装目录以外，没有其他选项。

安装成功之后，只需简单命令即可执行。以 Windows 10 为例，打开开始菜单中的 Anaconda Prompt 软件，会出现一个命令行窗口，后面的命令都是在这个窗口中执行的。

1.1.3　在 Anaconad 环境下安装 TensorFlow

Anaconda 提供了 Conda 命令，可以非常简单地管理安装新功能。

```
conda install tensorflow
```

安装完成后，可以写一个小程序来测试是否安装成功。打开 Anaconda Prompt，在其命令行窗口中输入 Python，进入 Python 环境，然后依次输出下面的命令：

```
>>> import tensorflow as tf
```

```
>>> sess = tf.Session()
>>> a = tf.ones([3,3])
>>> sess.run(a)
```

输出结果如下：

```
array([[1., 1., 1.],
       [1., 1., 1.],
       [1., 1., 1.]], dtype=float32)
```

运行到这里，说明 TensorFlow 安装正常，接下来就可以按第 2 章开始的步骤来进行学习了。下面我们对命令进行说明。

第 1 条语句，引入 TensorFlow 包，并简称为 tf。

第 2 条语句，因为 TensorFlow 是基于 Session 运行的，所以先要建立一个 Session。

第 3 条语句，定义一个 3*3，值都为 1 的矩阵。

第 4 条语句，运行生成第 3 条语句的矩阵。

1.1.4 在 Anaconda 环境下安装 PyTorch

PyTorch 的主页提供了根据不同环境生成不同命令的页面，如图 1.2 所示。

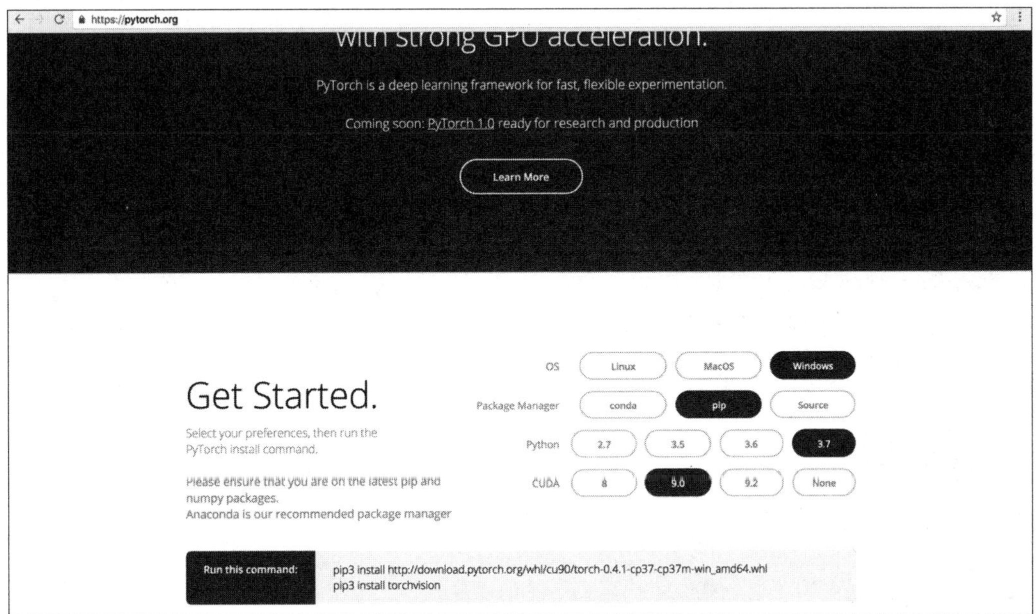

图 1.2　Torch 主页生成安装命令

我们以使用 Python3.6 版的 Anaconda 版本为例，在前面的操作中选择了使用 Conda 环境和 Windows 平台。目前，我们暂时不使用 GPU 来进行加速，所以 CUDA 项选择 None。我们运行一下：

```
conda install pytorch-cpu -c pytorch
pip3 install torchvision
```

第一步是安装 CPU 版的 PyTorch，因为这是 Anaconda 支持的包，所以用 Conda 命令来安装。

第二步是安装 torchvision 包，这个包并不为 Anaconda 所支持，所以我们用标准 Python 3 的命令 pip3 来安装。

安装完成以后，用一小段代码来试验一下环境：

```
>>> import torch as t
>>> a = t.zeros([3,3])
>>> print(a)
```

输出结果如下：

```
tensor([[ 0., 0., 0.],
        [ 0., 0., 0.],
        [ 0., 0., 0.]])
```

虽然还没有进一步学习 PyTorch 和 TensorFlow 的区别，但经过上述操作，我们发现，TensorFlow 必须有一个 Session 会话对象才可以运行，而 PyTorch 可直接运行。

1.1.5 Anaconda 环境下安装 Keras

Keras 是跨平台的高层 API 框架，因为应用广泛，在 Anaconda 中也被支持。我们可以通过 Conda 命令来安装：

```
conda install keras
```

Anaconda 是跨平台的框架，在 Mac 和 Linux 系统下的安装方法和在 Windows 系统下的安装方法类似，这里就不再赘述。

提 示

Windows 用户建议使用 Anaconda 来搭建环境，可以跳过后面的小节，直接进入第 2 章学习。

1.2 使用 Python 自带的开发环境

对于机器学习开发来说，主要在 Linux 平台上进行。所以对于 Linux 和基于同是 Unix-Like 内核的 Mac OS 来说，使用 Python 自带的开发环境已经可以非常好地支持搭建深度学习的开发环境了。

1.2.1 在 Mac OS 平台搭建深度学习开发环境

首先从 www.python.org 网站下载 Python 的安装包。建议不要下载最新版本，如果最新版本是 3.7.2，我们选择 3.6.x 或 3.5.x 的版本会好一些，因为主流框架的更新有一定的滞后性，使用最新版本会面临找不到对应版本框架的问题。

目前主流的计算机都支持 64 位系统和软件，所以建议大家都使用 64 位 Python，使用 32 位会遇到一些兼容性问题。具体如图 1.3 所示。

Python Software Foundation [US] https://www.python.org/downloads/release/python-366/

systems. Binary extension modules (including wheels) built for earlier versions of 3.6.x with the 10.6 variant should continue to work with either 3.6.6 variant without recompilation.

- Both python.org installer variants include private copies of OpenSSL 1.0.2. Please carefully read the `Important Information` displayed during installation for information about SSL/TLS certificate validation and the `Install Certificates.command`.

Full Changelog

Files

Version	Operating System	Description	MD5 Sum	File Size	GPG
Gzipped source tarball	Source release		9a080a86e1a8d85e45eee4b1cd0a18a2	22930752	SIG
XZ compressed source tarball	Source release		c3f30a0aff425dda77d19e02f420d6ba	17156744	SIG
macOS 64-bit/32-bit installer	Mac OS X	for Mac OS X 10.6 and later	c58267cab96f6d291d332a2b163edd33	28060853	SIG
macOS 64-bit installer	Mac OS X	for OS X 10.9 and later	3ad13cc51c488182ed21a50050a38ba7	26954940	SIG
Windows help file	Windows		e01b52e24494611121b4a866932b4123	8139973	SIG
Windows x86-64 embeddable zip file	Windows	for AMD64/EM64T/x64	7148ec14edfdc13f42e06a14d617c921	7186734	SIG
Windows x86-64 executable installer	Windows	for AMD64/EM64T/x64	767db14ed07b245e24e10785f9d28e29	31930528	SIG
Windows x86-64 web-based installer	Windows	for AMD64/EM64T/x64	f30be4659721a0ef68e29cae099fed6f	1319992	SIG
Windows x86 embeddable zip file	Windows		b4c424de065bad238c71359f3cd71ef2	6401894	SIG
Windows x86 executable installer	Windows		467161f1e894254096f9a69e2db3302c	30878752	SIG
Windows x86 web-based installer	Windows		a940f770b4bc617ab4a308ff1e27abd6	1293456	SIG

Documentation　Community　Success Stories　News

https://www.python.org/ftp/python/3.6.6/python-3.6.6-macosx10.9.pkg

图 1.3　Python 官网下载页面

这里选择用于 OS X 10.9 and later 的 Mac OS 64-bit installer。这是 pkg 文件，下载后单击运行，参数保留默认即可。

然后就可以使用 pip3 命令来安装：

```
pip3 install tensorflow -upgrade
pip3 install keras -upgrade
```

```
pip3 install torch torchvision --upgrade
```

同样，在 Mac OS 下可以用 Anaconda 来搭建环境，也可以使用 Homebrew 来管理 Python，但是要注意 Homebrew 会自动升级 Python 大版本，可能会导致原来配置好的环境因软件大版本升级而无法工作。

1.2.2 在 Linux 平台搭建深度学习开发环境

Linux 的主流发行版本有 Fedora 系统和 Ubuntu 系统。

1. 在 Fedora 系统上搭建深度学习开发环境

Fedora 中使用 dnf 工具来做包管理，通过它可以方便地安装 Python 3：

```
sudo dnf install python3
```

安装成功之后，就可以通过 pip3 命令来安装 TensorFlow、Keras：

```
pip3 install tensorflow -upgrade
pip3 install keras -upgrade
```

命令如下：

```
pip3 install http://download.pytorch.org/whl/cpu/torch-0.4.0-cp36-cp36m-linux_x86_64.whl
```

2. 在其他主流 Linux 系统上搭建开发环境

针对 Ubuntu 系统，可以使用 apt 命令安装 Python 3，然后通过 pip3 安装 TensorFlow、Keras 和 PyTorch，命令与在 Fedora 上相同。

对于 OpenSUSE 系统，可以使用 zypper 命令安装 Python 3，其余的步骤与 Fedora 相同。

3. 从源代码安装 Python

在 Linux 系统下，要想不受操作系统发行版本的限制，最好的办法是使用 Python 源代码自己编译一个 Python 环境。

（1）在 Python 官方网站上下载最新版本的安装包。例如选择 Python 3.7.1 的安装包，命令如下：

```
wget https://www.python.org/ftp/python/3.7.1/Python-3.7.1.tgz
```

（2）解压下载的 Python-3.7.1.tgz：

```
tar xvfz Python-3.7.1.tgz
```

（3）进入 Python 目录：

```
cd Python-3.7.1
```

（4）运行 configure 命令：

```
./configure --enable-optimizations
```

configure 命令的主要功能是自动搜索当前计算机运行环境的一些配置，生成符合当前计算机环境的编译信息文件。该命令的运行结果如下：

```
configure: creating ./config.status
config.status: creating Makefile.pre
config.status: creating Misc/python.pc
config.status: creating Misc/python-config.sh
config.status: creating Modules/ld_so_aix
config.status: creating pyconfig.h
config.status: pyconfig.h is unchanged
creating Modules/Setup
creating Modules/Setup.local
creating Makefile
```

（5）运行 make 命令：

```
make
```

运行后显示以下提示，表示构建成功。

```
Python build finished successfully!
```

但是构建成功不算结束，构建程序还会做各种测试，以保证构建的 Python 是可以工作的。

（6）安装：

```
make install
```

注 意

第 6 步安装，需要系统有 zlib 开发库的支持。在 Fedora 系统下，可以通过 dnf install zlib-devel 来安装 zlib 库。

1.2.3 Windows 系统下使用 pip 搭建环境

在 Windows 平台系统下，也可以通过 Python 官方网站 (www.python.org) 下载安装包。安装完成后，运行命令行，进入 Python 的安装目录，运行下面的命令：

```
python -m pip install tensorflow-gpu -U
python -m pip install tensorflow -U
python -m pip install https://download.pytorch.org/whl/cpu/torch-1.0.0-cp36-cp36m-win_amd64.whl
python -m pip install torchvision -U
python -m pip install keras -U
```

小技巧

可以通过使用代理的方式提高 pip 安装效率。命令如下：

python -m pip config set global.index-url https://pypi.tuna.tsinghua.edu.cn/simple

1.2.4 通过 Virtualenv 来管理 Python 环境

Python 的版本越来越多，各种开源库支持的版本却并不相同。例如，本书写作时，TensorFlow 1.12 还不支持 Python 3.7，但是 PyTorch 可以支持 Python 3.7。为了避免版本冲突，我们可以使用 Virtualenv 工具来管理和隔离 Python 环境。

我们先以 Windows 平台为例。

（1）通过 pip3 命令安装 Virtualenv：

```
pip3 install virtualenv
```

输出如下：

```
Looking in indexes: https://pypi.tuna.tsinghua.edu.cn/simple
Collecting virtualenv
  Downloading https://pypi.tuna.tsinghua.edu.cn/packages/7c/17/9b7b6cddfd255388b58c61e25b091047f6814183e1d63741c8df8dcd65a2/virtualenv-16.1.0-py2.py3-none-any.whl (1.9MB)
    100% |████████████████████████████████| 1.9MB 6.4MB/s
Installing collected packages: virtualenv
Successfully installed virtualenv-16.1.0
```

（2）通过 Virtualenv 建立 Python 虚拟环境，我们以 Python 3.6 为例。通过 -p 参数指定 python.exe 的所在路径，py36 是定义的目录名：

```
virtualenv -p c:\Python36\python.exe py36
```

输出如下：

```
Running virtualenv with interpreter c:\Python36\python.exe
Using base prefix 'c:\\Python36'
New python executable in D:\working\py36\Scripts\python.exe
Installing setuptools, pip, wheel...
done.
```

（3）进入第 2 步创建的 py36 目录：

```
cd py36
```

（4）运行 Scripts 目录下的 activate.bat 批处理文件：

```
Scripts\activate.bat
```

（5）安装 TensorFlow，这里以带 GPU 支持的 tensorflow-gpu 为例，如果不用 GPU 版本，直接用 pip install tensorflow -U：

```
pip install tensorflow-gpu -U
```

因为是从 0 安装的，所以要安装很多依赖包，输出如下：

```
Looking in indexes: https://pypi.tuna.tsinghua.edu.cn/simple
Collecting tensorflow-gpu
  Using cached https://pypi.tuna.tsinghua.edu.cn/packages/88/73/13e4071739df8d5ee7a27780d66bc98a51612521ad7e5a1e468d9507087c/tensorflow_gpu-1.12.0-cp36-cp36m-win_amd64.whl
Collecting termcolor>=1.1.0 (from tensorflow-gpu)
  Downloading https://pypi.tuna.tsinghua.edu.cn/packages/8a/48/a76be51647d0eb9f10e2a4511bf3ffb8cc1e6b14e9e4fab46173aa79f981/termcolor-1.1.0.tar.gz
Collecting tensorboard<1.13.0,>=1.12.0 (from tensorflow-gpu)
  Downloading https://pypi.tuna.tsinghua.edu.cn/packages/bd/7e/528c868bb8a0542c8a5686ff3a08502d2691bd50499c6e55f8989fa8e5a0/tensorboard-1.12.1-py3-none-any.whl (3.0MB)
    100% |████████████████████████████████| 3.1MB 4.1MB/s
Requirement already satisfied, skipping upgrade: wheel>=0.26 in d:\working\py36\lib\site-packages (from tensorflow-gpu) (0.32.3)
Collecting protobuf>=3.6.1 (from tensorflow-gpu)
  Downloading https://pypi.tuna.tsinghua.edu.cn/packages/e8/df/d606d07cff0fc8d22abcc54006c0247002d11a7f2d218eb008d48e76851d/protobuf-3.6.1-cp36-cp36m-win_amd64.whl (1.1MB)
    100% |████████████████████████████████| 1.1MB 12.9MB/s
Collecting keras-applications>=1.0.6 (from tensorflow-gpu)
  Downloading https://pypi.tuna.tsinghua.edu.cn/packages/3f/c4/2ff40221029f7098d58f8d7fb99b97e8100f3293f9856f0fb5834bef100b/Keras_Applications-1.0.6-py2.py3-none-any.whl (44kB)
    100% |████████████████████████████████| 51kB 8.6MB/s
Collecting grpcio>=1.8.6 (from tensorflow-gpu)
  Downloading https://pypi.tuna.tsinghua.edu.cn/packages/ee/50/94c8c01e91508ebe4c8
```

```
3e980029a5329d1bcc89d37f01cf9e214c6e7f42d/grpcio-1.17.1-cp36-cp36m-win_amd64.whl
(1.5MB)
        100% |████████████████████████████████| 1.5MB
7.9MB/s
    Collecting astor>=0.6.0 (from tensorflow-gpu)
      Downloading https://pypi.tuna.tsinghua.edu.cn/packages/35/6b/11530768cac581a12952
a2aad00e1526b89d242d0b9f59534ef6e6a1752f/astor-0.7.1-py2.py3-none-any.whl
    Collecting keras-preprocessing>=1.0.5 (from tensorflow-gpu)
      Downloading https://pypi.tuna.tsinghua.edu.cn/packages/fc/94/74e0fa783d3fc07e41715
973435dd051ca89c550881b3454233c39c73e69/Keras_Preprocessing-1.0.5-py2.py3-none-any.
whl
    Collecting gast>=0.2.0 (from tensorflow-gpu)
      Downloading https://pypi.tuna.tsinghua.edu.cn/packages/5c/78/ff794fcae2ce8aa6323e78
9d1f8b3b7765f601e7702726f430e814822b96/gast-0.2.0.tar.gz
    Collecting six>=1.10.0 (from tensorflow-gpu)
      Downloading https://pypi.tuna.tsinghua.edu.cn/packages/73/fb/00a976f728d0d1fecfe89
8238ce23f502a721c0ac0ecfedb80e0d88c64e9/six-1.12.0-py2.py3-none-any.whl
    Collecting NumPy>=1.13.3 (from tensorflow-gpu)
      Downloading https://pypi.tuna.tsinghua.edu.cn/packages/51/70/7096a735b27359dbc0
c380b23b9c9bd05fea62233f95849c43a6b02c5f40/NumPy-1.15.4-cp36-none-win_amd64.whl
(13.5MB)
        100% |████████████████████████████████| 13.5MB
3.4MB/s
    Collecting absl-py>=0.1.6 (from tensorflow-gpu)
      Downloading https://pypi.tuna.tsinghua.edu.cn/packages/0c/63/f505d2d4c21db849cf80
bad517f0065a30be6b006b0a5637f1b95584a305/absl-py-0.6.1.tar.gz (94kB)
        100% |████████████████████████████████| 102kB
9.3MB/s
    Collecting werkzeug>=0.11.10 (from tensorboard<1.13.0,>=1.12.0->tensorflow-gpu)
      Using cached https://pypi.tuna.tsinghua.edu.cn/packages/20/c4/12e3e56473e52375aa29
c4764e70d1b8f3efa6682bef8d0aae04fe335243/Werkzeug-0.14.1-py2.py3-none-any.whl
    Collecting markdown>=2.6.8 (from tensorboard<1.13.0,>=1.12.0->tensorflow-gpu)
      Downloading https://pypi.tuna.tsinghua.edu.cn/packages/7a/6b/5600647404ba15545ec
37d2f7f58844d690baf2f81f3a60b862e48f29287/Markdown-3.0.1-py2.py3-none-any.whl (89kB)
        100% |████████████████████████████████| 92kB
```

```
9.2MB/s
    Requirement already satisfied, skipping upgrade: setuptools in d:\working\py36\lib\site-packages (from protobuf>=3.6.1->tensorflow-gpu) (40.6.3)
    Collecting h5py (from keras-applications>=1.0.6->tensorflow-gpu)
      Downloading https://pypi.tuna.tsinghua.edu.cn/packages/01/1e/115c4403544a91001d9c618748b2e8786db45544e36b8a6cf3c525e9b57f/h5py-2.9.0-cp36-cp36m-win_amd64.whl (2.4MB)
        100% |████████████████████████████████| 2.4MB 7.3MB/s
    Building wheels for collected packages: termcolor, gast, absl-py
      Running setup.py bdist_wheel for termcolor ... done
      Stored in directory: C:\Users\Louis\AppData\Local\pip\Cache\wheels\2f\92\65\6ea67d77a7758e30316513984c98397217b478edb328d1c1e2
      Running setup.py bdist_wheel for gast ... done
      Stored in directory: C:\Users\Louis\AppData\Local\pip\Cache\wheels\5f\b1\80\5779a170ca416a94795e231d0ed198aeca0062498b3562afa8
      Running setup.py bdist_wheel for absl-py ... done
      Stored in directory: C:\Users\Louis\AppData\Local\pip\Cache\wheels\26\21\57\d60e9344680ff0e98cf6c4fd9d440c44939fa5fe127deb9f4a
    Successfully built termcolor gast absl-py
    Installing collected packages: termcolor, werkzeug, six, protobuf, markdown, NumPy, grpcio, tensorboard, h5py, keras-applications, astor, keras-preprocessing, gast, absl-py, tensorflow-gpu
    Successfully installed absl-py-0.6.1 astor-0.7.1 gast-0.2.0 grpcio-1.17.1 h5py-2.9.0 keras-applications-1.0.6 keras-preprocessing-1.0.5 markdown-3.0.1 NumPy-1.15.4 protobuf-3.6.1 six-1.12.0 tensorboard-1.12.1 tensorflow-gpu-1.12.0 termcolor-1.1.0 werkzeug-0.14.1
```

这段代码的含义是不仅安装 tensorflow-gpu，还安装了 termcolor、werkzeug、six、protobuf、markdown、NumPy、grpcio、tensorboard、h5py、keras-applications、astor、keras-preprocessing、gast、absl-py 等依赖包。这些依赖包的作用在 1.2.5 小节会简单介绍。

（6）安装 Keras：

```
pip install keras -U
```

输出如下：

```
    Looking in indexes: https://pypi.tuna.tsinghua.edu.cn/simple
    Collecting keras
      Downloading https://pypi.tuna.tsinghua.edu.cn/packages/5e/10/aa32dad071ce52b5502266b5c659451cfd6ffcbf14e6c8c4f16c0ff5aaab/Keras-2.2.4-py2.py3-none-any.whl (312kB)
```

```
      100% |████████████████████████████████| 317KB
9.3MB/s
    Requirement already satisfied, skipping upgrade: keras-preprocessing>=1.0.5 in d:\working\py36\lib\site-packages (from keras) (1.0.5)
    Requirement already satisfied, skipping upgrade: six>=1.9.0 in d:\working\py36\lib\site-packages (from keras) (1.12.0)
    Requirement already satisfied, skipping upgrade: h5py in d:\working\py36\lib\site-packages (from keras) (2.9.0)
    Requirement already satisfied, skipping upgrade: keras-applications>=1.0.6 in d:\working\py36\lib\site-packages (from keras) (1.0.6)
    Requirement already satisfied, skipping upgrade: NumPy>=1.9.1 in d:\working\py36\lib\site-packages (from keras) (1.15.4)
    Collecting pyyaml (from keras)
      Downloading https://pypi.tuna.tsinghua.edu.cn/packages/4f/ca/5fad249c5032270540c24d2189b0ddf1396aac49b0bdc548162edcf14131/PyYAML-3.13-cp36-cp36m-win_amd64.whl (206kB)
      100% |████████████████████████████████| 215KB
1.5MB/s
    Collecting scipy>=0.14 (from keras)
      Downloading https://pypi.tuna.tsinghua.edu.cn/packages/c4/0f/2bdeab43db2b4a75863863bf7eddda8920b031b0a70494fd2665c73c9aec/scipy-1.2.0-cp36-cp36m-win_amd64.whl (31.9MB)
      100% |████████████████████████████████| 31.9MB
415KB/s
    Installing collected packages: pyyaml, scipy, keras
    Successfully installed keras-2.2.4 pyyaml-3.13 scipy-1.2.0
```

Keras 又新增两个依赖包：pyyaml、scipy。

（7）安装 PyTorch：

```
pip install https://download.pytorch.org/whl/cpu/torch-1.0.0-cp36-cp36m-win_amd64.whl
```

（8）退出虚拟环境：

```
Scripts\deactivate.bat
```

下面再讲一个在 Linux 平台上的例子。

因为要使用多个 Python 版本，正常来说除了跟着系统一起更新的版本，还要不停地跟随最新版本进行升级。下面就从下载源码编译开始，完整演示一遍。

（1）下载某个版本的 Python 源代码，如 Python 3.6.8：

```
wget https://www.python.org/ftp/python/3.6.8/Python-3.6.8.tgz
```

（2）解压缩下载的 tgz 文件：

```
tar xvfz Python-3.6.8.tgz
```

（3）进入解压后的目录：

```
cd Python-3.6.8/
```

（4）配置：

```
./configure --enable-optimizations
```

（5）编译：

```
make
```

（6）安装：

```
make install
```

（7）运行 Virtualenv，用安装的 Python 3.6.8 创建新环境：

```
virtualenv -p /usr/local/bin/python3 py368
```

（8）进入新环境目录，如 py368：

```
cd py368/
```

（9）激活 Virtualenv：

```
source bin/activate
```

（10）安装 PyTorch：

```
pip install torch -U
```

PyTorch 与 Windows 下的命令不一致，不需要指定详细包名。

输出结果如下：

```
Looking in indexes: https://pypi.tuna.tsinghua.edu.cn/simple
Collecting torch
  Downloading https://pypi.tuna.tsinghua.edu.cn/packages/7e/60/66415660aa46b23b5e1b72bc762e816736ce8d7260213e22365af51e8f9c/torch-1.0.0-cp36-cp36m-manylinux1_x86_64.whl (591.8MB)
    100% |████████████████████████████████| 591.8MB 5.4KB/s
Installing collected packages: torch
Successfully installed torch-1.0.0
```

PyTorch 并没有依赖其他包。

（11）安装 Torchvision：

```
pip install torchvision -U
```

输出结果如下：

```
Looking in indexes: https://pypi.tuna.tsinghua.edu.cn/simple
Collecting torchvision
  Using cached https://pypi.tuna.tsinghua.edu.cn/packages/ca/0d/f00b2885711e08bd7124
2ebe7b96561e6f6d01fdb4b9dcf4d37e2e13c5e1/torchvision-0.2.1-py2.py3-none-any.whl
Collecting NumPy (from torchvision)
  Using cached https://pypi.tuna.tsinghua.edu.cn/packages/ff/7f/9d804d2348471c67a7d8
b5f84f9bc59fd1cefa148986f2b74552f8573555/NumPy-1.15.4-cp36-cp36m-manylinux1_x86_64.
whl
Collecting six (from torchvision)
  Using cached https://pypi.tuna.tsinghua.edu.cn/packages/73/fb/00a976f728d0d1fecfe89
8238ce23f502a721c0ac0ecfedb80e0d88c64e9/six-1.12.0-py2.py3-none-any.whl
Requirement already satisfied, skipping upgrade: torch in ./lib/python3.6/site-packages
(from torchvision) (1.0.0)
Collecting pillow>=4.1.1 (from torchvision)
  Downloading https://pypi.tuna.tsinghua.edu.cn/packages/62/94/5430ebaa83f91cc7a9f6
87ff5238e26164a779cca2ef9903232268b0a318/Pillow-5.3.0-cp36-cp36m-manylinux1_x86_64.
whl (2.0MB)
    100% |████████████████████████████████| 2.0MB
11.8MB/s
Installing collected packages: NumPy, six, pillow, torchvision
Successfully installed NumPy-1.15.4 pillow-5.3.0 six-1.12.0 torchvision-0.2.1
```

Torchvision 依赖 3 个库：NumPy、pillow 和 six。

（12）安装 TensorFlow：

```
pip install tensorflow -U
```

（13）安装 Keras：

```
pip install keras -U
```

1.2.5 依赖包简介

刚刚介绍了 TensorFlow 依赖下面这些包。这里的 NumPy 和 Protobuf 非常重要，tensorboard 等包也有重要作用，这里简单介绍一下。

- termcolor：打印带有颜色特效的字符。
- wekzeug：Web 服务框架的底层库。
- six：兼容 Python 2 和 Python 3 的库。
- Protobuf：Protocol Buffer 是 Google 的一种高效的数据交换格式。

- markdown：markdown 格式的解析器。
- NumPy：数值计算库，是非常重要的库。PyTorch 基本上可以认为是 GPU 版的 NumPy。
- grpcio：Google 开发的 RPC 框架 gRPC 的 Python 支持。
- tensorboard：TensorFlow 的辅助工具，可以启动一个服务器，用于显示 TensorFlow 的运行状态。
- h5py：访问 HDF5 文件系统的接口。
- keras-application：Keras 框架应用包。
- astor：通过抽象语法树访问 Python 源文件。
- keras-preprocessing：Keras 预处理库。
- gast：通常表示 Python 2 和 Python 3 的抽象语法树。
- absl-py：Abseil 通用库，Google 的 Python 工具库。

Keras 还额外依赖下面两个包。

- pyyaml：Python 处理 yaml 的包。
- scipy：NumPy 的升级版，用于处理科学计算的包。

1.3 从源代码搭建开发环境

作为一本面向程序员的书，如果只讲如何使用而不讲如何从源码编译的话，肯定会让读者大失所望。能够读懂源码、修改源码，是学习深度学习的重要能力。不幸的是，因为 TensorFlow 官方声明不支持 Windows 平台上的编译，我们只能介绍 Mac OS 和 Linux 上如何编译源代码。

1.3.1 编译 TensorFlow

源码编译涉及的步骤很多，过程虽然长，但是难度并不高。

1. 检查 Python 版本

首先要确认 Python 的版本号，TensorFlow1.12 版目前还不支持 Python 3.7.x。如果系统上的 Python 是 3.7.x 的话，需要先安装 Python 3.6.x 版本。

（1）下载 Python 3.6.7：

```
wget https://www.python.org/ftp/python/3.6.7/Python-3.6.7.tgz
```

然后会出现下载的进度条：

```
--2018-12-12 09:12:29-- https://www.python.org/ftp/python/3.6.7/Python-3.6.7.tgz
```

```
Resolving www.python.org (www.python.org)... 151.101.72.223, 2a04:4e42:11::223
Connecting to www.python.org (www.python.org)|151.101.72.223|:443... connected.
HTTP request sent, awaiting response... 200 OK
Length: 22969142 (22M) [application/octet-stream]
Saving to: 'Python-3.6.7.tgz'
Python-3.6.7.tgz 100%[=================================================
================================================================
>] 21.90M  4.88MB/s    in 51s
2018-12-12 09:13:21 (439 KB/s) - 'Python-3.6.7.tgz' saved [22969142/22969142]
```

（2）下载成功后解压，命令如下：

```
tar xvfz Python-3.6.7.tgz
```

（3）进入 Python 目录：

```
cd Python-3.6.7
```

（4）配置优化编译：

```
./configure --enable-optimizations
```

看到下面的结果，就是配置成功：

```
configure: creating ./config.status
config.status: creating Makefile.pre
config.status: creating Modules/Setup.config
config.status: creating Misc/python.pc
config.status: creating Misc/python-config.sh
config.status: creating Modules/ld_so_aix
config.status: creating pyconfig.h
config.status: pyconfig.h is unchanged
creating Modules/Setup
creating Modules/Setup.local
creating Makefile
```

（5）编译：

```
make
```

编译 TensorFlow 需要使用 Bazel 工具。首先要安装 Bazel。

2. 安装 Bazel

TensorFlow 使用 Bazel 编译系统来进行编译，所以在编译之前，需要先下载 Bazel 工具。在 Mac 上，可以通过 Homebrew 来安装 Bazel。

```
brew install bazel
```

Bazel 也有 Windows 版本，但是由于环境原因，用 Windows 版本的 Bazel 编译并不被 Google 官方所支持。

其他平台上的 Bazel 可以到 https://github.com/bazelbuild/bazel/releases 下载，例如，下载 0.20 版的命令为：

```
wget https://github.com/bazelbuild/bazel/releases/download/0.20.0/bazel-0.20.0-linux-x86_64
```

下载完成后，再用 chmod 777 给其运行权限，就可以使用 Bazel 工具了。

3. 下载 TensorFlow 源代码

TensorFlow 的源代码可以通过 GitHub 来下载：

```
git clone https://github.com/tensorflow/tensorflow
```

4. 切换到某一版本

可以选择某一稳定的版本来进行编译，如 r1.12：

```
git checkout r1.12
```

输出如下：

```
正在检出文件：100% (7618/7618), 完成 .
分支 'r1.12' 设置为跟踪来自 'origin' 的远程分支 'r1.12'。
切换到一个新分支 'r1.12'
```

5. 配置

```
./configure
```

主要是第一步，配置 Python 可执行文件的路径。在 Mac 上的路径为 /Library/Frameworks/Python.framework/Versions/3.6/。

在 Linux 上，Python 3 的安装路径通常为：

```
/usr/bin/python3
```

可以通过 which python3 命令来查找 Python 3 的路径：

```
which python3
/usr/bin/python3
```

然后是配置 Python 库的路径，在 Mac 上的路径为：

```
/Library/Frameworks/Python.framework/Versions/3.6/lib/python3.6/site-packages
```

在 Linux 上，一般默认的路径为：

```
/usr/lib/python3/dist-packages
```

其他选择全部取默认值即可。在 Mac OS 上的相关提示信息如下：

```
You have bazel 0.20.0-homebrew installed.
Please specify the location of python. [Default is /usr/local/opt/python@2/bin/python2.7]: /
```

```
Library/Frameworks/Python.framework/Versions/3.6/bin/python3
    Found possible Python library paths:
      /Library/Frameworks/Python.framework/Versions/3.6/lib/python3.6/site-packages
    Please input the desired Python library path to use.  Default is [/Library/Frameworks/Python.framework/Versions/3.6/lib/python3.6/site-packages]
    Do you wish to build TensorFlow with Apache Ignite support? [Y/n]:
    Apache Ignite support will be enabled for TensorFlow.
    Do you wish to build TensorFlow with XLA JIT support? [y/N]:
    No XLA JIT support will be enabled for TensorFlow.
    Do you wish to build TensorFlow with OpenCL SYCL support? [y/N]:
    No OpenCL SYCL support will be enabled for TensorFlow.
    Do you wish to build TensorFlow with ROCm support? [y/N]:
    No ROCm support will be enabled for TensorFlow.
    Do you wish to build TensorFlow with CUDA support? [y/N]:
    No CUDA support will be enabled for TensorFlow.
    Do you wish to download a fresh release of clang? (Experimental) [y/N]:
    Clang will not be downloaded.
    Do you wish to build TensorFlow with MPI support? [y/N]:
    No MPI support will be enabled for TensorFlow.
    Please specify optimization flags to use during compilation when bazel option "--config=opt" is specified [Default is -march=native]:
    Would you like to interactively configure ./WORKSPACE for Android builds? [y/N]:
    Not configuring the WORKSPACE for Android builds.
    Preconfigured Bazel build configs. You can use any of the below by adding "--config=<>" to your build command. See tools/bazel.rc for more details.
        --config=mkl       # Build with MKL support.
        --config=monolithic     # Config for mostly static monolithic build.
        --config=gdr           # Build with GDR support.
        --config=verbs          # Build with libverbs support.
        --config=ngraph          # Build with Intel nGraph support.
    Configuration finished
```

6. 通过 Bazel 进行编译

```
bazel build --config=opt //tensorflow/tools/pip_package:build_pip_package
```

编译量大约是 8000 个包，需要等待一小段时间。当看到下面的输出时，说明成功了。

```
Target //tensorflow/tools/pip_package:build_pip_package up-to-date:
```

```
bazel-bin/tensorflow/tools/pip_package/build_pip_package
INFO: Elapsed time: 634.575s, Critical Path: 278.06s
INFO: 3797 processes: 3797 local.
INFO: Build completed successfully, 4331 total actions
```

7. 生成 whl 安装包

编译好之后，通过下面的命令生成 whl 安装包：

```
bazel-bin/tensorflow/tools/pip_package/build_pip_package 目录名
```

例如，将其生成在 ~ 目录下：

```
bazel-bin/tensorflow/tools/pip_package/build_pip_package ~
Wed Dec 12 18:13:39 CST 2018 : === Preparing sources in dir: /tmp/tmp.xW4hJesPcG
~/github/tensorflow ~/github/tensorflow
~/github/tensorflow
Wed Dec 12 18:13:45 CST 2018 : === Building wheel
warning: no files found matching '*.pyd' under directory '*'
warning: no files found matching '*.pd' under directory '*'
warning: no files found matching '*.dll' under directory '*'
warning: no files found matching '*.lib' under directory '*'
warning: no files found matching '*.h' under directory 'tensorflow/include/tensorflow'
warning: no files found matching '*' under directory 'tensorflow/include/Eigen'
warning: no files found matching '*.h' under directory 'tensorflow/include/google'
warning: no files found matching '*' under directory 'tensorflow/include/third_party'
warning: no files found matching '*' under directory 'tensorflow/include/unsupported'
Wed Dec 12 18:14:04 CST 2018 : === Output wheel file is in: /root
```

我们在 ~ 目录下，可以看到新生成的文件：~/tensorflow-1.12.0rc0-cp36-cp36m-linux_x86_64.whl。

8. 安装 whl 包

通过 pip install 命令，安装第 7 步生成的安装包。例如，在 Mac OS 上，命令如下：

```
pip3 install tensorflow-1.12.0-cp36-cp36m-macosx_10_9_x86_64.whl
```

在 Linux 上，命令如下：

```
pip3 install tensorflow-1.12.0-cp36-cp36m-linux_x86_64.whl
```

或者：

```
pip3 install ~/tensorflow-1.12.0rc0-cp36-cp36m-linux_x86_64.whl
```

如果缺少依赖的话，系统会安装下面缺失的包；如果没有缺失，则成功信息如下：

```
Processing ./tensorflow-1.12.0rc0-cp36-cp36m-linux_x86_64.whl
```

```
Requirement already satisfied: tensorflow-estimator>=1.10.0 in /usr/local/lib/python3.6/dist-packages (from tensorflow==1.12.0rc0) (1.10.12)
Requirement already satisfied: protobuf>=3.6.1 in /usr/local/lib/python3.6/dist-packages (from tensorflow==1.12.0rc0) (3.6.1)
Requirement already satisfied: gast>=0.2.0 in /usr/local/lib/python3.6/dist-packages (from tensorflow==1.12.0rc0) (0.2.0)
Requirement already satisfied: termcolor>=1.1.0 in /usr/local/lib/python3.6/dist-packages (from tensorflow==1.12.0rc0) (1.1.0)
Requirement already satisfied: six>=1.10.0 in /usr/local/lib/python3.6/dist-packages (from tensorflow==1.12.0rc0) (1.12.0)
Requirement already satisfied: tensorboard<1.13.0,>=1.12.0 in /usr/local/lib/python3.6/dist-packages (from tensorflow==1.12.0rc0) (1.12.0)
Requirement already satisfied: astor>=0.6.0 in /usr/local/lib/python3.6/dist-packages (from tensorflow==1.12.0rc0) (0.7.1)
Requirement already satisfied: keras-preprocessing>=1.0.5 in /usr/local/lib/python3.6/dist-packages (from tensorflow==1.12.0rc0) (1.0.5)
Requirement already satisfied: grpcio>=1.8.6 in /usr/local/lib/python3.6/dist-packages (from tensorflow==1.12.0rc0) (1.16.0)
Requirement already satisfied: NumPy>=1.13.3 in /usr/local/lib/python3.6/dist-packages (from tensorflow==1.12.0rc0) (1.15.4)
Requirement already satisfied: absl-py>=0.1.6 in /usr/local/lib/python3.6/dist-packages (from tensorflow==1.12.0rc0) (0.5.0)
Requirement already satisfied: wheel>=0.26 in /usr/lib/python3/dist-packages (from tensorflow==1.12.0rc0) (0.30.0)
Requirement already satisfied: keras-applications>=1.0.6 in /usr/local/lib/python3.6/dist-packages (from tensorflow==1.12.0rc0) (1.0.6)
Requirement already satisfied: mock>=2.0.0 in /usr/local/lib/python3.6/dist-packages (from tensorflow-estimator>=1.10.0->tensorflow==1.12.0rc0) (2.0.0)
Requirement already satisfied: setuptools in /usr/local/lib/python3.6/dist-packages (from protobuf>=3.6.1->tensorflow==1.12.0rc0) (40.6.2)
Requirement already satisfied: werkzeug>=0.11.10 in /usr/local/lib/python3.6/dist-packages (from tensorboard<1.13.0,>=1.12.0->tensorflow==1.12.0rc0) (0.14.1)
Requirement already satisfied: markdown>=2.6.8 in /usr/local/lib/python3.6/dist-packages (from tensorboard<1.13.0,>=1.12.0->tensorflow==1.12.0rc0) (3.0.1)
Requirement already satisfied: h5py in /usr/local/lib/python3.6/dist-packages (from keras-
```

```
applications>=1.0.6->tensorflow==1.12.0rc0) (2.8.0)
    Requirement already satisfied: pbr>=0.11 in /usr/local/lib/python3.6/dist-packages (from mock>=2.0.0->tensorflow-estimator>=1.10.0->tensorflow==1.12.0rc0) (5.1.1)
    Installing collected packages: tensorflow
    Successfully installed tensorflow-1.12.0rc0
```

1.3.2 编译 PyTorch

目前，PyTorch 对于新版 Python 的支持速度要优于 TensorFlow，编译 PyTorch 也不是困难的事情。

1. 下载 PyTorch 源代码

毫不意外，PyTorch 的源代码也是从 GitHub 上下载的：

```
git clone --recursive https://github.com/pytorch/pytorch
```

注 意

使用下载代码命令时不要忘掉“--recursive”选项，因为 PyTorch 是由很多子工程组成的，没有这个选项是不会下载这些工程的。

2. 切换到某一稳定版本

例如，切换到 v1.0.0:

```
git checkout v1.0.0
```

输出的提示如下：

```
M   third_party/QNNPACK
M   third_party/fbgemm
M   third_party/ideep
M   third_party/onnx
M   third_party/onnx-tensorrt
M   third_party/sleef
注意：正在检出 'v1.0.0'。
您正处于分离头指针状态。您可以查看、做试验性的修改及提交，并且您可以通过另外的检出分支操作丢弃在这个状态下所做的任何提交。
如果您想要通过创建分支来保留在此状态下所做的提交，您可以通过在检出命令添加参数 -b 来实现（现在或稍后）。例如：
 git checkout -b <新分支名>
HEAD 目前位于 db5d3131d add fix for CUDA 10
```

可以按照提示说明建立一个 branch，但无论怎样，切换版本成功。

3. 下载更新子模块代码

因为 PyTorch 是一个大型工程，引用了很多其他的模块，所以还要下载其他模块的代码。命令如下：

```
git submodule update --init
```

注意

每次切换到代码的新版本时，请注意同时更新子模块到同一版本。

输出以下信息，说明更新成功：

```
Submodule path 'third_party/QNNPACK': checked out 'ef05e87cef6b8e719989ce875b5e1c9fdb304c05'
Submodule path 'third_party/fbgemm': checked out '0d5a159b944252e70a677236b570f291943e0543'
Submodule path 'third_party/ideep': checked out 'dedff8fb8193fe3a1ea893d4bc852f8ea395b6b3'
Submodule path 'third_party/onnx': checked out '428047055bdbf179d1a98394008417e1392013547'
Submodule path 'third_party/onnx-tensorrt': checked out 'fa0964e8477fc004ee2f49ee77ffce0bf7f711a9'
Submodule path 'third_party/sleef': checked out '6ff7a135a1e31979d1e1844a2e7171dfbd34f54f'
```

4. 编译安装

Mac OS 系统下编译安装命令如下：

```
CC=clang CXX=clang++ python3 setup.py install
```

Linux 系统下编译安装命令如下：

```
python3 setup.py install
```

下面是 Linux 系统下编译成功的信息。

```
running install_egg_info
running egg_info
writing torch.egg-info/PKG-INFO
writing dependency_links to torch.egg-info/dependency_links.txt
writing entry points to torch.egg-info/entry_points.txt
writing top-level names to torch.egg-info/top_level.txt
```

```
reading manifest file 'torch.egg-info/SOURCES.txt'
writing manifest file 'torch.egg-info/SOURCES.txt'
Copying torch.egg-info to /usr/local/lib/python3.6/site-packages/torch-1.0.0a0+db5d313-py3.6.egg-info
running install_scripts
Installing convert-caffe2-to-onnx script to /usr/local/bin
```

在 Mac OS 系统下的编译成功的信息也是相似的，只是路径有点差异：

```
running install_egg_info
running egg_info
creating torch.egg-info
writing torch.egg-info/PKG-INFO
writing dependency_links to torch.egg-info/dependency_links.txt
writing entry points to torch.egg-info/entry_points.txt
writing top-level names to torch.egg-info/top_level.txt
writing manifest file 'torch.egg-info/SOURCES.txt'
reading manifest file 'torch.egg-info/SOURCES.txt'
writing manifest file 'torch.egg-info/SOURCES.txt'
Copying torch.egg-info to /Library/Frameworks/Python.framework/Versions/3.6/lib/python3.6/site-packages/torch-1.0.0a0+db5d313-py3.6.egg-info
running install_scripts
Installing convert-caffe2-to-onnx script to /Library/Frameworks/Python.framework/Versions/3.6/bin
Installing convert-onnx-to-caffe2 script to /Library/Frameworks/Python.framework/Versions/3.6/bin
```

5. 一些问题的临时解决方案

提 示

> 下面介绍的不是官方正式步骤，是基于 Torch 版本和 Python 3.6 版本情况下的特殊问题的解决方案。

由于版本 0.4.0 至 1.0.0 与 Python3.6/3.7 的兼容性问题，我们还需要做一些权宜操作。其实问题就是编译出来的 so 库名称太长，以致找不到，修改一下名称即可。

Mac OS 下的权宜操作：

```
cd /usr/local/lib/python3.6/site-packages/torch
cp _C.cpython-36m-darwin.so _C.so
```

```
cp _dl.cpython-36m-darwin.so _dl.so
```

Linux 下的权宜操作：

```
cd /usr/lib64/python3.6/site-packages/torch
cp _C.cpython-36m-x86_64-linux-gnu.so _C.so
cp _dl.cpython-36m-x86_64-linux-gnu.so _dl.so
```

操作成功之后，可以通过 pip3 list 查看 Torch 的版本号。目前发布的最新版是 1.0.0，现在编译的版本号高于 1.0。

第 2 章 深度学习 5-4-6 速成法

深度学习用到的数学知识很多，概念也很多，学习曲线很陡。但是，我们还是能从中抓住一条主线——计算图模型。基于计算图模型，总结出了 5-4-6 速成法，通过 5 步，使用 4 种基本元素，组合 6 种基本网络结构，就能够写出功能非常强大的深度学习程序。例如，文字识别、图像识别、自动写诗、机器翻译等以前只存在于科幻小说中的功能，用 5-4-6 速成法，只需几十行或者一百多行代码就可以轻松实现。

本章没有任何一个数学公式，只有不到 100 行的代码。学习之后就能尝试实现各种图片识别的功能。本章是进入深度学习的第一章，涉及的概念会比较多。我们只要先了解这些概念的作用，会使用就可以，后面有专门的章节详细讲解这些概念。

本章将介绍以下内容

- 计算图模型与计算框架
- 五步法构造基本模型
- 案例教程
- 5-4-6 速成法学习 PyTorch
- 5-4-6 速成法学习 TensorFlow
- 在 TensorFlow 中使用 Keras

2.1 计算图模型与计算框架

程序员学习深度学习编程有两大难点：一个是深度学习的理论，另一个是深度学习的理论如何与编程工具结合起来。为了用代码来描述复杂的深度学习理论，深度学习编程的先行者发明了计算图模型。

计算图模型可以理解为一种运行深度学习的特殊的计算机专用语言。如果完全用计算图模型这种专用语言来写代码，就称为静态计算图模型。

静态计算图完全是用计算图的语言来写代码，不管是使用 Python 还是 C++、Java、JavaScript、Go 等主流语言，都是生成静态计算图的工具。它容易支持多种语言，它的缺点也显而易见——学习成本相对较高。静态计算图还存在调试不易的问题，不管是 Python 还是其他语言的调试功能都容易失效。

虽然有各种不足，但是静态计算图模型在目前业界中还是占据主流地位。例如，应用最广泛的 TensorFlow 就是静态计算图的典型代表。一种编程语言中有些概念，如常量、变量、分支指令等在 TensorFlow 中都要重写一遍，不能使用 Python 等语言。这带来两种后果。第一，TensorFlow 的 API 很庞大，学习成本高。TensorFlow 为了保持功能强大，不但有稳定的 API，还有从社区中吸取过来的 contrib API。为了使 API 更好用，在传统的 TensorFlow 底层 API 之外，TensorFlow 又实现了自己的高层 API。同时，TensorFlow 内建了对于跨后端的 Keras API 的支持。除此之外，还有 TF Learn 高层 API。不断新增的 API 数量，导致学习成本更加高昂。第二，由于数量庞大，TensorFlow API 的兼容性一直被人诟病。这也可以理解，深度学习进步很快，为了跟上形势，API 需要不断迭代升级。

Keras 和 TF Learn 这样的高层 API 也是基于静态计算图的，它们为什么能保持简单呢？高层 API 因为封装做得好，确实容易学习，我们后面的学习也是从学习高层 API 开始的。但是高层 API 不能覆盖各种复杂的需求，一旦需要使用底层功能，还要使用 TensorFlow API 才可以。

那么如何解决静态计算图编程复杂的问题呢？我们通过重用现有编程语言中已经实现的功能去代替静态计算图中对应的功能，就可以借助现有编程语言的生态和工具来编写生成动态计算图。如第 1 章所介绍的 Python 语言的强大功能和生态，恰好是实现动态计算图的优选方案。

于是 Facebook 实现了基于动态计算图的 PyTorch 框架，它是基于以 API 设计见长的 Torch 框架开发的，只不过原来 Torch 框架基于 Lua 语言，Facebook 基于 Python 语言进行了重新设计。

我们可以通过图 2.1 来看看这些框架和语言之间的主要联系。

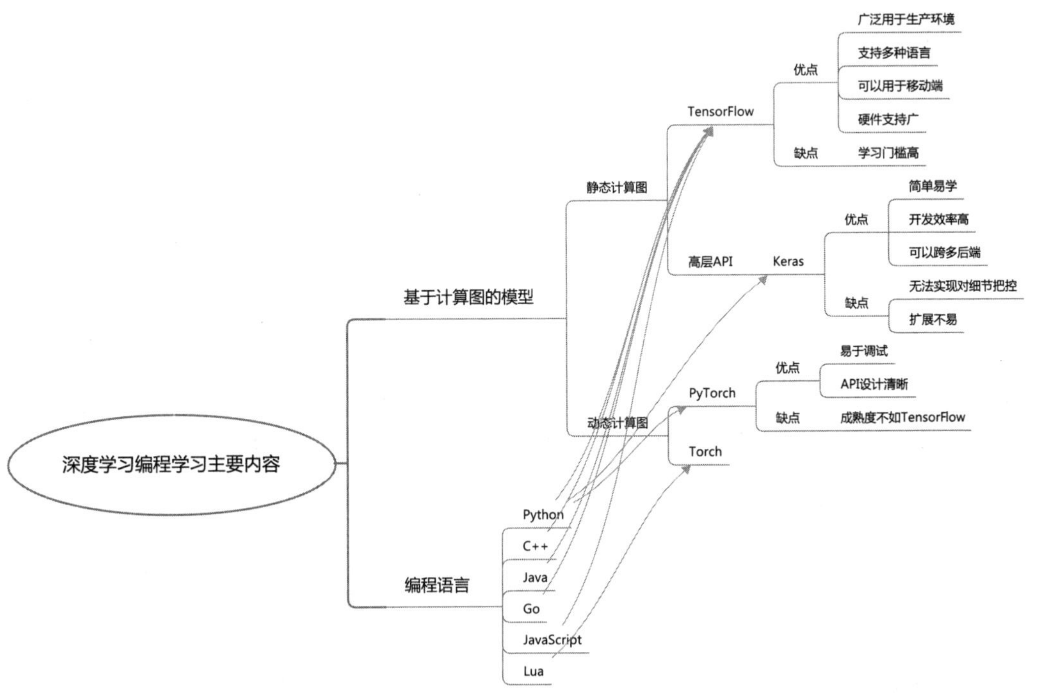

图 2.1 深度学习编程学习的主要框架的优缺点

在图 2.1 中，TensorFlow 和 Python 语言的强势地位一览无余。基本上主流的框架都支持 Python，而 TensorFlow 多语言支持最好，应用场景也最广泛。

以下是我们的学习过程。

从高层 API 开始导入，降低学习静态计算图的门槛。高层 API 既是 TensorFlow 的一部分，可以用于生产环境，又易于进行模型试验。

重点讲解基于静态计算图的 TensorFlow 的主要编程方法。主流的 TensorFlow 仍然是现在最重要的框架。同时对照动态计算图的 PyTorch 框架的编程方法。有了 TensorFlow 的基础，再学习 PyTorch 将事半功倍。PyTorch 目前代表未来。

最后拓展讲解多语言支持和移动开发支持等热门新话题。

2.2 五步法构造基本模型

在讲本节内容之前，我们先看一下 Keras 深度学习编程 5-4-6 模型，如图 2.2 所示。接下来我们详细讲解一下 5-4-6 模型。

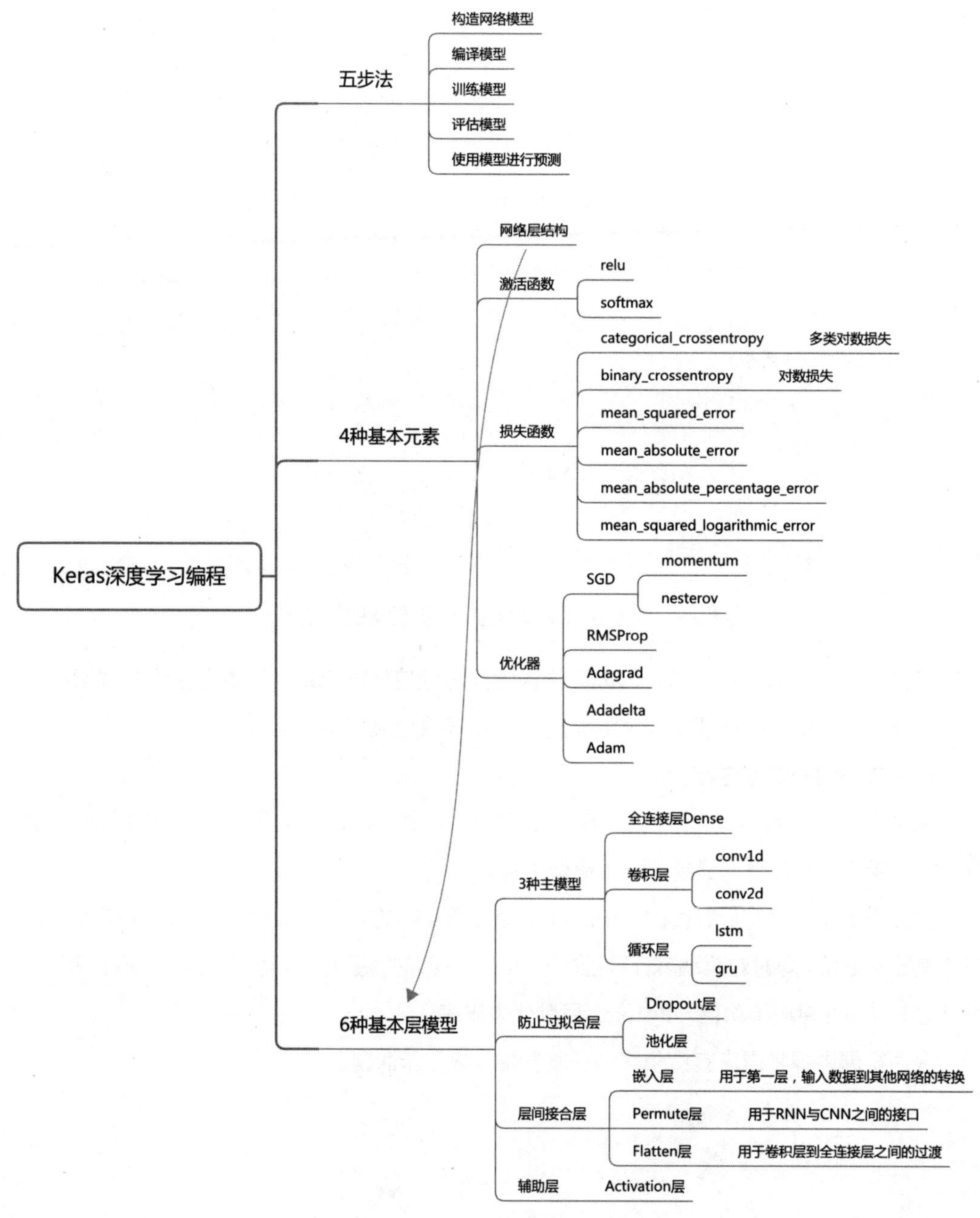

图 2.2 Keras 深度学习编程 5-4-6 模型

深度学习是通过深度神经网络来解决问题的方法。其主要步骤有以下 5 个。

（1）构造网络模型。

（2）编译模型。

（3）训练模型。

（4）评估模型。

（5）使用模型进行预测。

大家可以用十字口诀来记忆这 5 个步骤：构造—编译—训练—评估—预测。

2.2.1 4 种基本元素

在五步法中，最困难的是构造网络模型。虽然各种网络结构非常复杂，其主要元素也只有以下 4 种。

（1）网络层结构：由 5 种基本层结构和其他层结构组成。这 5 种结构会在下面详细介绍。

（2）激活函数：如 sigmoid、relu、softmax。激活函数会在第 8 章中详细介绍。我们在使用时，可以先记住一个口诀：最后输出用 softmax，其余基本都用 relu。

（3）损失函数：主要有 4 类，针对多分类的 categorical_crossentropy 对数损失，针对二分类的 binary_crossentropy 对数损失，还有用于回归的 mean_squared_error 平均方差损失和 mean_absolute_error 平均绝对值损失等。损失函数的细节将在第 10 章中介绍。一般处理的是多分类问题，用 categorical_crossentropy 即可。遇到其他的，我们会随时解释。

（4）优化器：如 SGD 随机梯度下降、RMSProp、Adagrad、Adam、Adadelta 等。优化器将在第 10 章中详细介绍。

2.2.2 6 种基本层模型

四元素之一的网络结构是由 6 种基本层模型所构成的。首先，包括 3 种主模型，这是深度学习主要的 3 种结构。

- 全连接层 Dense。它是万能的函数近似器，使用场景很广泛。
- 卷积层：如 conv1d、conv2d。卷积网络是非常适用于处理图像数据的模型，我们将在第 8 章中详细介绍其原理。
- 循环层：如 lstm、gru。循环神经网络对于处理语言和文本等序列数据有特效，我们将在第 10 章中详细介绍其原理。

其次是防止过拟合层，包括 Dropout 层、池化层等。其中池化层将在 8.2 节中专门介绍。

再次是层间接合层，它的作用是在上面 3 种主模型和输入的数据之间进行转换。例如，嵌入层是用于处理输入数据的，Flatten 层是卷积层和 Dense 层之间的数据格式转换层。

最后是辅助层。辅助层本身没有什么功能，主要是为 3 种主模型服务，如 Activation 层用于为 Dense 层指定激活函数。

其中，3 种主模型和防止过拟合层这 4 种结构是主要的，不管是 Keras、TF Learn 等高层框架，还是 TensorFlow 底层框架，都有对应的功能。

而后面两种——层间接合层和辅助层，一般只有高级框架才有，底层一点的框架中需要程序员自己开发一些代码。

2.2.3 过程化方法构造网络模型

了解了 4 种基本元素和 6 种网络结构的概念还远远不够，下面介绍如何用代码使用它们来解决问题。

先学习最容易理解的，过程化方法构造网络模型的过程。所谓过程化，就是像清单一样，一条条按顺序执行的程序。

Keras 中提供了 Sequential 容器来实现过程式构造。只要用 Sequential 的 add 方法把层结构加进来即可。先来看一个例子，代码如下：

```
from keras.models import Sequential
from keras.layers import Dense, Activation
model = Sequential()
model.add(Dense(units=64, input_dim=100))
model.add(Activation("relu"))
model.add(Dense(units=10))
model.add(Activation("softmax"))
```

model 变量保存 Sequential 的实例，然后通过 add 方法将 9 种基本网络结构和其他扩展网络结构的对象逐次添加进来。

Dense 是全连接层，需要 Activation 辅助对象来定义激活函数。输入 100 个元素，这 100 个输入元素与这层定义的 64 个神经元对象两两连接，最后输出的是 relu 函数。

然后添加第二层，10 个神经元与上一层的 64 个神经元两两连接。最后通过 softmax 激活函数进行分类。不算两行 import，我们仅用 5 行代码就写出了一个可以处理 100 个图片分成 10 类的网络模型。

为什么这样的网络结构管用？这个问题会在后面进行详细讲解，目前我们只要知道这样就是一个可用的模型就可以了。可以透露一点的是，这些网络结构大部分是在研究者的论文基础上根据问题调整而来的。

例如，在 ImageNet 比赛中取得过好成绩的 ResNet 有 34 层之多，初学者很难想象研究人员是如何设计出来的。但是我们可以看到，它就是由 6 种基本层结构中的卷积层和池化层反复排列组合形成的。

2.2.4 函数式方法构造网络模型

ResNet 虽然复杂，但也有好处，因为它是一个线性的模型，没有并联，没有复用的对象。

但对于既并联又可以重用的结构来说，2.2.3 小节学习的 Sequential 容器就不管用了。有人也许会说可以定义并联的容器等，这是见招拆招的办法。我们还是希望从更高的层次上解决这个问题，于是引入函数式编程的方法来彻底解决网络结构多变的问题。

解决方案就是每种网络结构对象，不但可以放到 Sequential 容器中，而且可以像函数一样被调用，也就是它们都是 callable 对象。

这么说有点抽象，我们来举个例子，代码如下：

```
input_img = Input(shape=(256, 256, 3))
tower_1 = Conv2D(64, (1, 1), padding='same', activation='relu')(input_img)
tower_1 = Conv2D(64, (3, 3), padding='same', activation='relu')(tower_1)
```

Input 是对于输入的包装对象。先生成一个 Conv2D 卷积对象，卷积是 9 种基本网络结构之一，然后把它当成函数调用，把 input_img 作为参数传给这个新生成的 Conv2D 卷积对象。这样不通过 Sequential 也实现了两层串联的功能。

2.2.5 模型的编译、训练、评估和预测

构造网络模型虽然听起来有点复杂，但其实就是几种网络层结构之间的组合，常用的网络结构并不复杂，写成代码也就是十几行或几十行。

1. 编译模型

模型构造好之后，下一步就可以调用 compile 方法来编译，代码如下：

```
model.compile(loss='categorical_crossentropy', optimizer='sgd', metrics=['accuracy'])
```

编译时需要指定 3 项：loss 是 4 种元素之一的损失函数；optimizer 是 4 种元素之一的优化函数；另一个 metrics 是参数矩阵，不属于基本元素，因为主要是一些辅助设置，不是

独立的元素。至此，5-4-6 模型中的 4 种基本元素已经全部介绍了。

损失函数用于评估距离目标的远近，而优化函数是到达目标的方法。这两个基本元素在第 10 章会专门详细论述。

如果只想用最基本的功能，只要指定字符串的名称即可。如果想配置更多的参数，就需要调用相应的类来生成对象。例如，想为随机梯度下降配上 Nesterov 动量，生成 SGD 的对象即可，代码如下：

```
from keras.optimizers import SGD
model.compile(loss='categorical_crossentropy',optimizer=SGD(lr=0.01,momentum=0.9,nesterov=True))
```

lr 即 learning rate，是学习率。这个值越小，学习的速度越慢，但准确性越高。

2. 训练模型

训练模型更为简单。前面指定的 4 种元素都已齐备，这里只需要输入数据就好。调用 fit 函数，将输出的值 x、打好标签的值 y、epochs 训练轮数、batch_size 批次大小设置一下即可，代码如下：

```
model.fit(x_train, y_train, epochs=5, batch_size=32)
```

3. 评估模型

模型训练的好坏，只靠训练时用的数据来验证是不够的，还需要将其放在没有训练过的数据上来测试效果。这个没有训练过的数据叫作测试数据。将数据根据一定的原则分为训练数据和测试数据对于提升模型的预测能力非常重要，否则容易造成模型只在训练数据上有效的过拟合问题。这种在未知数据上的预测能力，在机器学习中称为模型的泛化能力。这一步不需要指定评估方法，因为在前面编译时已经指定了，只需要指定测试数据和批次大小即可，代码如下：

```
loss_and_metrics = model.evaluate(x_test, y_test, batch_size=128)
```

4. 用模型来预测

一切训练的目的在于预测，调用 predict 函数，传入要预测的数据，就大功告成了，代码如下：

```
classes = model.predict(x_test, batch_size=128)
```

2.3 案例教程

通过上面的学习，我们对 5-4-6 模型有了一个大致的印象。本节趁热打铁，将这些概念转化为可以运行的代码，帮助读者迈出进入深度学习大门的关键一步。

2.3.1 解决实际问题三步法

在解决各种实际问题之前，先要提纲挈领地了解使用深度学习解决问题的方法。首先需要强调一点，深度学习学习的是人类可以标记的知识。所以如果遇到人解决都困难的问题时，需要通过其他方法让问题首先能被人解决。

例如，如果某段音频模糊到人类都听不清内容，那么通过深度学习来识别就相当困难了。我们可以使用其他的模型和工具，如声学的工具，或者是浅层的机器学习等，将这段音频处理得听起来比较舒服，再用深度学习的方法解决就相对容易。

再如，给出一张女生的照片，让认识她的人辨认，这个很简单，但是如果问她当时在想什么，这没人能回答。什么人也没有办法仅凭照片就得出这样的信息。这就属于深度学习也解决不了的问题，因为根本没有可靠有效的数据可以学习。

理解了上述理论之后，就可以理解下面的三步法的原理了。

（1）首先找到人类能够准确解决这个问题的方法。

（2）为每份数据进行人工标注。

（3）选用深度学习工具对标注好的数据进行学习。

如果觉得不够直观，那么我们举例子来说明。如图 2.3 所示，这是一个要识别手写数字的问题。美国国家标准与技术研究院 NIST 收集了大量的手写数字，并且对其进行了剪裁、位置调整等预处理的工作。深度学习三巨头之一的 Yann LeCun 从中精选了一个子集，这就是深度学习著名的入门教材 MNIST 数据集。这个数据可以从 Yann LeCun 的网站上免费下载。这份数据是公开给大家研究的，没有版权问题，可以放心使用。

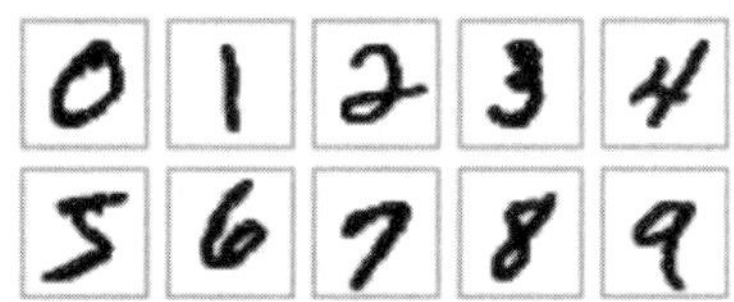

图 2.3　MNIST 手写数字示例

我们应用本节介绍的三步法来看看这个问题该如何解决。

第一步，NIST 和 Yann LeCun 其实已经帮我们做了预处理，每个数字独立存放在一张 28×28 像素的图片中。人类看了这些图片，能够认出来每个图片表示的数字，说明深度学习可以解决这个问题。

第二步，既然人可以认出来这些图片表示的数字，下一步就可以进入人工标注阶段，我们给每张图片注明所对应的数字。

第三步，有了标注的数据之后，就可以选择一个深度学习的模型来处理它。

MNIST 网站上一共提供了 4 个文件，两个训练文件，两个测试文件。训练文件中，一个是由 28×28 像素图片组成的图片的压缩包，另一个是对图片人工标注好的图片对应的数字值。

训练集合一共有 60000 张图片，相应的有 60000 个人工标注的数据。测试集合的格式与训练集一模一样，不过测试集合只有 10000 张图片和标注。

首先看一下简单的，将 train-labels-idx1-ubyte.gz 用解压缩工具如 gunzip 命令解压，获得 60008 字节的 train-labels-idx1-ubyte 文件。除了 8 字节的文件头，刚好是 60000 个标注的数字。

我们写段代码来读取这 60000 个标记的数据，代码如下：

```
f = open('./train-labels-idx1-ubyte', 'rb')
# 略过 8 字节的文件头
f.seek(8)
# 文件头之后，每个字节代表一个 0~9 之间的数字
data = f.read(1)
print(data)
f.close()
```

seek(8) 表示略过文件头。读取之后，每个字节都代表一个标记好的数据。上述代码只读第一个数，值为 5。

train-images-idx3-ubyte.gz 解压之后，得到的 train-images-idx3-ubyte 文件大小为 47040016 字节。28×28×60000 = 47040000，刚好是 28×28 像素的图片 60000 张，加上一个 16 个字节的文件头。

我们来写一段代码，读出第一个图像：

```
import NumPy as np
import matplotlib.pyplot as plt
file_train_image = open('./train-images-idx3-ubyte','rb')
# 图像文件的头是 16 字节，略过不读
file_train_image.seek(16)
image1 = file_train_image.read(28*28)
image2 = np.zeros(28*28)
# 将值转换成灰度
for i in range(0,28*28-1):
    image2[i] = image1[i]/256
```

```
image2 = image2.reshape(28,28)
print(image2)
plt.imshow(image2, cmap='binary')
plt.show()
file_train_image.close()
```

首先通过 seek(16) 略过 16 字节的文件头，然后读取 28×28 字节，就是这个图片的灰度值，0 是全白色，255 是全黑色。

然后借助 NumPy 工具，将读取的二进制字节流转换成矩阵。绘图时需要的是灰度值，是 (0,1) 之间的一个小数，所以我们将读取的值除以 256 换算成灰度。运行结果如图 2.4 所示，对应到之前读取的标注数据，这是数字 5。

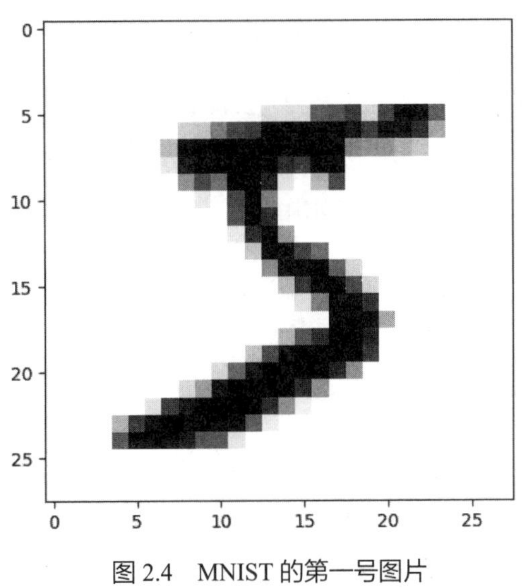

图 2.4　MNIST 的第一号图片

为了方便起见，这里使用了一个现成的例子，在实际工作中，收集和标注数据通常不是我们的工作。但是，我们完全可以自己找数据，如果能够按照原始数据加上人工标注数据一一对应的方式，就能成功地完成第二步。

下面把刚才读取数据的代码稍微整理一下，图像数据读取到 x_train 列表中，对应的标签读取到 y_train 中，代码如下：

```
import NumPy as np
import matplotlib.pyplot as plt
f = open('./train-labels-idx1-ubyte', 'rb')
f.seek(8)
data = f.read(60000)
```

```
y_train = np.zeros(60000)
for i in range(60000):
  y_train[i] = data[i]
f.close()
file_train_image = open('./train-images-idx3-ubyte', 'rb')
file_train_image.seek(16)
X_train = []
for i in range(60000):
  image1 = file_train_image.read(28 * 28)
  image2 = np.zeros(28 * 28)
  for i2 in range(0, 28 * 28 - 1):
    image2[i2] = image1[i2] / 255
  image2 = image2.reshape(28, 28)
  X_train.append(image2)
file_train_image.close()
```

数据我们已经充分理解了，下面开始用深度学习来处理问题。

2.3.2 独热 (one-hot) 编码

正式开始处理 MNIST 手写图像识别问题之前，需补充一个知识点——独热 one-hot 编码。

独热编码是处理多分类问题的有效编码手段。以 MNIST 为例，本质上是一个将图片分成 10 类的问题。原始标注数据是按 [0,1,…9] 这种方式来存储。虽然准确性上没什么问题，但总会产生一些误解。例如，2 是不是 1 的两倍，或者没有这么精确的话，9 是不是就比 0 大。

为避免产生这样的误解，可以将它们表示成更平等的矩阵形式。为了简化说明问题，我们以只有 0，1，2，3 这 4 种情况来说明。

我们将 0 表示成 [1,0,0,0]，1 表示成 [0,1,0,0]，2 表示成 [0,0,1,0]，3 表示成 [0,0,0,1]。0 就是让第 1 列变成 1，3 是第 4 列，仅此而已。如此，就无须担心它们之间的关系了。

独热码的功能，我们自己实现也很容易。不过 Keras 已经实现好了，我们直接调用即可。

Keras 提供了 keras.utils.to_categorical 来实现。最简单的用法，就是告诉 Keras 要分成多少类，如下例：

```
y_train = keras.utils.to_categorical(y_train, 10)
```

Keras 还能做得更多。因为 one-hot 只是一个分类，与每个具体分类成什么值并没有任何关联，所以我们可以采用下面的随机生成的方式：

```
y_train = keras.utils.to_categorical(np.random.randint(10, size=(1000, 1)), num_classes=10)
```

2.3.3 全连接神经网络编程

基本知识点已了解，下面就开始用一个完整的例子将它们组织起来。用最简单的全连接神经网络来解决这个问题，核心代码如下：

```
model = Sequential()
model.add(Dense(units=121, input_dim=28*28))
model.add(Activation('relu'))
model.add(Dense(units=10))
model.add(Activation('softmax'))
```

下面我们开始进行神经网络的结构设计。设计分为两个部分：不可变部分和可变部分。其中不可变的部分是指已经条件，主要有下面三种：第一，输入参数 input_dim，等于 28*28=784，这是因为输入的图片大小这个已知条件；第二，输出是 10 类，因为 0 到 9 一共 10 个数字；第三，输出的激活函数是 softmax，这是用于分类的专用激活函数。

除此之外的网络结构我们就可以自由设计了。例如，我只用了一层全连接网接，单元数是 121。例如，可以加成两层、三层，单元数也可以修改。如果想加上 Dropout 层的话也可以。具体的建模方法根据不同问题，已经有了很多成熟的方法。

先看一层的全连接神经网络效果如何，下面是完整的代码：

```
import NumPy as np
import keras
from keras.models import Sequential
from keras.layers import Dense, Activation
# 读取数据部分
# 读取图片标记，也就是要学习的数字
def read_labels(filename, items):
  file_labels = open(filename, 'rb')
  file_labels.seek(8)    # 标签文件的头是 8 个字节，略过不读
  data = file_labels.read(items)
  y = np.zeros(items)
  for i in range(items):
    y[i] = data[i]
  file_labels.close()
  return y
y_train = read_labels('./train-labels-idx1-ubyte', 60000)    # 读取 60000 张训练标记
```

```
y_test = read_labels('./t10k-labels-idx1-ubyte', 10000)    # 读取 10000 张测试标记
# 读取图片
def read_images(filename, items):
  file_image = open(filename, 'rb')
  file_image.seek(16)   # 图像文件的头是 16 字节，略过不读
  data = file_image.read(items * 28 * 28)
  X = np.zeros(items * 28 * 28)
  for i in range(items * 28 * 28):    # 将值转换成灰度
    X[i] = data[i] / 255
  file_image.close()
  return X.reshape(-1, 28 * 28)
X_train = read_images('train-images-idx3-ubyte', 60000)    # 读取 60000 张训练图片
X_test = read_images('./t10k-images-idx3-ubyte', 10000)    # 读取 10000 张测试图片
y_train = keras.utils.to_categorical(y_train, 10)    # one hot 转码
y_test = keras.utils.to_categorical(y_test, 10)
# 训练与验证部分
model = Sequential()   # 构建模型
model.add(Dense(units=121, input_dim=28 * 28))    # 输入 28*28, 输出 121
model.add(Activation('relu'))    # 激活函数为 relu
model.add(Dense(units=10))    # 分为 10 类
model.add(Activation('softmax'))
model.compile(
  loss='categorical_crossentropy', optimizer='sgd', metrics=['accuracy'])   # 编译模型
model.fit(
  X_train,
  y_train,
  batch_size=64,
  epochs=20,
  verbose=1,
  validation_data=(X_test, y_test))    # 进行训练
score = model.evaluate(X_test, y_test, verbose=1)    # 验证
model.save('keras_mnist1.model')    # 保存模型参数
print(' 损失值 :', score[0])
print(' 准确率 :', score[1])
```

下面是运行结果的最后一部分：

```
Using TensorFlow backend.
[[0. 0. 0. ... 0. 0. 0.]
 [1. 0. 0. ... 0. 0. 0.]
 [0. 0. 0. ... 0. 0. 0.]
 ...
 [0. 0. 0. ... 0. 0. 0.]
 [0. 0. 0. ... 0. 0. 0.]
 [0. 0. 0. ... 0. 1. 0.]]
[[0. 0. 0. ... 1. 0. 0.]
 [0. 0. 1. ... 0. 0. 0.]
 [0. 1. 0. ... 0. 0. 0.]
 ...
 [0. 0. 0. ... 0. 0. 0.]
 [0. 0. 0. ... 0. 0. 0.]
 [0. 0. 0. ... 0. 0. 0.]]
Train on 60000 samples, validate on 10000 samples
Epoch 1/20
2018-12-12 18:57:06.220462: I tensorflow/core/platform/cpu_feature_guard.cc:141] Your CPU supports instructions that this TensorFlow binary was not compiled to use: AVX2 FMA
60000/60000 [==============================] - 2s 28us/step - loss: 0.9082 - acc: 0.7777 - val_loss: 0.4667 - val_acc: 0.8792
Epoch 2/20
60000/60000 [==============================] - 2s 25us/step - loss: 0.4246 - acc: 0.8854 - val_loss: 0.3634 - val_acc: 0.8996
Epoch 3/20
60000/60000 [==============================] - 2s 25us/step - loss: 0.3566 - acc: 0.9005 - val_loss: 0.3219 - val_acc: 0.9108
Epoch 4/20
60000/60000 [==============================] - 2s 25us/step - loss: 0.3221 - acc: 0.9092 - val_loss: 0.2977 - val_acc: 0.9172
Epoch 5/20
60000/60000 [==============================] - 2s 25us/step - loss: 0.2983 - acc: 0.9161 - val_loss: 0.2777 - val_acc: 0.9229
Epoch 6/20
60000/60000 [==============================] - 2s 25us/step - loss: 0.2796 -
```

```
acc: 0.9215 - val_loss: 0.2617 - val_acc: 0.9264
    Epoch 7/20
    60000/60000 [==============================] - 2s 25us/step - loss: 0.2641 -
acc: 0.9260 - val_loss: 0.2498 - val_acc: 0.9288
    Epoch 8/20
    60000/60000 [==============================] - 2s 25us/step - loss: 0.2507 -
acc: 0.9299 - val_loss: 0.2385 - val_acc: 0.9324
    Epoch 9/20
    60000/60000 [==============================] - 2s 25us/step - loss: 0.2391 -
acc: 0.9334 - val_loss: 0.2294 - val_acc: 0.9349
    Epoch 10/20
    60000/60000 [==============================] - 2s 25us/step - loss: 0.2286 -
acc: 0.9361 - val_loss: 0.2192 - val_acc: 0.9364
    Epoch 11/20
    60000/60000 [==============================] - 2s 25us/step - loss: 0.2190 -
acc: 0.9388 - val_loss: 0.2108 - val_acc: 0.9387
    Epoch 12/20
    60000/60000 [==============================] - 2s 26us/step - loss: 0.2107 -
acc: 0.9412 - val_loss: 0.2062 - val_acc: 0.9400
    Epoch 13/20
    60000/60000 [==============================] - 2s 27us/step - loss: 0.2030 -
acc: 0.9435 - val_loss: 0.1977 - val_acc: 0.9423
    Epoch 14/20
    60000/60000 [==============================] - 2s 25us/step - loss: 0.1959 -
acc: 0.9452 - val_loss: 0.1908 - val_acc: 0.9442
    Epoch 15/20
    60000/60000 [==============================] - 2s 26us/step - loss: 0.1891 -
acc: 0.9469 - val_loss: 0.1860 - val_acc: 0.9453
    Epoch 16/20
    60000/60000 [==============================] - 2s 26us/step - loss: 0.1832 -
acc: 0.9485 - val_loss: 0.1809 - val_acc: 0.9472
    Epoch 17/20
    60000/60000 [==============================] - 2s 26us/step - loss: 0.1773 -
acc: 0.9501 - val_loss: 0.1759 - val_acc: 0.9479
    Epoch 18/20
```

```
60000/60000 [==============================] - 2s 28us/step - loss: 0.1719 - acc: 0.9521 - val_loss: 0.1708 - val_acc: 0.9496
Epoch 19/20
60000/60000 [==============================] - 2s 29us/step - loss: 0.1670 - acc: 0.9538 - val_loss: 0.1669 - val_acc: 0.9501
Epoch 20/20
60000/60000 [==============================] - 2s 27us/step - loss: 0.1623 - acc: 0.9545 - val_loss: 0.1620 - val_acc: 0.9515
10000/10000 [==============================] - 0s 19us/step
损失值 : 0.161979515311867
准确率 : 0.9515
```

这个模型已经达到 95.15% 的准确率。下面继续加一个中间层。其他部分不变，只把第一步建模的代码改为：

```
model = Sequential()
model.add(Dense(units=121, input_dim=28*28))
model.add(Activation('relu'))
model.add(Dense(units=81))
model.add(Activation('relu'))
model.add(Dense(units=10))
model.add(Activation('softmax'))
```

加了一个 81 个神经元的中间层。我们看看效果：

```
   32/10000 [..............................] - ETA: 0s
 1792/10000 [====>.........................] - ETA: 0s
 3392/10000 [=========>....................] - ETA: 0s
 5152/10000 [==============>...............] - ETA: 0s
 6912/10000 [===================>..........] - ETA: 0s
 8544/10000 [========================>.....] - ETA: 0s
10000/10000 [==============================] - 0s 29us/step
Test loss: 0.12593151931092142
Test accuracy: 0.9622
```

加了这个随手取个数的中间层，准确率从 95% 进步到 96%。有兴趣的读者，可以自行调整参数，来找找规律。

我们的 6 种基本层结构中还包括防过拟合层，也可以加几个 Dropout 层来试试效果，例如：

```
model = Sequential()
model.add(Dense(units=121, input_dim=28*28))
model.add(Activation('relu'))
model.add(Dropout(0.5))
model.add(Dense(units=81))
model.add(Activation('relu'))
model.add(Dropout(0.25))
model.add(Dense(units=10))
model.add(Activation('softmax'))
```

Dropout 可以理解为将数据丢掉，不再进行后续的计算。不仅网络结构可以调整，优化器也可以调整。

我们把刚才比较普通的随机梯度下降，换成带 Nesterov 动量的优化器，代码如下：

```
model.compile(loss=keras.losses.categorical_crossentropy,
              optimizer=keras.optimizers.SGD(lr=0.01, momentum=0.9, nesterov=True),
metrics=['accuracy'])
```

验证结果：

```
   32/10000 [..............................] - ETA: 0s
 1856/10000 [====>.........................] - ETA: 0s
 3744/10000 [==========>...................] - ETA: 0s
 5632/10000 [===============>..............] - ETA: 0s
 7520/10000 [=====================>........] - ETA: 0s
 9280/10000 [==========================>...] - ETA: 0s
10000/10000 [==============================] - 0s 27us/step
Test loss: 0.07645213278222346
Test accuracy: 0.9796
```

优化器的一个小修改，预测的准确率又提升至 97%。

另外，处理数据的批次大小、循环多少轮都可以调整。参数 batch_size 表示每次处理多少个数据，我们是 60000 个图片，不超过这个值就可以。epochs 是轮数，一般轮数越多，效果越好，代码如下：

```
model.fit(X_train, y_train,
          batch_size=64,
          epochs=20,
          verbose=1,
          validation_data=(X_test, y_test))
```

只要符合 2.3.1 小节所讲三步问题的，可以由人类解决，并被打好标签的数据，都可以通过上面的多层神经网络方式来解决。我们要做的事情就是调整参数、网络结构、优化器、循环轮数等。

提 示

建议读者学到这里，参考第 1 章搭建环境的章节，实际进行上机操作。下载 MNIST 图片和标注数据，运行以上代码进行操作。操作过程中，可对网络结构，如层数、神经元数目、优化器等进行修改，从中寻找提高准确率的感性认识。

2.3.4 进化：卷积神经网络编程

如果做了上面的操作，会发现准确率上升到一定程度后，不管怎么调整，都无法再提高。这是由多层神经网络模型的局限性所决定的。如果想进一步提高准确率的话，需要更适合处理图像数据的工具，即 6 种基本网络层结构的卷积网络。

因为卷积神经网络特别适合处理图像数据，所以 Keras 和 TensorFlow 等框架进行卷积功能 API 设计时就特别为图像做了适配，这导致我们需把输入数据的格式调整一下。

2.3.3 小节我们用全连接神经网络时，将数据变成 [60000,784] 的矩阵即可。因为全连接网络也不能读懂 784 字节代表什么，所以用卷积处理前，我们需把数据变成 [图片数，长，宽，通道数] 的结构。因为我们用的是灰度数据，所以通道数为 1。

需要这样调整一下：

```
X.reshape(-1,28,28,1)
```

完整地读取图像数据的代码改为：

```
def read_images(filename, items):
  file_image = open(filename, 'rb')
  file_image.seek(16)
  data = file_image.read(items*28*28)
  X = np.zeros(items*28*28)
  for i in range(items*28*28):
    X[i] = data[i]/255
  file_image.close()
  return X.reshape(-1,28,28,1)
X_train = read_images('./train-images-idx3-ubyte', 60000)
X_test = read_images('./t10k-images-idx3-ubyte', 10000)
```

下面是卷积部分的核心代码：

```
model = Sequential()
# 第 1 个卷积层，32 个卷积核，大小为 3*3，输入形状为 (28,28,1)
model.add(Conv2D(32, kernel_size=(3, 3),
          activation='relu',
          input_shape=(28,28,1)))
# 第 2 个卷积层，64 个卷积核
model.add(Conv2D(64, (3, 3), activation='relu'))
# 第 1 个池化层
model.add(MaxPooling2D(pool_size=(2, 2)))
# 卷积网络到全连接网络的转换层
model.add(Flatten())
# 第 1 个全连接层
model.add(Dense(128, activation='relu'))
# 第 1 个 Dropout 层
model.add(Dropout(0.5))
# 输出层
model.add(Dense(10, activation='softmax'))
```

下面针对以上代码进行解析。

Conv2D 是卷积的核心结构，需要指定一个卷积核的大小。指定（3,3）可以，(5,5) 也可以。

MaxPooling2D 是防止过拟合的层，目前可以理解成将这层的值全部按最大值计算即可。无论有没有这层，池化核的大小，都是可以调整的值。

我们之前讲卷积层与全连接层需要的数据结构是不同的。所以从卷积层到全连接层之后需要进行过渡，需要调整卷积的格式 (60000,28,28,1) 为 Dense 层需要的 (60000,784) 结构。当然我们可以通过手动 reshape 来实现。不过高层框架 Keras 为我们提供了 Flatten 层，就是用来将 (-1,28,28,1) 变形成 (-1,784) 结构的辅助层。

我们看下整个卷积神经网络编程的代码：

```
import NumPy as np
import keras
from keras.layers import Conv2D
from keras.models import Sequential
from keras.layers import MaxPooling2D
from keras.layers import Flatten
```

```
from keras.layers import Dense
from keras.layers import Dropout
def read_labels(filename, items):          # 读取图片标记，也就是要学习的数字
  file_labels = open(filename, 'rb')
  file_labels.seek(8)                       # 标签文件的头是 8 字节，略过不读
  data = file_labels.read(items)
  y = np.zeros(items)
  for i in range(items):
    y[i] = data[i]
  file_labels.close()
  return y
y_train = read_labels('./train-labels-idx1-ubyte', 60000)    # 读取 60000 张训练标记
y_test = read_labels('./t10k-labels-idx1-ubyte', 10000)     # 读取 10000 张测试标记
def read_images(filename, items):     # 读取图片
  file_image = open(filename, 'rb')
  file_image.seek(16)
  data = file_image.read(items * 28 * 28)
  X = np.zeros(items * 28 * 28)
  for i in range(items * 28 * 28):
    X[i] = data[i] / 255
  file_image.close()
  return X.reshape(-1, 28, 28, 1)    # 请注意最后这一行，形状要整形成适合卷积网络的输入
X_train = read_images('train-images-idx3-ubyte', 60000)    # 读取 60000 张训练图片
X_test = read_images('./t10k-images-idx3-ubyte', 10000)    # 读取 10000 张测试图片
y_train = keras.utils.to_categorical(y_train, 10)    # one hot 转码
y_test = keras.utils.to_categorical(y_test, 10)    # one hot 转码
# 训练与验证部分
model = Sequential()
model.add(
  Conv2D(32, kernel_size=(3, 3), activation='relu',
      input_shape=(28, 28, 1)))    # 32 核卷积
model.add(MaxPooling2D(pool_size=(2, 2)))    # 2*2 池化
model.add(Conv2D(64, (3, 3), activation='relu'))    # 64 核卷积
model.add(MaxPooling2D(pool_size=(2, 2)))    # 2*2 池化
model.add(Flatten())    # 连接层，卷积和全连接网络的中介
```

```
model.add(Dense(128, activation='relu'))    # 全连接层
model.add(Dropout(0.5))    # Dropout 层
model.add(Dense(10, activation='softmax'))
model.compile(
  loss=keras.losses.categorical_crossentropy,
  optimizer=keras.optimizers.Adadelta(),
  metrics=['accuracy'])    # 编译
model.fit(
  X_train,
  y_train,
  batch_size=128,
  epochs=10,
  verbose=1,
  validation_data=(X_test, y_test))    # 训练
score = model.evaluate(X_test, y_test, verbose=0)    # 验证
print(' 损失数 :', score[0])
print(' 准确率 :', score[1])
```

卷积计算所花的时间要比全连接网络要长，而且建议使用 GPU 来加速。我们来看下运行结果：

```
Test loss: 0.03117690680512533
Test accuracy: 0.9901
```

运行后准确率已经达到了 99%。下面继续修改参数，例如，原来第 1 层 32 个卷积核，改成 128 个，原来第 2 个卷积层是 (3,3) 的卷积核，改成（5，5）的，代码如下：

```
model = Sequential()
model.add(Conv2D(128, kernel_size=(3, 3),
          activation='relu',
          input_shape=(28,28,1)))
model.add(Conv2D(64, (5, 5), activation='relu'))
model.add(MaxPooling2D(pool_size=(2, 2)))
model.add(Dropout(0.25))
model.add(Flatten())
model.add(Dense(64, activation='relu'))
model.add(Dropout(0.25))
model.add(Dense(10, activation='softmax'))
```

看下效果：

```
Test loss: 0.024480275043595977
Test accuracy: 0.9921
```

结果还不错，仍然是 99% 以上的好结果。注意，读者进行操作时，不一定要完全套用别人调的参数，可以自己进行多种尝试。

我们不仅能修改参数，还可以尝试加一层，例如，在上例 64 核卷积层之后再加一个 32 核的卷积层，代码如下：

```
model = Sequential()
model.add(Conv2D(128, kernel_size=(3, 3),
                 activation='relu',
                 input_shape=(28,28,1)))
model.add(Conv2D(64, (5, 5), activation='relu'))
model.add(MaxPooling2D(pool_size=(2, 2)))
model.add(Dropout(0.25))
model.add(Conv2D(32,(3,3),activation='relu'))
model.add(MaxPooling2D(pool_size=(3,3)))
model.add(Dropout(0.25))
model.add(Flatten())
model.add(Dense(64, activation='relu'))
model.add(Dropout(0.25))
model.add(Dense(10, activation='softmax'))
model.compile(loss=keras.losses.categorical_crossentropy,
              optimizer=keras.optimizers.Adadelta(),
              metrics=['accuracy'])
```

输出结果如下：

```
Train on 60000 samples, validate on 10000 samples
Epoch 1/10
60000/60000 [==============================] - 487s 8ms/step - loss: 0.3808 - acc: 0.8756 - val_loss: 0.0642 - val_acc: 0.9786
Epoch 2/10
60000/60000 [==============================] - 487s 8ms/step - loss: 0.1449 - acc: 0.9560 - val_loss: 0.0564 - val_acc: 0.9805
Epoch 3/10
60000/60000 [==============================] - 484s 8ms/step - loss: 0.1188 - acc: 0.9647 - val_loss: 0.0571 - val_acc: 0.9809
Epoch 4/10
```

```
60000/60000 [==============================] - 488s 8ms/step - loss: 0.1027 - acc: 0.9687 - val_loss: 0.0381 - val_acc: 0.9875
Epoch 5/10
60000/60000 [==============================] - 482s 8ms/step - loss: 0.0941 - acc: 0.9721 - val_loss: 0.0321 - val_acc: 0.9893
Epoch 6/10
60000/60000 [==============================] - 494s 8ms/step - loss: 0.0871 - acc: 0.9750 - val_loss: 0.0259 - val_acc: 0.9920
Epoch 7/10
60000/60000 [==============================] - 512s 9ms/step - loss: 0.0814 - acc: 0.9766 - val_loss: 0.0295 - val_acc: 0.9912
Epoch 8/10
60000/60000 [==============================] - 493s 8ms/step - loss: 0.0780 - acc: 0.9773 - val_loss: 0.0273 - val_acc: 0.9912
Epoch 9/10
60000/60000 [==============================] - 501s 8ms/step - loss: 0.0704 - acc: 0.9789 - val_loss: 0.0273 - val_acc: 0.9908
Epoch 10/10
60000/60000 [==============================] - 494s 8ms/step - loss: 0.0664 - acc: 0.9803 - val_loss: 0.0236 - val_acc: 0.9930
Test loss: 0.02357075223010179
Test accuracy: 0.993
```

我们随意调整，效果也很不错。第 9 章将会介绍卷积网络的发展史，介绍专家研究的网络结构。在此之前，大家可以大胆尝试。

手写识别的模型，并不是专门针对数字的，只要标识了图片的内容，同样可以识别动物、文字、物体等。更广义一些，只要是像表格一样的数据，对应标注的结果，都可以用 CNN 模型来处理。复杂的模型只是准确率更高一些，与简单模型没有本质区别。

提 示

卷积神经网络 CNN 是处理图形图像等表格式数据的利器。以后遇到处理几维表格数据，首先可以考虑用 CNN。

2.4 5-4-6 速成法学习 PyTorch

通过简明的 Keras，我们已经迅速搭了一个模型，并且训练出了不错的结果。下面将深入本书的主要框架之一并非高级 API 的 PyTorch 框架。

2.4.1 PyTorch 的建模过程

温故而知新，我们先复习下 Keras 中的建模部分：

```
model = Sequential()
model.add(Dense(units=121, input_dim=28*28))
model.add(Activation('relu'))
model.add(Dense(units=10))
model.add(Activation('softmax'))
```

复习代码的含义：输入 28*28=784 个元素，然后有一个 121 节点的隐藏层。接着增加一个 relu 激活函数，最后输出 10 个元素，用 softmax 对应到 10 个分类中。

PyTorch 采用继承 torch.nn.Module，以实现其中的 __init__ 和 forward 两个函数的方式来实现建模的功能，我们对照翻译上面的语句：

```
# PyTorch 采用结构化写法
class TestNet(t.nn.Module):
  # 初始化传入输入、隐藏层、输出 3 个参数
  def __init__(self, in_dim, hidden, out_dim):
    super(TestNet, self).__init__()
    self.layer1 = t.nn.Sequential(t.nn.Linear(in_dim, hidden), t.nn.ReLU(True))
    self.layer2 = t.nn.Linear(hidden, out_dim)
  # 传入计算值的函数，真正的计算在这里
  def forward(self, x):
    x = self.layer1(x)
    x = self.layer2(x)
    return x
# 输入 28*28，隐藏层 121，输出 10 类
model = TestNet(28 * 28, 121, 10)
```

2.4.2 训练和验证

与 Keras 一样，模型建好之后，需编译模型，并对其进行训练，最后对训练的结果进

行验证。

1. 编译

开始之前，我们先复习 2.4.1 小节学到的 Keras 的编译语句：

```
model.compile(loss='categorical_crossentropy',
              optimizer='sgd',
              metrics=['accuracy'])
```

loss 是损失函数，指定的是分类的交叉熵。我们翻译成 PyTorch：

```
loss = t.nn.CrossEntropyLoss()(out, y)
```

optimizer 选取了随机梯度下降，也翻译成 PyTorch：

```
optimizer = t.optim.SGD(model.parameters(), lr=learning_rate)
```

metrics 是打印出准确率信息，这个 PyTorch 没有简单的对译，得需要编程来实现。

2. 训练

训练更能体会到 Keras 的简洁，Keras 的训练只需要一句话：

```
model.fit(X_train, y_train,
          batch_size=64,
          epochs=20,
          verbose=1,
          validation_data=(X_test, y_test))
```

用 PyTorch 的话需要多写几行代码，但其实逻辑也很简单，我们看下 PyTorch 的训练过程：

```
for epoch in range(num_epochs):
  X = t.autograd.Variable(t.from_NumPy(X_train))
  y = t.autograd.Variable(t.from_NumPy(y_train))
  # 正向传播
  # 用神经网络计算 10 类输出结果
  out = model(X)
  # 计算神经网络结果与实际标签结果的差值
  loss = t.nn.CrossEntropyLoss()(out, y)
  # 反向梯度下降
  # 清空梯度
  optimizer.zero_grad()
  # 根据误差函数求导
  loss.backward()
  # 进行一轮梯度下降计算
```

```
    optimizer.step()
```

其实核心计算也就是后面的两句：

```
loss.backward()
optimizer.step()
```

我们发现有了 Keras 基础后，再学习 PyTorch 这样并非高级框架的系统，其实也不难。核心要素还是前面所讲的那几条，差别在于工程实现的细节。

刚才那一版，我们把 60000 条数据一次性拿来训练，等于说还没有实现 Keras 中的 batch_size=64 这样分批次的功能。这也很容易，我们手动分下批次即可，代码如下：

```
X_train_size = len(X_train)
for epoch in range(num_epochs):
  X = t.autograd.Variable(t.from_NumPy(X_train))
  y = t.autograd.Variable(t.from_NumPy(y_train))
  i = 0
  while i < X_train_size:
    # 取一个新批次的数据
    X0 = X[i:i+batch_size]
    y0 = y[i:i+batch_size]
    i += batch_size
    # 正向传播
    ## 用神经网络计算 10 类输出结果
    out = model(X0)
    ## 计算神经网络结果与实际标签结果的差值
    loss = t.nn.CrossEntropyLoss()(out, y0)
    # 反向梯度下降
    ## 清空梯度
    optimizer.zero_grad()
    ## 根据误差函数求导
    loss.backward()
    ## 进行一轮梯度下降计算
    optimizer.step()
```

3. 验证

在验证时，Keras 只用了一句话：

```
score = model.evaluate(X_test, y_test, verbose=1)
```

PyTorch 虽然多了几句，但也很好理解，代码如下：

```
# 验证部分
## 将模型设为验证模式
model.eval()
X_val = t.autograd.Variable(t.from_NumPy(X_test))
y_val = t.autograd.Variable(t.from_NumPy(y_test))
## 用训练好的模型计算结果
out_val = model(X_val)
loss_val = t.nn.CrossEntropyLoss()(out_val, y_val)
# 求出最大的元素的位置
_, pred = t.max(out_val,1)
# 将预测值与标注值进行对比
num_correct = (pred == y_val).sum()
```

4. 完整代码

下面看一下完整的代码，有兴趣的读者不妨自己试着写一下，然后对比有什么区别。代码如下：

```
import NumPy as np
import torch as t
# 数据读取部分
def read_labels(filename, items):    # 读取图片对应的数字
    file_labels = open(filename, 'rb')
    file_labels.seek(8)
    data = file_labels.read(items)
    y = np.zeros(items, dtype=np.int64)
    for i in range(items):
        y[i] = data[i]
    file_labels.close()
    return y
y_train = read_labels('./train-labels-idx1-ubyte', 60000)    # 读取训练标签
y_test = read_labels('./t10k-labels-idx1-ubyte', 10000)    # 读取测试标签
def read_images(filename, items):    # 读取图像
    file_image = open(filename, 'rb')
    file_image.seek(16)
    data = file_image.read(items * 28 * 28)
    X = np.zeros(items * 28 * 28, dtype=np.float32)
    for i in range(items * 28 * 28):
```

```
        X[i] = data[i] / 255
    file_image.close()
    return X.reshape(-1, 28 * 28)
X_train = read_images('./train-images-idx3-ubyte', 60000)    # 读取训练图像
X_test = read_images('./t10k-images-idx3-ubyte', 10000)    # 读取测试图像
# 超参数
num_epochs = 1000    # 训练轮数
learning_rate = 1e-3    # 学习率
batch_size = 64    # 批量大小
class TestNet(t.nn.Module):
    def __init__(self, in_dim, hidden, out_dim):    # 初始化传入输入、隐藏层、输出 3 个参数
        super(TestNet, self).__init__()
        self.layer1 = t.nn.Sequential(t.nn.Linear(in_dim, hidden), t.nn.ReLU(True))    # 全连接层
        self.layer2 = t.nn.Linear(hidden, out_dim)    # 输出层
    def forward(self, x):    # 传入计算值的函数，真正的计算在这里
        x = self.layer1(x)
        x = self.layer2(x)
        return x
model = TestNet(28 * 28, 121, 10)    # 输入 28*28，隐藏层 121，输出 10 类
optimizer = t.optim.SGD(model.parameters(), lr=learning_rate)    # 优化器仍然选随机梯度下降
X_train_size = len(X_train)    # 训练集大小
for epoch in range(num_epochs):
    print('Epoch:',epoch)    # 打印轮次
    X = t.autograd.Variable(t.from_NumPy(X_train))    # 训练的参数需要用变量来保存
    y = t.autograd.Variable(t.from_NumPy(y_train))
    i = 0    # 循环控制变量
    while i < X_train_size:
        X0 = X[i:i+batch_size]    # 取一个新批次的数据
        y0 = y[i:i+batch_size]
        i += batch_size
        # 正向传播
        out = model(X0)    # 用神经网络计算 10 类输出结果
        loss = t.nn.CrossEntropyLoss()(out, y0)    # 计算神经网络结果与实际标签结果的差值
        # 反向梯度下降
        optimizer.zero_grad()    # 清空梯度
```

```
        loss.backward()  # 根据误差函数求导
        optimizer.step()  # 进行一轮梯度下降计算
    print(loss.item())  # 打印损失值
# 验证部分
model.eval()  # 将模型设为验证模式
X_val = t.autograd.Variable(t.from_NumPy(X_test))  # 验证变量
y_val = t.autograd.Variable(t.from_NumPy(y_test))
out_val = model(X_val)  # 用训练好的模型计算结果
loss_val = t.nn.CrossEntropyLoss()(out_val, y_val)  # 计算交叉熵
print(loss_val.item())  # 打印测试损失值
_, pred = t.max(out_val,1)  # 求出最大的元素的位置
num_correct = (pred == y_val).sum()  # 将预测值与标注值进行对比
print(num_correct.data.NumPy()/len(y_test))  # 打印正确率
```

实测效果：在训练100轮时，准确率为93%~94%，训练1000轮以后，准确率在97%左右。

2.4.3 进阶：PyTorch 卷积神经网络

我们先复习下 Keras 的卷积网络的写法，代码如下：

```
model = Sequential()
# 第 1 个卷积层，32 个卷积核，大小为 3*3，输入形状为 (28,28,1)
model.add(Conv2D(32, kernel_size=(3, 3),
          activation='relu',
          input_shape=(28,28,1)))
# 第 2 个卷积层，64 个卷积核
model.add(Conv2D(64, (3, 3), activation='relu'))
# 第 1 个池化层
model.add(MaxPooling2D(pool_size=(2, 2)))
# 卷积网络到全连接网络的转换层
model.add(Flatten())
# 第 1 个全连接层
model.add(Dense(128, activation='relu'))
# 第 1 个 Dropout 层
model.add(Dropout(0.5))
# 输出层
model.add(Dense(10, activation='softmax'))
```

我们将其翻译成 PyTorch。Keras 的 Conv2D 在 PyTorch 中对应的是 torch.nn.Conv2d。

其他的也类似，唯一的不同在于 Flatten() 层。

经过卷积计算以后，卷积的输出结果是一个 4 元的张量，分别是元素数、深度、长、宽。而全连接网络只需要元素数、节点数 2 元就可以。

对于简便易学的 Keras，Flattern 层负责做转换，不需要了解经过每次卷积，输出变成的形状。但是对于 PyTorch 转换需要自己来写，需要计算出输出的形状。

经过计算，我们发现上面写 Keras 代码时没有注意到的事情。就是卷积提取的抽象程度还不够。28*28 的输入值，用 3*3 卷积，补上一圈 padding，结果还是 28*28，但是深度从 1 变为 16。

经过第二轮卷积加上最大池化之后，仍然有 27*27 之大，代码如下：

```
# CNN 网络
class FirstCnnNet(t.nn.Module):
    # 初始化传入输入、隐藏层、输出 3 个参数
    def __init__(self, num_classes):
        super(FirstCnnNet, self).__init__()
        # 输入深度 1，输出深度 16
        self.conv1 = t.nn.Sequential(
            t.nn.Conv2d(1, 16, kernel_size=3, stride=1, padding=1),
            t.nn.BatchNorm2d(16),
            t.nn.ReLU())
        self.conv2 = t.nn.Sequential(
            t.nn.Conv2d(16, 32, kernel_size=3, stride=1, padding=1),
            t.nn.BatchNorm2d(32),
            t.nn.ReLU(),
            t.nn.MaxPool2d(kernel_size=2, stride=1),
            t.nn.Dropout(p=0.25))
        self.dense1 = t.nn.Sequential(
            t.nn.Linear(27*27*32, 128),
            t.nn.ReLU(),
            t.nn.Dropout(p=0.25)
        )
        self.dense2 = t.nn.Linear(128,num_classes)
    # 传入计算值的函数，真正的计算在这里
    def forward(self, x):
        x = self.conv1(x)
```

```
        x = self.conv2(x)
        x = x.view(x.size(0),-1)
        x = self.dense1(x)
        x = self.dense2(x)
        return x
```

我们对卷积参数进行修改，加大步幅。第 1 次从 28*28*1 提取为 14*14*16，第二次再提取为 6*6*32，代码如下：

```
# CNN 网络
class FirstCnnNet(t.nn.Module):
    # 初始化传入输入、隐藏层、输出 3 个参数
    def __init__(self, num_classes):
        super(FirstCnnNet, self).__init__()
        # 输入深度 1，输出深度 16。从 1,28,28 压缩为 16,14,14
        self.conv1 = t.nn.Sequential(
            t.nn.Conv2d(1, 16, kernel_size=5, stride=2, padding=2),
            t.nn.BatchNorm2d(16),
            t.nn.ReLU())
        # 输入深度 16，输出深度 32。从 16,14,14 压缩到 32,6,6
        self.conv2 = t.nn.Sequential(
            t.nn.Conv2d(16, 32, kernel_size=5, stride=2, padding=2),
            t.nn.BatchNorm2d(32),
            t.nn.ReLU(),
            t.nn.MaxPool2d(kernel_size=2, stride=1),
            t.nn.Dropout(p=0.25))
        # 第 1 个全连接层，输入 6*6*32，输出 128
        self.dense1 = t.nn.Sequential(
            t.nn.Linear(6*6*32, 128),
            t.nn.ReLU(),
            t.nn.Dropout(p=0.25)
        )
        # 第 2 个全连接层，输入 128，输出 10 类
        self.dense2 = t.nn.Linear(128,num_classes)
    # 传入计算值的函数，真正的计算在这里
    def forward(self, x):
        x = self.conv1(x)    # 16,14,14
```

```
        x = self.conv2(x)    # 32,6,6
        x = x.view(x.size(0),-1)
        x = self.dense1(x)    # 32*6*6 -> 128
        x = self.dense2(x)    # 128 -> 10
        return x
```

经过上面的卷积代码之后，我们可以很快取得 99% 以上的准确率。完整代码如下，读者可以在此基础上修改参数，体会 PyTorch 编程的方法：

```
import NumPy as np
import torch as t
# 数据读取部分
def read_labels(filename, items):    # 读取图片对应的数字
    file_labels = open(filename, 'rb')
    file_labels.seek(8)
    data = file_labels.read(items)
    y = np.zeros(items, dtype=np.int64)
    for i in range(items):
        y[i] = data[i]
    file_labels.close()
    return y
y_train = read_labels('./train-labels-idx1-ubyte', 60000)
y_test = read_labels('./t10k-labels-idx1-ubyte', 10000)
def read_images(filename, items):    # 读取图像
    file_image = open(filename, 'rb')
    file_image.seek(16)
    data = file_image.read(items * 28 * 28)
    X = np.zeros(items * 28 * 28, dtype=np.float32)
    for i in range(items * 28 * 28):
        X[i] = data[i] / 255
    file_image.close()
    return X.reshape(-1, 28 * 28)
X_train = read_images('./train-images-idx3-ubyte', 60000)
X_test = read_images('./t10k-images-idx3-ubyte', 10000)
# 超参数
num_epochs = 30    # 训练轮数
learning_rate = 1e-3    # 学习率
```

```
batch_size = 100    # 批量大小
class FirstCnnNet(t.nn.Module):    # CNN 网络
  def __init__(self, num_classes):    # 初始化只需要输出这一个参数
    super(FirstCnnNet, self).__init__()
    self.conv1 = t.nn.Sequential(
      t.nn.Conv2d(1, 16, kernel_size=5, stride=2, padding=2),
      t.nn.BatchNorm2d(16),
      t.nn.ReLU())    # 输入深度 1，输出深度 16。从 1,28,28 压缩为 16,14,14
    self.conv2 = t.nn.Sequential(
      t.nn.Conv2d(16, 32, kernel_size=5, stride=2, padding=2),
      t.nn.BatchNorm2d(32), t.nn.ReLU(),
      t.nn.MaxPool2d(kernel_size=2,
              stride=1))    # 输入深度 16，输出深度 32。从 16,14,14 压缩到 32,6,6
    self.dense1 = t.nn.Sequential(
      t.nn.Linear(6 * 6 * 32, 128), t.nn.ReLU(),
      t.nn.Dropout(p=0.25))    # 第 1 个全连接层，输入 6*6*32，输出 128
    self.dense2 = t.nn.Linear(128, num_classes)    # 第 2 个全连接层，输入 128，输出 10 类
  def forward(self, x):    # 传入计算值的函数，真正的计算在这里
    x = self.conv1(x)    # 16,14,14
    x = self.conv2(x)    # 32,6,6
    x = x.view(x.size(0), -1)
    x = self.dense1(x)    # 32*6*6 -> 128
    x = self.dense2(x)    # 128 -> 10
    return x
model = FirstCnnNet(10)    # 输入 28*28，隐藏层 128，输出 10 类
optimizer = t.optim.Adam(model.parameters(), lr=learning_rate)    # 优化器仍然选随机梯度下降
X_train_size = len(X_train)
for epoch in range(num_epochs):
  print('Epoch:', epoch)    # 打印轮次
  X = t.autograd.Variable(t.from_NumPy(X_train))
  y = t.autograd.Variable(t.from_NumPy(y_train))
  i = 0
  while i < X_train_size:
    X0 = X[i:i + batch_size]    # 取一个新批次的数据
    X0 = X0.view(-1, 1, 28, 28)
```

```
        y0 = y[i:i + batch_size]
        i += batch_size
        # 正向传播
        out = model(X0)   # 用神经网络计算 10 类输出结果
        loss = t.nn.CrossEntropyLoss()(out, y0)   # 计算神经网络结果与实际标签结果的差值
        # 反向梯度下降
        optimizer.zero_grad()   # 清空梯度
        loss.backward()   # 根据误差函数求导
        optimizer.step()   # 进行一轮梯度下降计算
    print(loss.item())
# 验证部分
model.eval()   # 将模型设为验证模式
X_val = t.autograd.Variable(t.from_NumPy(X_test))
y_val = t.autograd.Variable(t.from_NumPy(y_test))
X_val = X_val.view(-1, 1, 28, 28)   # 整形成 CNN 需要的输入
out_val = model(X_val)   ## 用训练好的模型计算结果
loss_val = t.nn.CrossEntropyLoss()(out_val, y_val)
print(loss_val.item())
_, pred = t.max(out_val, 1)   # 求出最大的元素的位置
num_correct = (pred == y_val).sum()   # 将预测值与标注值进行对比
print(num_correct.data.NumPy() / len(y_test))
```

2.5 5-4-6 速成法学习 TensorFlow

2.4 节我们看到，5-4-6 速成法并不是只适用于高层次封装框架的核心内容提炼，而是普遍适用于深度学习的框架。下面我们就把 5-4-6 速成法的概念应用于学习细节更加多的 TensorFlow 框架之中。

因为 TensorFlow 是一种基于计算图的框架，有计算图、会话等概念，不同于 Keras 更像正常的 Python 编程，比起 PyTorch 也更为复杂一点，理解起来要稍微多花些力气。但是通过下面的讲解，明白这些工具服务的还是 5-4-6 速成法讲的核心结构。例如，TensorFlow 被诟病的一点就是 API 变化比较大，版本兼容性不好。但是只要我们抓住这个主线，就可以迅速掌控 API 变化带来的影响。

提 示

不管框架结构怎样变化，基本步骤、基本元素、基本网络结构不变。从变化中抓取不变，就需要我们在知识的理解上做到透过现象发现本质。

2.5.1 TensorFlow 的建模过程

首先我们直接来看 TensorFlow 的建模代码：

```
def model(X, filter1, filter2, filter3, fc_weight, out_weight):
  # filter 1: [3,3,1,32]
  # 输入形状 (?, 28, 28, 1)
  conv1_1 = tf.nn.conv2d(
    X, filter1, strides=[1, 1, 1, 1], padding='SAME')
  conv1 = tf.nn.relu(conv1_1)
  # 第一次池化后形状 (?, 14, 14, 32)
  pool1 = tf.nn.max_pool(
    conv1, ksize=[1, 2, 2, 1], strides=[1, 2, 2, 1],
    padding='SAME')
  # filter 2: [3,3,32,64]
  # 卷积后形状 (?, 14, 14, 64)
  conv2_1 = tf.nn.conv2d(
    pool1, filter2, strides=[1, 1, 1, 1],
    padding='SAME')
  conv2 = tf.nn.relu(conv2_1)
  # 池化后形状：# (?, 7, 7, 64)
  pool2 = tf.nn.max_pool(
    conv2, ksize=[1, 2, 2, 1], strides=[1, 2, 2, 1],
    padding='SAME')
  # filter 3: [3,3,64,128]
  # 卷积后形状：# (?, 7, 7, 128)
  conv3_1 = tf.nn.conv2d(
    pool2, filter3, strides=[1, 1, 1, 1], padding='SAME')
  conv3 = tf.nn.relu(conv3_1)
  # 池化后形状 (?, 4, 4, 128)
  pool3 = tf.nn.max_pool(
```

```
        conv3, ksize=[1, 2, 2, 1], strides=[1, 2, 2, 1],
        padding='SAME')
    # 从 (?, 4,4,128) 拍平成 (?, 2048)
    flatten = tf.reshape(
        pool3, [-1, fc_weight.get_shape().as_list()[0]])
    flatten1 = tf.nn.dropout(flatten, 0.25)
    fc1_1 = tf.matmul(flatten1, fc_weight)
    fc1_2 = tf.nn.relu(fc1_1)
    fc = tf.nn.dropout(fc1_2, 0.5)
    pyx = tf.matmul(fc, out_weight)
    return pyx
X = tf.placeholder("float", [None, 28, 28, 1])
Y = tf.placeholder("float", [None, 10])
filter1 = tf.Variable(
    tf.random_normal([3, 3, 1, 32], stddev=0.01), name='filter1')
filter2 = tf.Variable(
    tf.random_normal([3, 3, 32, 64], stddev=0.01), name='filter2')
filter3 = tf.Variable(
    tf.random_normal([3, 3, 64, 128], stddev=0.01), name='filter3')
fc_weight = tf.Variable(
    tf.random_normal([128 * 4 * 4, 625], stddev=0.01), name='fc_weight')
out_weight = tf.Variable(
    tf.random_normal([625, 10], stddev=0.01), name='out_weight')
py_x = model(X, filter1, filter2, filter3, fc_weight, out_weight)
```

这个过程看起来比 Keras 和 PyTorch 还要麻烦。我们来看一下它们之间的差别。

第一点，TensorFlow 的建模函数的参数特别多。因为 TensorFlow 严格区分常量和变量，所有的变量必须提前声明，并且在建模前做好初始化。这就导致了定义变量这些过程不能在建模函数中进行，只能提前准备好，然后通过参数传进去。

第二点，TensorFlow 的 API 设计不是按照函数式 callable 设计的，难以串联。每层的第一个参数是上一个元素，而不是变成一个函数调用上一层参数。

除此之外，我们发现 TensorFlow 基本上与 Keras 和 PyTorch 相同。tf.nn.conv2d 是 6 种基本网络结构中的卷积层，tf.nn.max_pool 是 6 种基本网络结构中的池化层，tf.nn.dropout 是 6 种基本网络结构中的防过拟合层中的 Dropout 层。tf.nn.relu 是对我们而言已经不再陌生的 relu 激活函数。

TensorFlow 中也没有定义 Flatten 层的转换结构，而是采用 reshape 底层操作实现层间结构转换，需要了解更多的细节知识。最后的 tf.matmul 是矩阵乘法操作，是前面讲到的 6 种基本网络结构中的 Dense 全连接层的底层实现方法。

从上面的代码可以看到，虽然可读性不如 Keras 甚至 PyTorch，但是有了上面的基础之后，看更偏底层的 TensorFlow 代码会比较好懂。

2.5.2 TensorFlow 的训练、评估和预测

TensorFlow 中的训练过程还要满足 4 个基本要素，需要损失函数和优化器，代码如下：

```
cost = tf.reduce_mean(
  tf.nn.softmax_cross_entropy_with_logits(logits=py_x, labels=Y))
train_op = tf.train.RMSPropOptimizer(0.001, 0.9).minimize(cost)
predict_op = tf.argmax(py_x, 1)
```

代码中的 tf.nn.softmax_cross_entropy_with_logits 与前面 Keras 和 TFLearn 中所用的 categorical_crossentropy 并无二致。

将损失函数传给一个优化器的对象。TensorFlow 是基于计算图的，所以需要建立一个会话来运行计算图，这是 TensorFlow 比 Keras 和 TFLearn 复杂之处，但整体来说，影响不大，代码如下：

```
  for i in range(100):
    training_batch = zip(
      range(0, len(X_train), batch_size),
      range(batch_size,
         len(X_train) + 1, batch_size))
    for start, end in training_batch:
      sess.run(
        train_op,
        feed_dict={
          X: X_train[start:end],
          Y: y_train[start:end],
        })
```

train_op 是刚才我们定义的 RMSPropOptimizer，后面的 feed_dict 用于给参数赋值。

最后是预测，TensorFlow 底层 API 也没有封装 predict 函数的习惯，只是将测试数据代入训练好的模型中，最后通过 argmax 取个最大值。虽然听起来很复杂，但是实现起来一段代码就能搞定，代码如下：

```
py_x = model(X, filter1, filter2, filter3, fc_weight, out_weight)
predict_op = tf.argmax(py_x, 1)
```

最后，运行时还是要放到 Session 对象的 run 函数中，在会话中运行，代码如下：

```
sess.run(predict_op, feed_dict={X: teX[test_indices]})
```

2.5.3 TensorFlow 的完整代码

尽管设计起来相对困难，但是 TensorFlow 实现 MNIST 的代码也就 50 多行，读数据的部分跟 Keras 部分一样，这里就不再重复，代码如下：

```
import tensorflow as tf
import NumPy as np
# 读取数据代码请参见 Keras 和 PyTorch 部分，节约篇幅这里就不重复了
batch_size = 128    # 训练批次
test_size = 256    # 测试批次
def model(X, filter1, filter2, filter3, fc_weight, out_weight):    # 建模
  # 第一个卷积核 : [3,3,1,32]
  conv1_1 = tf.nn.conv2d(
    X, filter1, strides=[1, 1, 1, 1], padding='SAME')    # 输入的形状：(?, 28, 28, 32)
  conv1 = tf.nn.relu(conv1_1)
  pool1 = tf.nn.max_pool(
    conv1, ksize=[1, 2, 2, 1], strides=[1, 2, 2, 1],
    padding='SAME')    # 池化后的形状 (?, 14, 14, 32)
  # 第二个卷积核 : [3,3,32,64]
  conv2_1 = tf.nn.conv2d(
    pool1, filter2, strides=[1, 1, 1, 1],
    padding='SAME')    # 输入形状 (?, 14, 14, 32)
  conv2 = tf.nn.relu(conv2_1)
  pool2 = tf.nn.max_pool(
    conv2, ksize=[1, 2, 2, 1], strides=[1, 2, 2, 1],
    padding='SAME')    # 池化后的形状：(?, 7, 7, 64)
  # 第三个卷积核 : [3,3,64,128]
  conv3_1 = tf.nn.conv2d(
    pool2, filter3, strides=[1, 1, 1, 1], padding='SAME')    # 输入形状 (?, 7, 7, 128)
  conv3 = tf.nn.relu(conv3_1)
  pool3 = tf.nn.max_pool(
    conv3, ksize=[1, 2, 2, 1], strides=[1, 2, 2, 1],
```

```
        padding='SAME')    # 池化后的形状 (?, 4, 4, 128)
    flatten = tf.reshape(
        pool3,
        [-1, fc_weight.get_shape().as_list()[0]])    # 变形成 (?, 2048)
    fc = tf.nn.relu(tf.matmul(flatten, fc_weight))    # 全连接层
    out = tf.matmul(fc, out_weight)    # 输出层
    return out
X = tf.placeholder("float", [None, 28, 28, 1])    # 占位符，描述用
Y = tf.placeholder("float", [None, 10])
# 下面是变量的定义
filter1 = tf.Variable(
    tf.random_normal([3, 3, 1, 32], stddev=0.01), name='filter1')    # 第一个卷积核：[3,3,1,32]
filter2 = tf.Variable(
    tf.random_normal([3, 3, 32, 64], stddev=0.01), name='filter2')    # 第二个卷积核：[3,3,32,64]
filter3 = tf.Variable(
    tf.random_normal([3, 3, 64, 128], stddev=0.01), name='filter3')    # 第三个卷积核：[3,3,64,128]
fc_weight = tf.Variable(
    tf.random_normal([128 * 4 * 4, 625], stddev=0.01), name='fc_weight')    # 全连接层参数
out_weigth = tf.Variable(
    tf.random_normal([625, 10], stddev=0.01), name='out_weight')    # 输出层参数
py_x = model(X, filter1, filter2, filter3, fc_weight,out_weigth)    # 建模
cost = tf.reduce_mean(
    tf.nn.softmax_cross_entropy_with_logits(logits=py_x, labels=Y))    # 损失函数
train_op = tf.train.RMSPropOptimizer(0.001, 0.9).minimize(cost)    # 优化器
predict_op = tf.argmax(py_x, 1)
with tf.Session() as sess:
    tf.global_variables_initializer().run()    # 别忘了初始化变量
    for i in range(100):
        training_batch = zip(
            range(0, len(X_train), batch_size),
            range(batch_size,
                len(X_train) + 1, batch_size))
        for start, end in training_batch:
```

```
        sess.run(
            train_op,
            feed_dict={
                X: X_train[start:end],
                Y: y_train[start:end],
            })        # 训练
    test_indices = np.arange(len(X_test))
    np.random.shuffle(test_indices)
    test_indices = test_indices[0:test_size]
    print(
        i,
        np.mean(
            np.argmax(y_test[test_indices], axis=1) == sess.run(
                predict_op, feed_dict={
                    X: X_test[test_indices],
                })))    # 验证
```

2.6 在 TensorFlow 中使用 Keras

在 2.5 节我们看到，TensorFlow 的 API 比较偏底层，这样导致使用 TensorFlow 的过程变得比 PyTorch 稍复杂。

但是 TensorFlow 毕竟比较成熟，一方面在构建自己的高层 API，另一方面直接将 Keras 吸收进 TensorFlow 中。我们可以像使用 Keras 一样，在 TensorFlow 中调用 Keras 的 API。

简单来说，使用 Keras 的 API，把包名换成 TensorFlow.Keras 即可。

举个例子，将前面 Keras 版本的卷积网络换成在 TensorFlow 中可运行的版本，代码如下:

```
import NumPy as np
import tensorflow as tf
from tensorflow.keras.layers import Conv2D
from tensorflow.keras.models import Sequential
from tensorflow.keras.layers import MaxPooling2D
from tensorflow.keras.layers import Flatten
from tensorflow.keras.layers import Dense
from tensorflow.keras.layers import Dropout
# 读取数据部分代码省略
# 训练与验证部分
```

```
model = Sequential()
model.add(
  Conv2D(32, kernel_size=(3, 3), activation='relu',
      input_shape=(28, 28, 1)))   # 32 核卷积
model.add(MaxPooling2D(pool_size=(2, 2)))   # 2*2 池化
model.add(Conv2D(64, (3, 3), activation='relu'))   # 64 核卷积
model.add(MaxPooling2D(pool_size=(2, 2)))   # 2*2 池化
model.add(Flatten())   # 连接层，卷积和全连接网络的中介
model.add(Dense(128, activation='relu'))   # 全连接层
model.add(Dropout(0.5))   # Dropout 层
model.add(Dense(10, activation='softmax'))
model.compile(
  loss=tf.keras.losses.categorical_crossentropy,
  optimizer=tf.keras.optimizers.Adadelta(),
  metrics=['accuracy'])   # 编译
model.fit(
  X_train,
  y_train,
  batch_size=128,
  epochs=10,
  verbose=1,
  validation_data=(X_test, y_test))   # 训练
score = model.evaluate(X_test, y_test, verbose=0)   # 验证
print(' 损失数 :', score[0])
print(' 准确率 :', score[1])
```

2.7 本章小结

经过 Keras、PyTorch、TensorFlow 3 种框架的学习，我们对于 5 个步骤、4 种元素和 6 种基本网络层结构有了一定的感性认识。接下来，我们可以站在更高的层次来看 5-4-6 速成法。

5-4-6 速成法的核心是 4 种基本元素，5 步是为了集成 4 种元素，6 种基本网格结构是 4 种元素的组成部分，5 步的本质如下。

（1）将网络结构和激活函数两大基本元素组合起来。

（2）将损失函数和优化器另两大基本元素组合起来。

（3）引入训练数据。

（4）引入测试数据来验证训练效果。

（5）用来真正解决实际问题。

6 种基本网络结构的核心：万能函数近似器——全连接网络、长于处理表格数据的卷积神经网络和长于处理序列数据的循环神经网络。

第 3 章 张量与计算图

第 2 章我们尝试了深度学习的乐趣。“万丈高楼平地起”，我们看到了目标之后，并不等于有捷径达到目标，还是需要踏踏实实地从基本的元素开始学习。

Google 的深度学习框架名称为 TensorFlow，可见 Tensor 张量对于这个框架的重要性。另外，张量虽然很重要，但是如何将张量组合起来也同样重要。目前主流的框架都是通过计算图的方式来将张量组织起来。我们通过静态计算图的典型案例 TensorFlow 和动态计算图的典型 PyTorch，可以深刻地理解计算图的本质。

本章将介绍以下内容

- 0 维张量：标量
- 计算图与流程控制
- 变量

3.1 0 维张量：标量

所谓张量，从程序员的角度理解，就是一个多维的数组。根据维数不同，不同的张量有不同的别名。

0 维的张量，称为标量。标量虽然最简单，但是也涉及数据类型、算术运算、逻辑运算、饱和运算等基础操作。

1 维的张量，称为向量。从向量开始，我们就不得不引入 Python 生态的重要工具库——NumPy。作为静态计算图代表的 TensorFlow，几乎是完全实现了一套 NumPy 的功能，所以它的跨语言能力很强。而 PyTorch 对于 NumPy 能支持的功能全部复用，只对 NumPy 缺少的功能进行补充。例如，NumPy 计算无法使用 GPU 进行加速，而 PyTorch 就实现了 NumPy 功能的 GPU 加速。可以将 PyTorch 理解为可借用 GPU 进行加速的 NumPy 库。

2 维的张量，称为矩阵。在机器学习中对于矩阵有非常多的应用，这里涉及不少数学知识。本章我们只讲基本概念和编程，第 4 章会专门讲矩阵。

3 维以上的张量是我们一般意义上所认为的真正的张量。在深度学习所用的数据中，我们基本上都用高维张量来处理，并根据需要不停地将其变换成各种形状的张量。

标量可以理解为一个数。虽然一个数从某方向来讲已是最简单的结构，但是对于机器学习来说，也涉及不少问题，如数据类型、计算精度。很多的优化也跟数据类型相关。

提 示

各种以 Python 为主要开发语言的框架都深受 NumPy 的影响。所有的中间计算结果，大部分都是以 NumPy 的类型为中介的。可以认为 TensorFlow 和 PyTorch 都是基于 NumPy 的框架。大部分的类型，其实都是对于 NumPy 类型的封装。

3.1.1 TensorFlow 的数据类型

在学习数据类型之前，我们先看一下 TensorFlow 和 PyTorch 风格的数据类型对比图。如图 3.1 所示，TensorFlow 比 PyTorch 多了复数类型。其实总体来说 TensorFlow 的类型丰富程度远胜于 PyTorch。

TensorFlow 的数据类型分为整型、浮点型和复数型 3 种，基本上对应 NumPy 的整型、浮点型和复数型，只不过每种类型的子类型比 NumPy 更少一些。而 PyTorch 比 TensorFlow 更加精简。原因是 TensorFlow 是静态计算图语言，相对要比较完备。而 PyTorch 是动态计算图语言，可以借助 NumPy 的功能。

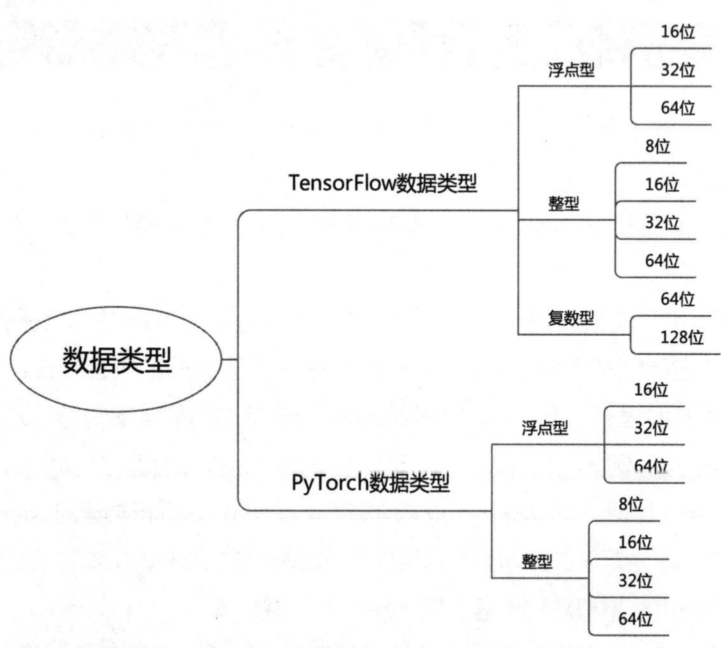

图 3.1　TensorFlow 和 PyTorch 的数据类型对比

TensorFlow 数据类型如图 3.2 所示。

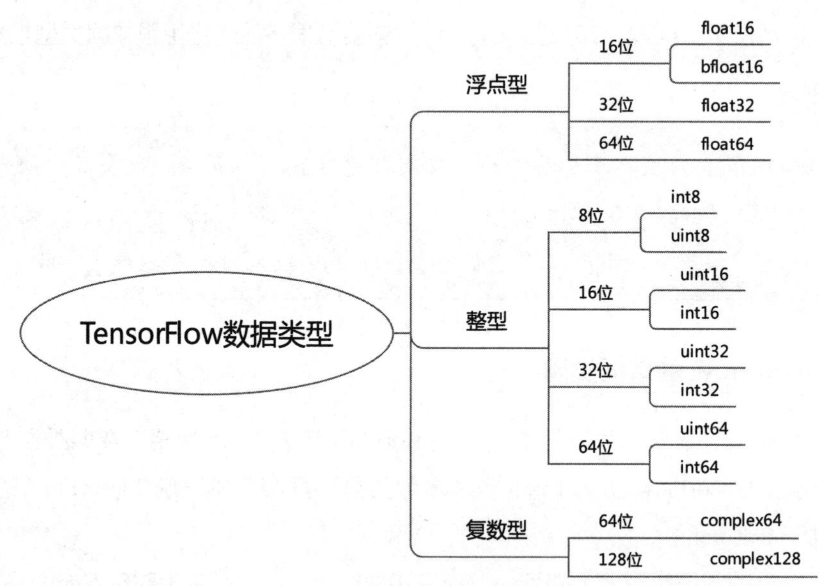

图 3.2　TensorFlow 数据类型

其实，除了上面的基本类型以外，TensorFlow 还支持量子化的整型，分别是 8 位的无符号 quint8，8 位有符号 qint8，16 位的无符号 quint16，16 位有符号 qint16，还有 32 位有符号的 qint32。

在 TensorFlow 中，基本上所有涉及数字类型的函数都可以指定类型。

最为常用的就是常量。TensorFlow 是一门静态计算图语言，与普通计算机高级语言一样，定义了常量、变量等常用编程结构。数字常数被 TensorFlow 使用之前，首先要赋值一个 TensorFlow 常量。例如：

```
>>> import tensorflow as tf
>>> a = tf.constant(1, dtype=tf.float64)
```

这样，a 就是一个 float64 类型值为 1 的常量。常量也是张量的一种。

```
>>> a
<tf.Tensor 'Const:0' shape=() dtype=float64>
```

这个常量是一个静态计算图，如果需要获取计算结果，需要建立一个会话来运行：

```
>>> sess = tf.Session()
>>> b = sess.run(a)
>>> print(b)
1.0
```

我们再来看复数的例子：

```
>>> c = 10 + 5.2j
>>> b = tf.constant(c)
```

将复数 10+5.2j 赋给 c，再通过 c 创建一个常量。这个常量就是一个 tf.complex128 类型的常量。

```
>>> b
<tf.Tensor 'Const_1:0' shape=() dtype=complex128>
```

3.1.2 PyTorch 的数据类型

PyTorch 没有对应 NumPy 的复数类型，只支持整型和浮点型两种。种类也比 TensorFlow 要少一些，更加精练。PyTorch 相当于带有 GPU 支持的 NumPy，缺什么直接用 NumPy 即可，如图 3.3 所示。

PyTorch 是动态计算图语言，不需要 tf.constant 之类的常量，数据计算之前赋给一个张量即可。建立 Tensor 是可以指定类型的。例如：

```
>>> import torch as t
>>> a1 = t.tensor(1, dtype=t.float32)
>>> a1
tensor(1.)
```

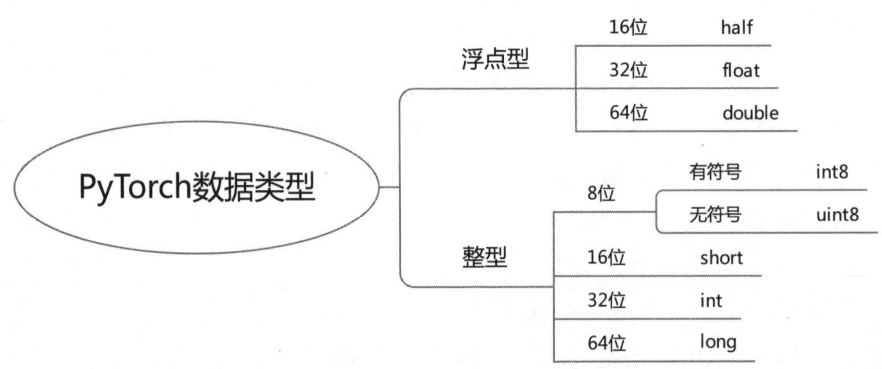

图 3.3　PyTorch 数据类型

除了通过指定 dtype 的方式，我们还可以通过直接创建相应的 Tensor 子类型的方式来创建 Tensor。例如：

```
>>> a2 = t.FloatTensor(1)
>>> a2
tensor([ 0.])
```

具体类型对应关系如表 3.1 所示。

表 3.1　PyTorch 数据类型与张量子类型对应关系

数据类型	类型名称	类型别名	张量子类型
16 位浮点数	half	float16	HalfTensor
32 位浮点数	float	float32	FloatTensor
64 位浮点数	double	float64	DoubleTensor
8 位无符号整数	uint8	无	ByteTensor
8 位带符号整数	int8	无	CharTensor
16 位带符号整数	int16	short	ShortTensor
32 位带符号整数	int32	int	IntTensor
64 位带符号整数	int64	long	LongTensor

3.1.3　标量算术运算

标量虽然没有矩阵运算那么复杂，但它是承载算术和逻辑运算的载体。对于 TensorFlow，标量算术运算还是需要先生成静态计算图，然后通过会话来运行。例如：

```
>>> a1 = tf.constant(1, dtype=tf.float64)
>>> a2 = tf.constant(2, dtype=tf.float64)
>>> a3 = a1 + a2
```

```
>>> print(a3)
Tensor("add:0", shape=(), dtype=float64)
>>> sess.run(a3)
3.0
```

对于 PyTorch 来说，就是两个张量相加，结果还是一个张量，比 TensorFlow 要简单一些，也不需要会话。例如：

```
>>> b1 = t.tensor(3, dtype=t.float32)
>>> b2 = t.tensor(4, dtype=t.float32)
>>> b3 = b1 + b2
>>> b3
tensor(7.)
```

除了加减乘除之外，不管是 TensorFlow 还是 PyTorch，都提供了足以满足需求的数学函数。例如三角函数，TensorFlow 版计算余弦值：

```
>>> a20 = tf.constant(0.5)
>>> a21 = tf.cos(a20)
>>> sess.run(a21)
0.87758255
```

PyTorch 版计算余弦值：

```
>>> b20 = t.tensor(0.5)
>>> b21 = t.cos(b20)
>>> b21
tensor(0.8776)
```

在 NumPy 里，对于数据类型相对是比较宽容的，如 sqrt、NumPy 既支持整数，也支持浮点数：

```
>>> np.sqrt(20)
4.47213595499958
>>> np.sqrt(20.0)
4.47213595499958
```

而对于 TensorFlow 和 PyTorch 来说，sqrt 只支持浮点数，用整数则会报错。TensorFlow 版的报错信息，根本不用在会话中执行，创建计算图时就报错：

```
>>> a22 = tf.constant(20, dtype=tf.int32)
>>> a23 = tf.sqrt(a22)
Traceback (most recent call last):
  File "<stdin>", line 1, in <module>
```

```
...
TypeError: Value passed to parameter 'x' has DataType int32 not in list of allowed values:
bfloat16, float16, float32, float64, complex64, complex128
```

PyTorch 的报错相对简洁，直接声明，没有实现对于 IntTensor 类型的 torch.sqrt 函数：

```
>> b22 = t.tensor(10,dtype=t.int32)
>>> b23 = t.sqrt(b22)
Traceback (most recent call last):
 File "<stdin>", line 1, in <module>
RuntimeError: sqrt not implemented for 'torch.IntTensor'
```

当然，不是每个函数都要求这么严格，例如，abs 求绝对值函数，整数和浮点数都支持：

```
>>> a10 = tf.constant(10, dtype=tf.float32)
>>> a11 = tf.abs(a10)
>>> sess.run(a11)
10.0
>>> a12 = tf.constant(20, dtype=tf.int32)
>>> a13 = tf.abs(a12)
>>> sess.run(a13)
20
```

3.1.4 Tensor 与 NumPy 类型的转换

不管 TensorFlow 还是 PyTorch，都跟 NumPy 有很深的渊源，它们之间的转换也非常重要。

1. PyTorch 与 NumPy 之间交换数据

PyTorch 有统一的接口用于与 NumPy 交换数据。PyTorch 的张量 (Tensor) 可以通过 NumPy 函数来转换成 NumPy 的数组 (ndarray)。例如：

```
>>> b10 = t.tensor(0.2, dtype=t.float64)
>>> c10 = b10.NumPy()
>>> c10
array(0.2)
>>> b10
tensor(0.2000, dtype=torch.float64)
```

作为逆运算，对于一个 NumPy 的数组对象，可以通过 torch.from_numpy 函数转换成 PyTorch 的张量。例如：

```
>>> c11 = np.array([[1,0],[0,1]])
>>> c11
```

```
array([[1, 0],
       [0, 1]])
>>> b11 = t.from_NumPy(c11)
>>> b11
tensor([[ 1,  0],
        [ 0,  1]])
```

2. TensorFlow 与 NumPy 之间的数据交换

TensorFlow 与 NumPy 就是构造计算图与执行计算图的过程。将 NumPy 的数组转成 TensorFlow 的 Tensor，可以通过 tf.constant 来构造一个计算图。而作为逆运算的从 TensorFlow 的张量转换成 NumPy 的数组，可以通过创建一个新会话运行计算图。

示例 1，从 ndarray 到 Tensor：

```
>>> a11
array([[1, 0],
       [0, 1]])
>>> c11 = tf.constant(a11)
>>> c11
<tf.Tensor 'Const_13:0' shape=(2, 2) dtype=int64>
```

示例 2，从 Tensor 到 ndarray：

```
>>> a11 = sess.run(c11)
>>> a11
array([[1, 0],
       [0, 1]])
```

另外，TensorFlow 还提供了一系列的转换函数。

提 示

这些转换函数仍然是静态计算图的操作，需要在会话中运行。

例如，to_int32 函数可以将一个 Tensor 的值转换为 32 位整数：

```
>>> a01 = tf.constant(0, tf.int32)
>>> a02 = tf.to_int32(a01)
>>> sess.run(a02)
0
```

类似的函数还有 tf.to_int64、tf.to_float、tf.to_double 等，基本上每个主要类型都有一个。定义这么多函数太麻烦，但还是有通用的转换函数 tf.cast。格式为：tf.cast(Tensor, 类型名)。

例如：

```
>>> b05 = tf.cast(b02, tf.complex128)
>>> sess.run(b05)
(1+0j)
```

3. TensorFlow 的饱和数据转换

TensorFlow 定义了这么多转换函数，有什么好处？答案是功能多。以 TensorFlow 还支持饱和转换为例，我们将大类型如 int64 转换成小类型 int16，tf.cast 转换过程中可能产生溢出，这在机器学习的计算中是件可怕的事情，而使用饱和转换，最多是变成小类型的最大值，而不会变成负值。

例如，把 65536 转换成 tf.int8 类型。我们知道，int8 只能表示 −128 到 127 之间的数。使用饱和转换 tf.saturate_cast，只要是大于 127 的数值，转换出来就是 127，不会更大。

例如：

```
>>> b06 = tf.constant(65536,dtype=tf.int64)
>>> sess.run(b06)
65536
>>> b07 = tf.saturate_cast(b06,tf.int8)
>>> sess.run(b07)
127
```

3.2 计算图与流程控制

计算图是一种特殊的有向无环图 DAG，用来表示变量和操作之间的关系。它有点类似于流程图，但是比流程图多了对变量的描述。

既然与流程图类似，那么计算图其实相当于是一种计算机语言，需要有完备的计算机语言的功能。我们知道，一种结构化的计算机语言，除了顺序结构之外，还需要有分支结构和循环结构。下面，我们分别看下静态计算图及其代表 TensorFlow 与动态计算图及 PyTorch 如何实现计算图。

3.2.1 静态计算图与 TensorFlow

静态计算图有点像编译型的语言，首先要写好完整的代码，然后再编译成机器指令并执行。会话中运行，相当于在 TensorFlow 机器上运行。

所以 TensorFlow 的静态计算图语言中，需要包括完整的指令集。因为不能借助宿主机，需要有条件分支指令、循环指令，甚至为了辅助开发，还需要一些调试指令。具体如图 3.4 所示。

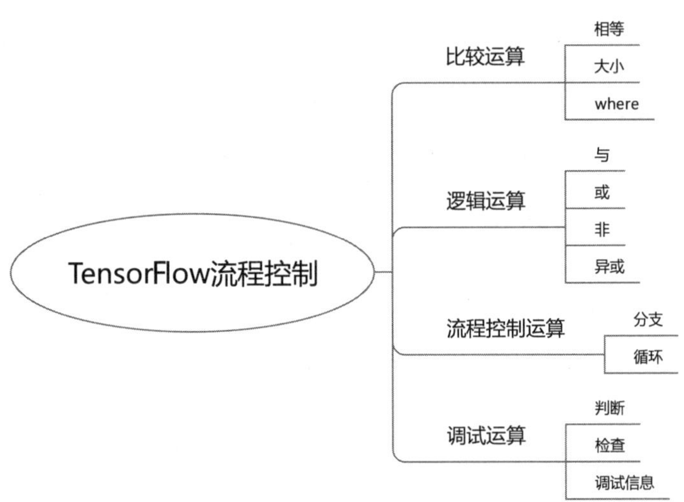

图 3.4　TensorFlow 主要流程控制功能

1. 比较运算

分支的第一步是要有比较指令。最简单的指令当然是判断是否相等，TensorFlow 提供了 equal 函数来实现此功能，例如：

```
>>> c1 = tf.constant(1)
>>> c2 = tf.constant(2)
>>> c3 = tf.equal(c1,c2)
>>> sess.run(c3)
False
```

结果返回 False，说明 c1 和 c2 这两个张量不相等。

我们用判断不相等的 not_equal 函数来比较，结果就会为 True，如下例：

```
>>> c4 = tf.not_equal(c1,c2)
>>> sess.run(c4)
True
```

如果比较大小，可以用小于 less 和大于 greater 两个函数，如下例：

```
>>> c5 = tf.less(c1,c2)
>>> sess.run(c5)
True
>>> c6 = tf.greater(c1,c2)
>>> sess.run(c6)
```

```
False
```

除了相等、不等、大于、小于之外，还有大于或等于操作 greater_equal 和小于或等于操作 less_equal，我们看两个例子：

```
>>> c7 = tf.less_equal(c1,c2)
>>> sess.run(c7)
True
>>> c8 = tf.greater_equal(c1,c2)
>>> sess.run(c8)
False
```

另外，比较大小还可以批量进行，判断条件是一个布尔型的数组，后面是根据不同情况赋的值，这是 where 操作的功能。我们在后面学习向量之时再详细介绍。

2. 逻辑运算

通过上面的 6 种比较运算，我们可以在 TensorFlow 的计算流程图中对比较运算的结果进行逻辑运算。

逻辑运算一共有以下 4 种：

- 与：logical_and；
- 或：logical_or；
- 非：logical_not；
- 异或：logical_xor。

我们举几个例子来介绍，首先是取非的例子：

```
>>> c9 = tf.logical_not(tf.greater_equal(c1,c2))
>>> sess.run(c9)
True
```

再用 greater、equal 和 logical_or 来实现 greater_equal 功能，代码如下：

```
>>> c11 = tf.constant(1)
>>> c12 = tf.constant(2)
>>> c13 = tf.logical_or(tf.greater(c11,c12), tf.equal(c11,c12))
>>> sess.run(c13)
False
```

提 示

TensorFlow 的计算图是强类型语言，逻辑运算必须是 bool 型值，如果是其他类型，将报错。

例如，我们用数字来调用 logical_xor，代码如下：

```
c10 = tf.logical_xor(1,2)
```

将报错如下：

```
TypeError: Expected bool, got 1 of type 'int' instead.
```

如果用两个整数类型的张量去进行逻辑运算，将报错如下：

```
ValueError: Tensor conversion requested dtype bool for Tensor with dtype int32: 'Tensor("Const:0", shape=(), dtype=int32)'
```

习惯了 C 语言的弱类型的读者请特别注意以上情况。

3. 流程控制——分支结构

有很多人在学到 TensorFlow 中还有流程控制操作时觉得很奇怪，这是对于静态计算图的理解还不够清楚的体现。再次强调一下，静态计算图就是一门程序设计语言，所以流程控制是非常重要的基本功能。

流程控制的基础是分支功能，就像 Python 中的 if 判断一样。在 TensorFlow 中，可以用 case 操作来实现。

我们一步步来展示 case 的功能。最简单的 case 语句只有一个判断条件和一个对应和函数。我们来看例子：

```
>>> d1 = tf.constant(1)
>>> d2 = tf.case([(tf.greater(d1,0), lambda : tf.constant(0))])
>>> sess.run(d2)
0
```

解释一下上述语句，如果 d1 大于 0，执行后面的 lambda 函数，返回一个值为 0 的常量。

下面可以给 case 语句增加一个 default 分支：

```
>>> d3 = tf.case([(tf.greater(d1,0), lambda : tf.constant(0))], default=lambda : tf.constant(-1))
>>> sess.run(d3)
0
```

然后尝试加多个分支：

```
>>> d4 = tf.case([(tf.greater(d1,1), lambda : tf.constant(2)),(tf.equal(d1,1),lambda : tf.constant(1))], default=lambda : tf.constant(-1))
>>> sess.run(d4)
1
```

如果 d1 大于 1，返回值为 2 的常量。如果 d1 等于 1，则返回值为 1 的常量。

4. 流程控制——循环结构

我们来看看循环结构，最常用的循环是 for 循环，对应 TensorFlow 的操作是 while_

loop 操作。我们看个例子：

```
>>> e0 = tf.constant(1)
>>> e1 = tf.while_loop(lambda i : tf.less(i,10), lambda j : tf.add(j,1), [e0])
>>> sess.run(e1)
```

我们定义 e0 用作循环控制变量，while_loop 操作最少需要 3 个参数，第一个参数是结束循环的判断条件，第二个参数是循环体，第三个参数是循环控制变量。

所谓循环体，是需要循环多次操作的具体功能，在我们这个例子中，是一个给循环控制变量加 1 的操作。

循环控制变量可以设计得很复杂，它会作为参数传给前面的第一个和第二个 callable 参数。例如，第一个参数，我们给的是一个 lambda 表达式，并没有指定要传的参数，形参的名称与实际传入的无关。循环控制变量参数获取之后，才会把这个参数传给 lambda 表达式去执行。

5. 程序调试

当我们写了比较复杂的流程控制到静态计算图中，需要一些调试手段来测试逻辑是否正确。

最基础的功能是可以打印输出 debug 信息，这可以通过 Print 函数实现。例如：

```
>>> e2 = tf.Print(tf.constant(0),['Debug info'])
>>> sess.run(e2)
[Debug info]
0
```

Print 的第一个参数是 Tensor，第二个参数就是想输出的调试信息。

除了 Print 之外，TensorFlow 还提供了 Assert 功能用于检查数据的正确性，is_nan 操作用来判断是不是 NaN，is_inf 用来判断是否变成无穷大等。

3.2.2 动态计算图与 PyTorch 的流程控制

不同于 TensorFlow，PyTorch 并不需要事先定义好完整的计算图，然后一次性通过会话来执行。本质上 PyTorch 也是基于计算图的框架，但是它的计算图与 Python 语言较好地融合在一起。

以分支和循环为例，PyTorch 的分支和循环不必像 TensorFlow 一样定义成操作，而是直接使用 Python 语言中的相应机制。

1. 比较操作 torch.eq

PyTorch 中也提供了对于 Tensor 的比较操作。因为 PyTorch 本质上也是基于 Tensor 的计算图，Python 并没有处理 Tensor 的工具，所以还是要由 PyTorch 来提供。

我们学习的第一个比较操作是 torch.eq，它返回的结果仍然是 Tensor。我们来看简单的例子：

```
>>> t1 = t.tensor(1)
>>> t2 = t.tensor(2)
>>> print(t.eq(t1, t2))
tensor(0, dtype=torch.uint8)
```

torch.eq 返回的是值为 0，dtype 为 torch.uint8 的 Tensor。这个 Tensor 可以当成布尔值用于 Python 的条件判断语句中。我们写段检查的代码：

```
>>> if(t.eq(t1,t2)):
...     print('eq')
... else:
...     print('neq')
...
neq
```

我们再写一个值为 1 的 Tensor 与 t1 作比较，发现这个值已经变成 1，可以在条件判断语句中当作真值来使用：

```
>>> t3 = t.tensor(1)
>>> print(t.eq(t1,t3))
tensor(1, dtype=torch.uint8)
```

2. 比较操作 torch.equal

如果觉得 torch.eq 返回 Tensor 值用起来不直观，PyTorch 还提供了 torch.equal 操作，返回一个布尔值，可以完全和 Python 环境融为一体。

还是上例的两个 Tensor，用 torch.equal 来比较，更符合 Python 的逻辑：

```
>>> print(t.equal(t1,t2))
False
>>> print(t.equal(t1,t3))
True
```

3. 比较大小

有了 eq 的例子，其他操作就容易理解了。它们与 eq 一样，返回的都是一个 uint 的 Tensor。

- ne：不等于。
- lt：小于。

- le：小于或等于。
- gt：大于。
- lt：大于或等于。

相对于 TensorFlow 的计算图，PyTorch 的主要流程控制设计得比较简单，其余的都用 Python 的功能就好。当程序很长时，用 Python 写的控制语言，就比用 TensorFlow 计算图写的代码的可读性和可调试性都更好。

3.3 变量

了解了计算图和流程控制之后，我们继续深入计算图中的一个重要元素——变量。学过传统编程语言的人，对变量一定很熟悉。无论是 TensorFlow 中使用的变量，还是 PyTorch 中的变量，与大家熟悉的变量相比，还是有一定区别的。

3.3.1 TensorFlow 的占位符与变量

如第 2 章所述，TensorFlow 比起 Keras 与 PyTorch，最明显的不同就在于变量。变量和占位符的应用，使得 TensorFlow 显出一种独特的编程风格。

1. 占位符

首先，变量并不是像大家理解的那样，只是一个存储单元。如果只是想做一个存储单元，用到时再替换成真实数据，那么可以用 TensorFlow 针对这个需求提供的工具 PlaceHolder 占位符。

我们来看例子，首先是声明一个占位符，需要指定类型和名称：

```
d50 = tf.placeholder(tf.float32, name ="input1")
```

占位符定义好之后，就可以像使用常量一样进行任何运算了，例如，我们做一个求正弦值的计算：

```
d51 = tf.sin(d50)
```

那么，占位符所需要的真实值是在何时传入的？答案是在会话运行时。例如，我们在运行会话时给上面的 d50 的值设为 0.2，就把 d50 的名称和 0.2 这个值传给 feed_dict：

```
sess.run(d51, feed_dict={d50: 0.2})
```

2. 变量

占位符是运行会话时传递真实数值用的，也就是说，我们先把计算图定义好，然后传数据进行计算。那么变量的作用是什么？变量与占位符有何不同？答案非常简单，变量是运行时保存计算过程中会改变的值的计算单元。

默认的张量都是常量，不能进行训练，变量不是占位符，在定义变量的时候一定要设定一个初值，类型和名称与占位符一样：

```
d60 = tf.Variable(1, dtype=tf.float32, name='number1')
```

然后，变量也可以像常量和占位符一样用在各种计算图的操作中：

```
d61 = tf.tan(d60)
```

注意，将 d61 发给会话运行时会报错，因为变量需要在会话运行之前初始化。

注 意

TensorFlow 中如果用到了变量，需要在会话运行前运行一个初始化变量的会话。

虽然听起来有点绕，但这是 TensorFlow 基于静态计算图的语言方式，我们要学会这种 TensorFlow 的思维。在运行一个计算之前，必须保证这个计算图中的变量全部已初始化。如何初始化？这就需要另一个会话中运行专门进行初始化变量的计算图，语句如下：

```
init_op = tf.global_variables_initializer()
sess.run(init_op)
```

运行了上面的初始化专用操作之后，就可以正常使用变量：

```
>>> sess.run(d61)
1.5574077
```

那么，如何改变变量的值？这也需要在设计计算图时就定义好，通过 assign 函数来实现：

```
>>> d62 = d60.assign(d60 * 2)
>>> sess.run(d62)
2.0
```

现在，d60 的值已经是 2.0，我们再建会话运行 d61 的话，求得的值就是 tan(2.0) 的值：

```
>>> sess.run(d61)
-2.1850398
```

提 示

TensorFlow 的变量在使用前需要先启动一个会话来调用 tf.global_variables_initializer()。TensorFlow 的变量通过 assign 函数来改变值。

3.3.2 TensorFlow 变量的保存和加载

训练好的变量中的参数，要进行保存和加载，不然每次都从头训练，浪费时间和资源。

1. 变量保存

TensorFlow 中提供了 tf.train.Saver 类来实现这个功能。我们来看一个例子：

```
import tensorflow as tf
# 创建变量
w = tf.get_variable("weight", shape=[3,3], initializer = tf.zeros_initializer)
b = tf.get_variable("bias", shape=[3,3], initializer = tf.zeros_initializer)
w_value = w.assign(tf.random_normal([3,3],0,1,dtype=tf.float32))
b_value = w.assign(tf.random_uniform([3,3],dtype=tf.float32))
# 初始化变量
init_op = tf.global_variables_initializer()
# Saver 对象用于保存
saver = tf.train.Saver()
with tf.Session() as sess:
  # 初始化变量
 sess.run(init_op)
 # 训练等操作
 print(sess.run(w_value))
 print(sess.run(b_value))
 # 保存变量
 save_path = saver.save(sess, "./test.ckpt")
 print("Model saved in path: %s" % save_path)
```

提 示

saver.save 保存的不是一个文件，会生成至少 3 个文件。

调用 saver.save 之后，将生成 test.ckpt 为前缀的三类文件：meta 文件、index 文件和 data 文件。

我们指定 test.ckpt 文件名后，就会生成 test.ckpt.meta、test.ckpt.index 和 test.ckpt.data-00000-of-00001 三个文件。

2. 变量加载

保存之后还要能加载。Saver 类中也提供了这种逆操作。我们来看例子：

```
import tensorflow as tf
# 创建变量
w = tf.get_variable("weight", shape=[3, 3], initializer=tf.zeros_initializer)
b = tf.get_variable("bias", shape=[3, 3], initializer=tf.zeros_initializer)
```

```
w_value = w.assign(tf.random_normal([3, 3], 0, 1, dtype=tf.float32))
b_value = w.assign(tf.random_uniform([3, 3], dtype=tf.float32))
# 初始化变量
init_op = tf.global_variables_initializer()
# Saver 对象用于保存
saver = tf.train.Saver()
with tf.Session() as sess:
    # 初始化变量
    sess.run(init_op)
    # 训练等操作
    print(sess.run(w_value))
    print(sess.run(b_value))
    # 保存变量
    save_path = saver.save(sess, "./test.ckpt")
    print("Model saved in path: %s" % save_path)
```

3.3.3 PyTorch 的变量

因为 PyTorch 使用动态计算图，所以它的变量使用不像 TensorFlow 这么复杂，而且 PyTorch 的变量还附带自动计算梯度的功能。关于梯度，我们会在后面详细介绍。这里先关注变量本身。

因为支持自动梯度功能，所以 PyTorch 的变量来自包 torch.autograd。我们来看一个 PyTorch 变量的例子：

```
>>> w1 = t.autograd.Variable(t.randn(1000,100))
>>> w2 = t.autograd.Variable(t.randn(100,10))
>>> w1
tensor([[-0.7672, -0.6468,  0.4761,  ...,  0.9433,  0.2385,  0.1292],
        [-0.2614, -0.3940,  0.2037,  ...,  0.3759,  0.8944,  0.2352],
        [-1.7158, -0.6906, -0.0374,  ...,  0.0799, -0.5840,  0.5973],
        ...,
        [ 0.8423, -1.1274, -0.4744,  ...,  0.3095, -0.6156, -0.5952],
        [ 1.6982, -1.3870, -0.0343,  ..., -1.1485, -2.1851, -0.2863],
        [ 0.0432,  1.0201, -2.3497,  ..., -0.3402, -0.6464, -0.7115]])
```

相对于 TensorFlow 中有很多要强调的，PyTorch 的变量只需了解这些，这也是动态计算图带来的便捷。

第 4 章 向量与矩阵

标量因为只有一个数，所以没有形状之分。从向量开始，张量终于开始有自己的形状，从此不断变换的形状将一直存在。

另外，标量的赋值也比较容易，只有一个数。但是从向量开始，就需要一些快速生成一序列值的辅助工具，可以借助 NumPy，当然 TensorFlow 和 PyTorch 也提供它们自己的工具。

本章将介绍以下内容

- 1 维张量：向量
- 2 维张量：矩阵
- *n* 维：张量

4.1 1 维张量：向量

向量是从 0 到 1 的关键一步，是最简单的张量类型。《道德经》有云：合抱之木，生于毫末；九层之台，起于垒土；千里之行，始于足下。本节将从 1 维慢慢扩展到高维。

4.1.1 快速生成向量的方法

除了全部填成一个数，或者随机填充数外，唯一有规律的方法就是先生成向量，然后通过向量进行组合，所以生成向量的方法还是很重要的。

1. 生成浮点线性序列：linspace 函数

linspace 来自 NumPy，格式为 linspace(起点，终点，分成几份)。注意数据格式，起点和终点是浮点型，而分成几份是整型，没有分成 4.0 份或 3.9 份这种说法。

这三者基本完全等价，除了 TensorFlow 需要创建会话来运行外，三者功能完全相同。下面示例中，a01 是 NumPy 的 linspace，b01 是 TensorFlow 的 linspace，c01 是 PyTorch 的 linspace。

NumPy 的 linspace 例子：

```
>>> a01 = np.linspace(1.0,10.0,4)
>>> a01
array([ 1.,  4.,  7., 10.])
```

TensorFlow 的 linspace 例子：

```
>>> b01 = tf.linspace(1.0,10.0,4)
>>> b01
<tf.Tensor 'LinSpace:0' shape=(4,) dtype=float32>
>>> sess.run(b01)
```

PyTorch 的 linspace 例子：

```
array([ 1.,  4.,  7., 10.], dtype=float32)
>>> c01 = t.linspace(1.0,10.0,4)
>>> c01
tensor([ 1.,  4.,  7., 10.])
```

2. 生成整数序列

上述中的 linspace 用于生成浮点数线性序列，如果要生成整数的序列应如何做？TensorFlow 和 PyTorch 都实现了 NumPy 的 arange 函数，只是命名不同，PyTorch 按照 NumPy 的命名规则称为 arange，TensorFlow 则直接就命名为 range。

TensorFlow 的 range 函数例:

```
>>> a5 = tf.range(1,5)
>>> sess.run(a5)
array([1, 2, 3, 4], dtype=int32)
```

PyTorch 的 arange 函数例:

```
>>> b5 = t.arange(1,5)
>>> b5
tensor([1, 2, 3, 4])
```

4.1.2 向量的操作

除了生成向量外，向量还可以进行拼接等操作。

1. 向量拼接

向量是构成更高维度张量的基础元素，所以学会进行向量的拼接，对于将来学习高维操作有重要意义。

向量就像字符串一样，其拼接就是将两个向量首尾相接。例如，将 [1,2] 和 [3,4] 拼在一起就是 [1,2,3,4]。

如果代码用 PyTorch 实现，就使用 torch.cat 函数，代码如下:

```
>>> v1 = t.tensor([1,2])
>>> v2 = t.tensor([3,4])
>>> v3 = t.cat([v1,v2])
>>> v3
tensor([1, 2, 3, 4])
```

既可以与别的变量拼接，也可以与自己拼接，还可以多次拼接，代码如下:

```
>>> v4 = t.cat([v1,v1,v1])
>>> v4
tensor([1, 2, 1, 2, 1, 2])
```

在 TensorFlow 中，拼接的函数是 tf.concat。对于向量的拼接，concat 需要一个轴参数，这时向量的值是 0。轴参数将在 4.3.2 小节中讲解，下面看一下 concat 的例子:

```
>>> a1 = tf.range(1,16)
>>> a2 = tf.concat([a1,a1,a1],0)
>>> sess.run(a2)
array([ 1,  2,  3,  4,  5,  6,  7,  8,  9, 10, 11, 12, 13, 14, 15,  1,  2,
        3,  4,  5,  6,  7,  8,  9, 10, 11, 12, 13, 14, 15,  1,  2,  3,  4,
```

```
        5,  6,  7,  8,  9, 10, 11, 12, 13, 14, 15], dtype=int32)
```

2. 向量元素计数

计数操作就是计算向量中有多少个元素。在 PyTorch 中，通过 numel 函数来实现。例如，向量 v1 是 16 个元素，v2 是 5 个元素，首先把它们拼接在一起，然后求元素数，代码如下：

```
>>> v1 = t.arange(1,16)
>>> v2 = t.arange(-1,5)
>>> v3 = t.cat([v1,v2])
>>> v3
tensor([ 1,  2,  3,  4,  5,  6,  7,  8,  9, 10, 11, 12, 13, 14, 15, -1,  0,  1,
         2,  3,  4])
>>> v4 = t.numel(v3)
>>> v4
21
```

4.1.3 向量计算

前面学习了如何构造一个向量，下面学习几个向量之间如何进行计算。

1. 向量加减法

向量的加减法，直接用 +、− 运算符计算即可。

TensorFlow 的例子：

```
>>> b1 = tf.constant([1,2,3])
>>> b2 = tf.constant([2,4,6])
>>> b3 = b1 + b2
>>> sess.run(b3)
array([3, 6, 9], dtype=int32)
```

PyTorch 的例子：

```
>>> a1 = t.Tensor([1,3])
>>> a2 = t.Tensor([2,4])
>>> print(a1+a2)
```

对于 PyTorch 来说，还有一种写法，就是直接修改当前的 Tensor，通过 add_ 和 sub_ 函数，代码如下：

```
tensor([3., 7.])
>>> a1.add_(a2)
```

2. 向量乘除标量

向量乘除标量这个很好理解，就是每个对应的元素分别乘以或除以标量。

TensorFlow 的例子：

```
>>> a2 = tf.constant([4,8,12])
>>> sess.run(a2)
array([ 4,  8, 12], dtype=int32)
>>> a3 = tf.div(a2,2)    # 写成 a2/2 也可以
>>> sess.run(a3)
array([2, 4, 6], dtype=int32)
```

PyTorch 的例子：

```
>>> b2 = t.tensor([2,4,8])
>>> b2
tensor([2, 4, 8])
>>> b3 = t.div(b2,2)    # 也可以写成 b2/2
>>> b3
tensor([1, 2, 4])
```

3. 向量广播运算

从向量开始，有一种新的算术运算称为广播运算。所谓的广播运算，就是针对向量或矩阵、张量中的每个元素进行同样的运算。

下面看一个 TensorFlow 的例子：

```
>>> b6 = tf.range(1,10,1)
>>> sess.run(b6)
array([1, 2, 3, 4, 5, 6, 7, 8, 9], dtype=int32)
>>> b7 = b6 + 1    # b7 是 b6 中的每个元素都加 1
>>> b7    # 看看 b7 这个 Tensor 的真面目
<tf.Tensor 'add:0' shape=(9,) dtype=int32>
>>> sess.run(b7)    # 最后运行，看看 +1 的效果
array([ 2,  3,  4,  5,  6,  7,  8,  9, 10], dtype=int32)
```

4. 向量乘法

与我们的直观感受不同，向量乘法的结果是每个位置的元素分别相乘。下面直接看 TensorFlow 的例子：

```
>>> a10 = tf.constant([1,3])
>>> a11 = tf.constant([2,7])
>>> a12 = a10 * a11
```

```
>>> sess.run(a12)
array([ 2, 21], dtype=int32)
```

其中，a10 的第一个元素是 1，a11 的第一个元素是 2，于是结果 a12 中的第一个元素就是 1*2=2。这是 TensorFlow 的特例，在 PyTorch 中也会得到完全一样的结果，例如：

```
>>> b10 = t.tensor([1,3])
>>> b11 = t.tensor([2,7])
>>> b12 = b10 * b11    # 结果为 [1*2,3*7]
>>> b12
tensor([ 2, 21])
```

4.1.4 PyTorch 的其他向量操作

像 NumPy 一样，除了支持等差数列外，PyTorch 还支持生成等比数列的函数 logspace。logspace 有一点不同于 linspace，logspace 默认以 10 的 n 次方作为起始和结束值，最后一个参数是步长值，即生成几个值。

例如：

```
>>> a6= t.logspace(0,2,4)
>>> a6
tensor([  1.0000,   4.6416,  21.5443, 100.0000])
```

4.2 2 维张量：矩阵

矩阵有点类似于其他编程语言中的二维数组，但是矩阵的运算要比二维数组复杂得多，以至于后面还要专门用一章的篇幅来介绍矩阵高级运算。本节主要讲解矩阵的基本操作。

4.2.1 矩阵初始化

对于 PyTorch 来说，矩阵初始化最方便的方法是借用 Numpy 的功能，即调用 torch.from_NumPy 函数，参数类型为 ndarray。

1. 生成值全为 0 的矩阵

这个功能是 TensorFlow 与 PyTorch 的共有功能，名称和用法基本相同，都是 zeros 函数。但是两者写法略有不同，使用时要特别注意。

TensorFlow 的例子：

```
>>> b1 = tf.zeros([5,5])
>>> sess.run(b1)
array([[0., 0., 0., 0., 0.],
       [0., 0., 0., 0., 0.],
       [0., 0., 0., 0., 0.],
       [0., 0., 0., 0., 0.],
       [0., 0., 0., 0., 0.]], dtype=float32)
```

PyTorch 的例子：

```
>>> a1 = t.zeros(5,5)
>>> a1
tensor([[0., 0., 0., 0., 0.],
        [0., 0., 0., 0., 0.],
        [0., 0., 0., 0., 0.],
        [0., 0., 0., 0., 0.],
        [0., 0., 0., 0., 0.]])
```

注 意

PyTorch 是直接给函数参数即可，而 TensorFlow 需要给一个列表。

例如，PyTorch 可以给出的参数不限个数，下面以 5 个参数为例：

```
>>> a2 = t.zeros(2,2,2,2,2)
>>> a2
tensor([[[[[0., 0.],
           [0., 0.]],

          [[0., 0.],
           [0., 0.]]],

         [[[0., 0.],
           [0., 0.]],

          [[0., 0.],
           [0., 0.]]]],

        [[[[0., 0.],
           [0., 0.]],

          [[0., 0.],
           [0., 0.]]],

         [[[0., 0.],
```

```
        [0., 0.]],
       [[0., 0.],
        [0., 0.]]]]])
```

而 TensorFlow 只支持一个参数，因为要生成静态计算图，太多参数反而给编译带来困难。因此，在支持多维时，需要给定一个列表，例如：

```
>>> b2 = tf.zeros([2,2,2,2])
>>> sess.run(b2)
array([[[[0., 0.],
         [0., 0.]],
        [[0., 0.],
         [0., 0.]]],
       [[[0., 0.],
         [0., 0.]],
        [[0., 0.],
         [0., 0.]]]], dtype=float32)
```

对于 TensorFlow 和 PyTorch 的 zeros 函数，都可以指定 dtype= 参数来指定类型。

PyTorch 的例子：

```
>>> a3 = t.zeros(3,3,dtype=t.float64)
>>> a3
tensor([[0., 0., 0.],
        [0., 0., 0.],
        [0., 0., 0.]], dtype=torch.float64)
```

2. 生成值全为 1 的矩阵

与 zeros 类似，TensorFlow 与 PyTorch 都使用 ones 函数。

TensorFlow 的例子：

```
>>> b2 = tf.ones([4,4])
>>> sess.run(b2)
array([[1., 1., 1., 1.],
       [1., 1., 1., 1.],
       [1., 1., 1., 1.],
       [1., 1., 1., 1.]], dtype=float32)
```

PyTorch 的例子：

```
>>> a2 = t.ones(4,4)
>>> a2
```

```
tensor([[1., 1., 1., 1.],
        [1., 1., 1., 1.],
        [1., 1., 1., 1.],
        [1., 1., 1., 1.]])
```

3. 根据已有的矩阵生成新的全 0 或全 1 矩阵

除了直接调用 zeros 和 ones 函数来生成矩阵外，还可以用 zeros_like 和 ones_like 函数仿照现有的矩阵格式来生成新矩阵。

PyTorch 的例子：

```
>>> a3
tensor([[0., 0., 0.],
        [0., 0., 0.],
        [0., 0., 0.]], dtype=torch.float64)
>>> a4 = t.ones_like(a3)
>>> a4
tensor([[1., 1., 1.],
        [1., 1., 1.],
        [1., 1., 1.]], dtype=torch.float64)
```

TensorFlow 的例子：

```
>>> b2 = tf.zeros([2,2,2,2])
>>> sess.run(b2)
array([[[[0., 0.],
         [0., 0.]],
        [[0., 0.],
         [0., 0.]]],
       [[[0., 0.],
         [0., 0.]],
        [[0., 0.],
         [0., 0.]]]], dtype=float32)
>>> b3 = tf.ones_like(b2)
>>> sess.run(b3)
array([[[[1., 1.],
         [1., 1.]],
        [[1., 1.],
         [1., 1.]]],
       [[[1., 1.],
```

```
       [1., 1.]],
      [[1., 1.],
       [1., 1.]]]], dtype=float32)
```

4. 生成对角线为 1 的单位矩阵

TensorFlow 和 PyTorch 都用 eye 函数来实现这个功能，用法一致，给一条对角线的长度值即可。

TensorFlow 的例子：

```
>>> b7 = tf.eye(5)
>>> sess.run(b7)
array([[1., 0., 0., 0., 0.],
       [0., 1., 0., 0., 0.],
       [0., 0., 1., 0., 0.],
       [0., 0., 0., 1., 0.],
       [0., 0., 0., 0., 1.]], dtype=float32)
```

PyTorch 的例子：

```
>>> a7 = t.eye(5)
>>> a7
tensor([[1., 0., 0., 0., 0.],
        [0., 1., 0., 0., 0.],
        [0., 0., 1., 0., 0.],
        [0., 0., 0., 1., 0.],
        [0., 0., 0., 0., 1.]])
```

4.2.2 矩阵的转置

将矩阵中的元素基于对角线对称交换，称为矩阵的转置 transpose。TensorFlow 使用 transpose 函数来实现矩阵的转置功能。

下面来看一个例子，代码如下：

```
>>> a20 = tf.ones([2,10])   # 首先生成一个值都是 1 的 2 行 10 列的矩阵
>>> sess.run(a20)
array([[1., 1., 1., 1., 1., 1., 1., 1., 1., 1.],
       [1., 1., 1., 1., 1., 1., 1., 1., 1., 1.]], dtype=float32)
>>> a21 = tf.transpose(a20)   # 然后转置一下
>>> sess.run(a21)
array([[1., 1.],
```

```
        [1., 1.],
        [1., 1.],
        [1., 1.],
        [1., 1.],
        [1., 1.],
        [1., 1.],
        [1., 1.],
        [1., 1.],
        [1., 1.]], dtype=float32)    # 转置后，矩阵就变成 10 行 2 列了
```

在 PyTorch 中，转置的操作就称为 t，容易记忆。例如：

```
>>> b20 = t.zeros(3,10)
>>> b21 = t.t(b20)
>>> b20
tensor([[0., 0., 0., 0., 0., 0., 0., 0., 0., 0.],
        [0., 0., 0., 0., 0., 0., 0., 0., 0., 0.],
        [0., 0., 0., 0., 0., 0., 0., 0., 0., 0.]])
>>> b21
tensor([[0., 0., 0.],
        [0., 0., 0.],
        [0., 0., 0.],
        [0., 0., 0.],
        [0., 0., 0.],
        [0., 0., 0.],
        [0., 0., 0.],
        [0., 0., 0.],
        [0., 0., 0.],
        [0., 0., 0.]])
```

4.2.3 矩阵运算

矩阵的加减法运算与向量类似，但是乘法要比向量复杂一些。

1. 矩阵加减法

矩阵加减法与之前学习的向量加减法没有什么区别，就是将对应的元素进行运算。

下面来看 TensorFlow 的例子：

```
>>> a30 = tf.constant([[1,2],[3,4]])
```

```
>>> a31 = tf.constant([[10,20],[1,1]])
>>> a32 = tf.add(a30, a31)
>>> sess.run(a32)
array([[11, 22],
       [ 4,  5]], dtype=int32)
```

PyTorch 的例子：

```
>>> b30 = t.tensor([[1,2],[3,4]])
>>> b31 = t.tensor([[10,20],[1,1]])
>>> b32 = t.add(b30,b31)
>>> b32
tensor([[11, 22],
        [ 4,  5]])
```

2. 矩阵 Hadamard 积

矩阵乘法的默认方式还是 Hadamard 积，也就是说，两个完全相同形状的矩阵，新矩阵的每个积是对应的两个相乘矩阵的元素的积。这样说有些抽象，下面我们来看实例。

TensorFlow 的例子：

```
>>> a30 = tf.constant([[1,2],[3,4]])
>>> a31 = tf.constant([[10,20],[1,1]])
>>> a33 = a30 * a31
>>> sess.run(a33)
array([[10, 40],
       [ 3,  4]], dtype=int32)
```

同样的功能，看一下 PyTorch 的例子：

```
>>> b30 = t.tensor([[1,2],[3,4]])
>>> b31 = t.tensor([[10,20],[1,1]])
>>> b33 = b30 * b31
>>> b33
tensor([[10, 40],
        [ 3,  4]])
```

3. 矩阵点积

这里复习一下矩阵点积的知识，我们先手动算一下，然后学习如何用 TensorFlow 和 PyTorch 去实现。

矩阵如下：

$$\begin{bmatrix}1 & 2\\3 & 4\end{bmatrix}\times\begin{bmatrix}10 & 20\\1 & 1\end{bmatrix}$$

结果矩阵中，左上角的元素值为 1 × 10+2 × 1=12，右上角的值为 2 × 10+2 × 1=22。左下角的值为 3 × 10+4 × 1=34，右下角的值为 3 × 20+4 × 1=64。

最后的结果如下：

$$\begin{bmatrix}1 & 2\\3 & 4\end{bmatrix}\times\begin{bmatrix}10 & 20\\1 & 1\end{bmatrix}=\begin{bmatrix}12 & 22\\34 & 64\end{bmatrix}$$

在 TensorFlow 中，矩阵点积是通过 matmul 操作来实现的，也可以用 @ 运算符来计算。例如：

```
>>> a30 = tf.constant([[1,2],[3,4]])
>>> a31 = tf.constant([[10,20],[1,1]])
>>> a34 = tf.matmul(a30, a31)
>>> sess.run(a34)
array([[12, 22],
       [34, 64]], dtype=int32)
```

也可以将 matmul 换成 @，但是将 Tensor 打印出来观察，其实 @ 只不过是 matmul 的“马甲”，例如：

```
>>> b30 = t.tensor([[1,2],[3,4]])
>>> b31 = t.tensor([[10,20],[1,1]])
>>> a35 = a30 @ a31
>>> sess.run(a35)
array([[12, 22],
       [34, 64]], dtype=int32)
>>> a35
<tf.Tensor 'matmul_1:0' shape=(2, 2) dtype=int32>
```

在 PyTorch 中，操作名更简洁一些，直接称为 mm，也可以简写成 @ 运算符。下面来看实际效果，使用 mm 的结果如下：

```
>>> b30 = t.tensor([[1,2],[3,4]])
>>> b31 = t.tensor([[10,20],[1,1]])
>>> b34 = t.mm(b30,b31)
>>> b34
tensor([[12, 22],
        [34, 64]])
```

再看使用 @ 的结果：

```
>>> b35 = b30 @ b31
>>> b35
tensor([[12, 22],
        [34, 64]])
```

另外，PyTorch 也支持 matmul 操作。在计算矩阵乘法时，与 mm 基本等价，例如：

```
>>> b36 = t.matmul(b30,b31)
>>> b36
tensor([[12, 22],
        [34, 64]])
```

4.2.4 逆矩阵

我们先来看一下逆矩阵的概念。假设 I 是一个单位矩阵，即对角线都是 1 的矩阵。前面学习的用 eye 操作，就是专门用于生成单位矩阵的。如果 BA=I，那么 B 是 A 的逆矩阵。

1. 逆矩阵的存在性

要想计算逆矩阵，首先确定逆矩阵是否存在。如果连存在性都无法保证，也就不用计算了。

对于方阵来说，要判断逆阵是否存在，就要计算它的行列式值是不是为 0。非方阵的逆阵不存在，广义逆阵放在下一章专题讨论。

在 TensorFlow 中，通过 matrix_determinant 操作来实现求矩阵的行列式值。例如：

```
>>> a40 = tf.constant([[1,2],[3,4]],dtype=tf.float32)
>>> a41 = tf.matrix_determinant(a40)
>>> sess.run(a41)
-2.0
```

提 示

求逆阵操作的矩阵类型必须是浮点类型。

$\begin{bmatrix} 1 & 2 \\ 3 & 4 \end{bmatrix}$的行列式值为 −2.0，不为 0，说明它的逆阵存在。

2. 求逆矩阵

验证上面矩阵的行列式不为 0 后，可以通过 matrix_inverse 操作来求逆阵，例如：

```
>>> a42 = tf.matrix_inverse(a40)
```

```
>>> sess.run(a42)
array([[-2.0000002 , 1.0000001 ],
       [ 1.5000001 , -0.50000006]], dtype=float32)
```

求完逆阵之后，把 a42 和 a40 做乘法，看是否能得到一个单位矩阵，代码如下：

```
>>> a43 = a40 @ a42
>>> sess.run(a43)
array([[ 1.0000000e+00, 0.0000000e+00],
       [-4.7683716e-07, 1.0000002e+00]], dtype=float32)
```

从计算结果可以看到，虽然有一点误差，但基本上完成了单位矩阵。

在 PyTorch 下，求行列式和求逆矩阵的名称都更简单一些。求行列式的操作是 det，而求逆阵的操作是 inverse。例如：

```
>>> b40 = t.tensor([[1,2],[3,4]],dtype=t.float)
>>> b40
tensor([[1., 2.],
        [3., 4.]])
>>> b41 = t.det(b40)   # 求行列式
>>> b41
tensor(-2.0000)
>>> b42 = t.inverse(b40)   # 求逆阵
>>> b42
tensor([[-2.0000, 1.0000],
        [ 1.5000, -0.5000]])
```

下面再用 PyTorch 验证一下矩阵的结果，b40 @ b42 是不是一个单位矩阵，代码如下：

```
>>> b43 = b40 @ b42
>>> b43
tensor([[ 1.0000, 0.0000],
        [-0.0000, 1.0000]])
```

因此，同是 float32，PyTorch 的计算结果优于 TensorFlow，结果是一个单位矩阵。

4.2.5 PyTorch 的其他矩阵功能

除了上述功能外，PyTorch 还支持未初始化和统一赋成一个值的初始化操作。

1. empty 和 empty_like：未初始化值矩阵

除了 ones、zeros 赋值的函数外，PyTorch 还支持生成未初始化矩阵值的 empty 和 empty_like 函数。

因为未初始化，所以值未知，随机分布，例如：

```
>>> a8 = t.empty(3,3)
>>> a8
tensor([[0.2937, 0.0000, 0.0000],
        [0.0000, 0.0000, 0.0000],
        [0.0000, 0.0000, 0.3265]])
>>> a9 = t.empty_like(a8, dtype=t.int32)
>>> a9
tensor([[1047007152,      32585,          4],
        [         0,         -1,      32585],
        [1819242338, 1763734016, 1953853550]], dtype=torch.int32)
```

2. full 和 full_like：统一赋成一个值

full 可以和整个矩阵赋一个统一的任意值。

> **提 示**
>
> 因为形状之后还要给一个值，所以形状值需要用一个元组或列表来指定，这样可读性更强。

用元组来提供形状，例如：

```
>>> a10 = t.full((3,3),1.01)   # (3,3) 是一个元组
>>> a10
tensor([[1.0100, 1.0100, 1.0100],
        [1.0100, 1.0100, 1.0100],
        [1.0100, 1.0100, 1.0100]])
```

用列表也可以提供形状，例如：

```
>>> a11 = t.full([4,4],2.01)   # [4,4]
>>> a11
tensor([[2.0100, 2.0100, 2.0100, 2.0100],
        [2.0100, 2.0100, 2.0100, 2.0100],
        [2.0100, 2.0100, 2.0100, 2.0100],
        [2.0100, 2.0100, 2.0100, 2.0100]])
```

4.3 *n* 维：张量

在 TensorFlow 和 PyTorch 中，大量数据不放在数组之类的容器中，而放在一个大张量中。

例如，如果有 50000 张 28×28 像素、24 位真彩色的图片，就会放在一个 [50000,28,28,3] 形状的张量中。

4.3.1 改变张量的形状

在张量操作中，最常用的是根据计算的需要而改变形状，而这在向量和矩阵中基本不存在。在 TensorFlow 中，可以使用 reshape 操作来改变张量的形状。

下面来看一个例子，首先生成 100 个数字组成的向量，然后将其变成 10×10 的矩阵，例如：

```
>>> a1 = tf.range(0,100)
>>> sess.run(a1)    # 先看看 a1 的内容:
array([ 0,  1,  2,  3,  4,  5,  6,  7,  8,  9, 10, 11, 12, 13, 14, 15, 16,
       17, 18, 19, 20, 21, 22, 23, 24, 25, 26, 27, 28, 29, 30, 31, 32, 33,
       34, 35, 36, 37, 38, 39, 40, 41, 42, 43, 44, 45, 46, 47, 48, 49, 50,
       51, 52, 53, 54, 55, 56, 57, 58, 59, 60, 61, 62, 63, 64, 65, 66, 67,
       68, 69, 70, 71, 72, 73, 74, 75, 76, 77, 78, 79, 80, 81, 82, 83, 84,
       85, 86, 87, 88, 89, 90, 91, 92, 93, 94, 95, 96, 97, 98, 99],
       dtype=int32)
>>> a2 = tf.reshape(a1, (10,10))
>>> sess.run(a2)
array([[ 0,  1,  2,  3,  4,  5,  6,  7,  8,  9],
       [10, 11, 12, 13, 14, 15, 16, 17, 18, 19],
       [20, 21, 22, 23, 24, 25, 26, 27, 28, 29],
       [30, 31, 32, 33, 34, 35, 36, 37, 38, 39],
       [40, 41, 42, 43, 44, 45, 46, 47, 48, 49],
       [50, 51, 52, 53, 54, 55, 56, 57, 58, 59],
       [60, 61, 62, 63, 64, 65, 66, 67, 68, 69],
       [70, 71, 72, 73, 74, 75, 76, 77, 78, 79],
       [80, 81, 82, 83, 84, 85, 86, 87, 88, 89],
       [90, 91, 92, 93, 94, 95, 96, 97, 98, 99]], dtype=int32)
```

在 PyTorch 中，一般使用 view 操作来改变张量形状，下面看与上面同样的例子：

```
>>> b1 = t.arange(0,100)
>>> b1
tensor([ 0,  1,  2,  3,  4,  5,  6,  7,  8,  9, 10, 11, 12, 13, 14, 15, 16, 17,
        18, 19, 20, 21, 22, 23, 24, 25, 26, 27, 28, 29, 30, 31, 32, 33, 34, 35,
```

```
        36, 37, 38, 39, 40, 41, 42, 43, 44, 45, 46, 47, 48, 49, 50, 51, 52, 53,
        54, 55, 56, 57, 58, 59, 60, 61, 62, 63, 64, 65, 66, 67, 68, 69, 70, 71,
        72, 73, 74, 75, 76, 77, 78, 79, 80, 81, 82, 83, 84, 85, 86, 87, 88, 89,
        90, 91, 92, 93, 94, 95, 96, 97, 98, 99])
>>> b2 = b1.view(10,10)
>>> b2
tensor([[ 0,  1,  2,  3,  4,  5,  6,  7,  8,  9],
        [10, 11, 12, 13, 14, 15, 16, 17, 18, 19],
        [20, 21, 22, 23, 24, 25, 26, 27, 28, 29],
        [30, 31, 32, 33, 34, 35, 36, 37, 38, 39],
        [40, 41, 42, 43, 44, 45, 46, 47, 48, 49],
        [50, 51, 52, 53, 54, 55, 56, 57, 58, 59],
        [60, 61, 62, 63, 64, 65, 66, 67, 68, 69],
        [70, 71, 72, 73, 74, 75, 76, 77, 78, 79],
        [80, 81, 82, 83, 84, 85, 86, 87, 88, 89],
        [90, 91, 92, 93, 94, 95, 96, 97, 98, 99]])
```

提 示

通过已经给定的参数推断出的一个形状参数可以设置为 −1。例如，可以将 100 的向量变形成 (−1,10) 或 (10,−1)，−1 所对应的值由系统计算。

4.3.2 张量的拼接

拼接是从量变引起质变的操作。《道德经》有云：道生一，一生二，二生三，三生万物。可惜在张量的世界中 3 维不是终级，4 维及以上使用也很普遍。

1. 复习：向量拼接

注 意

这部分有点复杂，但非常重要。要想学习张量数据的处理，需要先理解这些概念。

在前面介绍向量的拼接时已经学习了向量的拼接方法，这里先复习一下：

```
>>> v1 = t.tensor([1,2])
>>> v2 = t.tensor([3,4])
>>> v3 = t.cat([v1,v2])
>>> v3
```

```
tensor([1, 2, 3, 4])
```

因为向量是一维的，只有一个方向，所以拼接非常简单。

2. 矩阵拼接

下面介绍将向量的拼接推广到矩阵的拼接。例如，要将 4*4 的全 0 矩阵与 4*4 的全 1 矩阵进行拼接，其实有两种拼法：一种是竖着拼，另一种是横着拼。代码如下：

```
>>> v5 = t.zeros(4,4)
>>> v5
tensor([[0., 0., 0., 0.],
        [0., 0., 0., 0.],
        [0., 0., 0., 0.],
        [0., 0., 0., 0.]])
>>> v6
tensor([[1., 1., 1., 1.],
        [1., 1., 1., 1.],
        [1., 1., 1., 1.],
        [1., 1., 1., 1.]])
>>> v7 = t.cat([v5,v6],0)
>>> v7
tensor([[0., 0., 0., 0.],
        [0., 0., 0., 0.],
        [0., 0., 0., 0.],
        [0., 0., 0., 0.],
        [1., 1., 1., 1.],
        [1., 1., 1., 1.],
        [1., 1., 1., 1.],
        [1., 1., 1., 1.]])
```

PyTorch 的 cat 函数的第二个参数用于给定一个轴向，值为 0 时代表上下方向拼接。

下面再尝试进行左右方向的拼接，代码如下：

```
>>> v8
tensor([[0., 0., 0., 0., 1., 1., 1., 1.],
        [0., 0., 0., 0., 1., 1., 1., 1.],
        [0., 0., 0., 0., 1., 1., 1., 1.],
        [0., 0., 0., 0., 1., 1., 1., 1.]])
```

3. 立方体拼接

下面开始进入第 3 维，首先构造一个三维的全 0 矩阵，代码如下：

```
>>> v31 = t.zeros([4,4,4])
>>> v31
tensor([[[0., 0., 0., 0.],
         [0., 0., 0., 0.],
         [0., 0., 0., 0.],
         [0., 0., 0., 0.]],
        [[0., 0., 0., 0.],
         [0., 0., 0., 0.],
         [0., 0., 0., 0.],
         [0., 0., 0., 0.]],
        [[0., 0., 0., 0.],
         [0., 0., 0., 0.],
         [0., 0., 0., 0.],
         [0., 0., 0., 0.]],
        [[0., 0., 0., 0.],
         [0., 0., 0., 0.],
         [0., 0., 0., 0.],
         [0., 0., 0., 0.]]])
```

再构造一个三维的 4*4*4 的全 1 矩阵，代码如下：

```
>>> v32 = t.ones([4,4,4])
>>> v32
tensor([[[1., 1., 1., 1.],
         [1., 1., 1., 1.],
         [1., 1., 1., 1.],
         [1., 1., 1., 1.]],
        [[1., 1., 1., 1.],
         [1., 1., 1., 1.],
         [1., 1., 1., 1.],
         [1., 1., 1., 1.]],
        [[1., 1., 1., 1.],
         [1., 1., 1., 1.],
         [1., 1., 1., 1.],
         [1., 1., 1., 1.]],
```

```
        [[1., 1., 1., 1.],
         [1., 1., 1., 1.],
         [1., 1., 1., 1.],
         [1., 1., 1., 1.]]])
```

这里还是先从 0 轴的方向进行拼接，代码如下:

```
>>> v33 = t.cat([v31,v32],0)
>>> v33
tensor([[[0., 0., 0., 0.],
         [0., 0., 0., 0.],
         [0., 0., 0., 0.],
         [0., 0., 0., 0.]],
        [[0., 0., 0., 0.],
         [0., 0., 0., 0.],
         [0., 0., 0., 0.],
         [0., 0., 0., 0.]],
        [[0., 0., 0., 0.],
         [0., 0., 0., 0.],
         [0., 0., 0., 0.],
         [0., 0., 0., 0.]],
        [[0., 0., 0., 0.],
         [0., 0., 0., 0.],
         [0., 0., 0., 0.],
         [0., 0., 0., 0.]],
        [[1., 1., 1., 1.],
         [1., 1., 1., 1.],
         [1., 1., 1., 1.],
         [1., 1., 1., 1.]],
        [[1., 1., 1., 1.],
         [1., 1., 1., 1.],
         [1., 1., 1., 1.],
         [1., 1., 1., 1.]],
        [[1., 1., 1., 1.],
         [1., 1., 1., 1.],
         [1., 1., 1., 1.],
         [1., 1., 1., 1.]],
```

```
         [[1., 1., 1., 1.],
          [1., 1., 1., 1.],
          [1., 1., 1., 1.],
          [1., 1., 1., 1.]]])
```

这时看到的 0 轴方向，与之前理解的上下方向还是一致的。下面再从 1 轴方向拼接，代码如下：

```
>>> v34 = t.cat([v31,v32],1)
>>> v34
tensor([[[0., 0., 0., 0.],
          [0., 0., 0., 0.],
          [0., 0., 0., 0.],
          [0., 0., 0., 0.],
          [1., 1., 1., 1.],
          [1., 1., 1., 1.],
          [1., 1., 1., 1.],
          [1., 1., 1., 1.]],
         [[0., 0., 0., 0.],
          [0., 0., 0., 0.],
          [0., 0., 0., 0.],
          [0., 0., 0., 0.],
          [1., 1., 1., 1.],
          [1., 1., 1., 1.],
          [1., 1., 1., 1.],
          [1., 1., 1., 1.]],
         [[0., 0., 0., 0.],
          [0., 0., 0., 0.],
          [0., 0., 0., 0.],
          [0., 0., 0., 0.],
          [1., 1., 1., 1.],
          [1., 1., 1., 1.],
          [1., 1., 1., 1.],
          [1., 1., 1., 1.]],
         [[0., 0., 0., 0.],
          [0., 0., 0., 0.],
          [0., 0., 0., 0.],
```

```
            [0., 0., 0., 0.],
            [1., 1., 1., 1.],
            [1., 1., 1., 1.],
            [1., 1., 1., 1.],
            [1., 1., 1., 1.]]])
```

最后再从 2 轴方向拼接下，代码如下：

```
>>> v35 = t.cat([v31,v32],2)
>>> v3
tensor([1, 2, 3, 4])
>>> v35
tensor([[[0., 0., 0., 0., 1., 1., 1., 1.],
         [0., 0., 0., 0., 1., 1., 1., 1.],
         [0., 0., 0., 0., 1., 1., 1., 1.],
         [0., 0., 0., 0., 1., 1., 1., 1.]],
        [[0., 0., 0., 0., 1., 1., 1., 1.],
         [0., 0., 0., 0., 1., 1., 1., 1.],
         [0., 0., 0., 0., 1., 1., 1., 1.],
         [0., 0., 0., 0., 1., 1., 1., 1.]],
        [[0., 0., 0., 0., 1., 1., 1., 1.],
         [0., 0., 0., 0., 1., 1., 1., 1.],
         [0., 0., 0., 0., 1., 1., 1., 1.],
         [0., 0., 0., 0., 1., 1., 1., 1.]],
        [[0., 0., 0., 0., 1., 1., 1., 1.],
         [0., 0., 0., 0., 1., 1., 1., 1.],
         [0., 0., 0., 0., 1., 1., 1., 1.],
         [0., 0., 0., 0., 1., 1., 1., 1.]]])
```

如果 4*4*4 看起来不清楚，再换成 3*3*3，代码如下：

```
>>> v41 = t.zeros([3,3,3])
>>> v41
tensor([[[0., 0., 0.],
         [0., 0., 0.],
         [0., 0., 0.]],
        [[0., 0., 0.],
         [0., 0., 0.],
         [0., 0., 0.]],
```

```
        [[0., 0., 0.],
         [0., 0., 0.],
         [0., 0., 0.]]])
>>> v42 = t.ones([3,3,3])
>>> v42
tensor([[[1., 1., 1.],
         [1., 1., 1.],
         [1., 1., 1.]],
        [[1., 1., 1.],
         [1., 1., 1.],
         [1., 1., 1.]],
        [[1., 1., 1.],
         [1., 1., 1.],
         [1., 1., 1.]]])
```

0 轴拼接，代码如下：

```
>>> v43 = t.cat([v41,v42],0)
>>> v43
tensor([[[0., 0., 0.],
         [0., 0., 0.],
         [0., 0., 0.]],
        [[0., 0., 0.],
         [0., 0., 0.],
         [0., 0., 0.]],
        [[0., 0., 0.],
         [0., 0., 0.],
         [0., 0., 0.]],
        [[1., 1., 1.],
         [1., 1., 1.],
         [1., 1., 1.]],
        [[1., 1., 1.],
         [1., 1., 1.],
         [1., 1., 1.]],
        [[1., 1., 1.],
         [1., 1., 1.],
         [1., 1., 1.]]])
```

1 轴拼接，代码如下：

```
>>> v44 = t.cat([v41,v42],1)
>>> v44
tensor([[[0., 0., 0.],
         [0., 0., 0.],
         [0., 0., 0.],
         [1., 1., 1.],
         [1., 1., 1.],
         [1., 1., 1.]],
        [[0., 0., 0.],
         [0., 0., 0.],
         [0., 0., 0.],
         [1., 1., 1.],
         [1., 1., 1.],
         [1., 1., 1.]],
        [[0., 0., 0.],
         [0., 0., 0.],
         [0., 0., 0.],
         [1., 1., 1.],
         [1., 1., 1.],
         [1., 1., 1.]]])
```

2 轴拼接，代码如下：

```
>>> v45 = t.cat([v41,v42],2)
>>> v45
tensor([[[0., 0., 0., 1., 1., 1.],
         [0., 0., 0., 1., 1., 1.],
         [0., 0., 0., 1., 1., 1.]],
        [[0., 0., 0., 1., 1., 1.],
         [0., 0., 0., 1., 1., 1.],
         [0., 0., 0., 1., 1., 1.]],
        [[0., 0., 0., 1., 1., 1.],
         [0., 0., 0., 1., 1., 1.],
         [0., 0., 0., 1., 1., 1.]]])
```

4. 进入第 4 维

为了让 4 维以上看起来简单，这里都选择 2*2*2*2 边长只有 2 的，代码如下：

```
>>> v41 = t.zeros([2,2,2,2])
>>> v41
tensor([[[[0., 0.],
          [0., 0.]],
         [[0., 0.],
          [0., 0.]]],
        [[[0., 0.],
          [0., 0.]],
         [[0., 0.],
          [0., 0.]]]])
>>> v42 = t.ones([2,2,2,2])
>>> v42
tensor([[[[1., 1.],
          [1., 1.]],
         [[1., 1.],
          [1., 1.]]],
        [[[1., 1.],
          [1., 1.]],
         [[1., 1.],
          [1., 1.]]]])
```

0 轴拼接的结果仍然是将两者竖着堆放在一起，代码如下：

```
>>> v43 = t.cat([v41,v42],0)
>>> v43
tensor([[[[0., 0.],
          [0., 0.]],
         [[0., 0.],
          [0., 0.]]],
        [[[0., 0.],
          [0., 0.]],
         [[0., 0.],
          [0., 0.]]],
        [[[1., 1.],
          [1., 1.]],
         [[1., 1.],
          [1., 1.]]],
```

```
          [[[1., 1.],
            [1., 1.]],
           [[1., 1.],
            [1., 1.]]]])
```

下面是 1 轴：

```
>>> v44 = t.cat([v41,v42],1)
>>> v44
tensor([[[[0., 0.],
          [0., 0.]],
         [[0., 0.],
          [0., 0.]],
         [[1., 1.],
          [1., 1.]],
         [[1., 1.],
          [1., 1.]]],
        [[[0., 0.],
          [0., 0.]],
         [[0., 0.],
          [0., 0.]],
         [[1., 1.],
          [1., 1.]],
         [[1., 1.],
          [1., 1.]]]])
```

下面是 2 轴：

```
>>> v45 = t.cat([v41,v42],2)
>>> v45
tensor([[[[0., 0.],
          [0., 0.],
          [1., 1.],
          [1., 1.]],
         [[0., 0.],
          [0., 0.],
          [1., 1.],
          [1., 1.]]],
        [[[0., 0.],
```

```
        [0., 0.],
        [1., 1.],
        [1., 1.]],
       [[0., 0.],
        [0., 0.],
        [1., 1.],
        [1., 1.]]]])
```

下面是 3 轴第一次出场：

```
>>> v46 = t.cat([v41,v42],3)
>>> v46
tensor([[[[0., 0., 1., 1.],
          [0., 0., 1., 1.]],
         [[0., 0., 1., 1.],
          [0., 0., 1., 1.]]],
        [[[0., 0., 1., 1.],
          [0., 0., 1., 1.]],
         [[0., 0., 1., 1.],
          [0., 0., 1., 1.]]]])
```

5. 负轴

对于 torch.cat 函数，轴的取值可以是负数。例如，上面 4 维的例子，轴的取值为 [−4,3]。

−1 与 3 的效果相同，下面来看效果：

```
>>> v47 = t.cat([v41,v42],-1)
>>> v47
tensor([[[[0., 0., 1., 1.],
          [0., 0., 1., 1.]],
         [[0., 0., 1., 1.],
          [0., 0., 1., 1.]]],
        [[[0., 0., 1., 1.],
          [0., 0., 1., 1.]],
         [[0., 0., 1., 1.],
          [0., 0., 1., 1.]]]])
```

同理，−2 与 2 等价，代码如下：

```
>>> v48 = t.cat([v41,v42],-2)
```

```
>>> v48
tensor([[[[0., 0.],
          [0., 0.],
          [1., 1.],
          [1., 1.]],
         [[0., 0.],
          [0., 0.],
          [1., 1.],
          [1., 1.]]],
        [[[0., 0.],
          [0., 0.],
          [1., 1.],
          [1., 1.]],
         [[0., 0.],
          [0., 0.],
          [1., 1.],
          [1., 1.]]]])
```

6. 更高维的情况

下面继续看 5 维的情况。首先生成 5 维的 2*2*2*2*2 的全 0 和全 1 矩阵，代码如下：

```
>>> v50 = t.zeros([2,2,2,2,2])
>>> v51 = t.ones([2,2,2,2,2])
>>> v50
tensor([[[[[0., 0.],
           [0., 0.]],
          [[0., 0.],
           [0., 0.]]],
         [[[0., 0.],
           [0., 0.]],
          [[0., 0.],
           [0., 0.]]]],
        [[[[0., 0.],
           [0., 0.]],
          [[0., 0.],
           [0., 0.]]],
         [[[0., 0.],
```

```
          [0., 0.]],
         [[0., 0.],
          [0., 0.]]]]])
>>> v51
tensor([[[[[1., 1.],
          [1., 1.]],
         [[1., 1.],
          [1., 1.]]],
        [[[1., 1.],
          [1., 1.]],
         [[1., 1.],
          [1., 1.]]]],
       [[[[1., 1.],
          [1., 1.]],
         [[1., 1.],
          [1., 1.]]],
        [[[1., 1.],
          [1., 1.]],
         [[1., 1.],
          [1., 1.]]]]])
```

首先用 0 轴方向把它们拼接在一起，还是全 0 上、全 1 下的组合方式，代码如下：

```
>>> v52 = t.cat([v50,v51],0)
>>> v52
tensor([[[[[0., 0.],
          [0., 0.]],
         [[0., 0.],
          [0., 0.]]],
        [[[0., 0.],
          [0., 0.]],
         [[0., 0.],
          [0., 0.]]]],
       [[[[0., 0.],
          [0., 0.]],
         [[0., 0.],
          [0., 0.]]],
```

```
        [[[0., 0.],
          [0., 0.]],
         [[0., 0.],
          [0., 0.]]]],
       [[[[1., 1.],
          [1., 1.]],
         [[1., 1.],
          [1., 1.]]],
        [[[1., 1.],
          [1., 1.]],
         [[1., 1.],
          [1., 1.]]]],
       [[[[1., 1.],
          [1., 1.]],
         [[1., 1.],
          [1., 1.]]],
        [[[1., 1.],
          [1., 1.]],
         [[1., 1.],
          [1., 1.]]]]])
```

1、2、3 轴先略过，先看首次出场的第 4 轴，代码如下:

```
>>> v53 = t.cat([v50,v51],4)
>>> v53
tensor([[[[[0., 0., 1., 1.],
           [0., 0., 1., 1.]],
          [[0., 0., 1., 1.],
           [0., 0., 1., 1.]]],
         [[[0., 0., 1., 1.],
           [0., 0., 1., 1.]],
          [[0., 0., 1., 1.],
           [0., 0., 1., 1.]]]],
        [[[[0., 0., 1., 1.],
           [0., 0., 1., 1.]],
          [[0., 0., 1., 1.],
           [0., 0., 1., 1.]]],
```

```
     [[[0., 0., 1., 1.],
       [0., 0., 1., 1.]],
      [[0., 0., 1., 1.],
       [0., 0., 1., 1.]]]]])
```

7. TensorFlow 的拼接操作

TensorFlow 的例子就直接从 5 维开始，concat 函数在向量时已经学过。在向量时，concat 必须指定 0 轴，代码如下：

```
>>> vtf1 = tf.zeros([2,2,2,2,2],dtype=tf.int32)
>>> vtf2 = tf.ones([2,2,2,2,2],dtype=tf.int32)
>>> sess.run(vtf3)
array([[[[[0, 0],
          [0, 0]],
         [[0, 0],
          [0, 0]]],
        [[[0, 0],
          [0, 0]],
         [[0, 0],
          [0, 0]]]],
       [[[[0, 0],
          [0, 0]],
         [[0, 0],
          [0, 0]]],
        [[[0, 0],
          [0, 0]],
         [[0, 0],
          [0, 0]]]],
       [[[[1, 1],
          [1, 1]],
         [[1, 1],
          [1, 1]]],
        [[[1, 1],
          [1, 1]],
         [[1, 1],
          [1, 1]]]],
       [[[[1, 1],
```

```
          [1, 1]],
         [[1, 1],
          [1, 1]]],
        [[[1, 1],
          [1, 1]],
         [[1, 1],
          [1, 1]]]]], dtype=int32)
```

4.3.3 读取某一维

有了拼接基础，才可以学习如何切割。因为读取某一维，其本质上是拼接的逆运算。如果不会垒，也很难学会拆。例如，下面矩阵：

```
>>> a12
tensor([[ 3.,  0.],
        [-1.,  0.],
        [ 3.,  0.]], dtype=torch.float64)
```

假如想取第 1 列，可以这样：

```
>>> a13 = a12[:,0]
>>> a13
tensor([ 3., -1.,  3.], dtype=torch.float64)
```

1. 读取二维

这里还是循序渐进从二维开始讲起。在日常生活中用得最多的就是二维表格，就像我们用 Excel 表格。例如：

```
>>> v2 = t.arange(0,4)
>>> v2 = v2.view([2,2])
>>> v2
tensor([[0, 1],
        [2, 3]])
```

第 1 维的取法是横向获取：

```
>>> v2[0]
tensor([0, 1])
>>> v2[1]
tensor([2, 3])
```

第 2 维的取法是竖向获取：

```
>>> v2[:,0]
```

```
tensor([0, 2])
>>> v2[:,1]
tensor([1, 3])
```

2. 读取高维

对于高维张量，也采用类似的取法，选好某一维即可。这里考验的是前面的拼接知识是否掌握，逆运算往往比正运算要稍复杂一些。

首先拼接一个 5 维的例子：

```
>>> v1 = t.arange(0,32)
>>> v2 = t.numel(v1)
>>> v2
32
```

这里把 v1 这个 32 个元素的向量变形成 [2,2,2,2,2] 的 5 维张量，代码如下：

```
>>> v3 = v1.view([2,2,2,2,2])
>>> v3
tensor([[[[[ 0,  1],
           [ 2,  3]],
          [[ 4,  5],
           [ 6,  7]]],
         [[[ 8,  9],
           [10, 11]],
          [[12, 13],
           [14, 15]]]],
        [[[[16, 17],
           [18, 19]],
          [[20, 21],
           [22, 23]]],
         [[[24, 25],
           [26, 27]],
          [[28, 29],
           [30, 31]]]]])
```

这还不够复杂，再把它和一个全 1 矩阵拼接在一起，代码如下：

```
>>> v4 = t.ones([2,2,2,2,2],dtype=t.int64)
>>> v5 = t.cat([v3,v4],2)
```

现在拼接的结果如下：

```
>>> v5
tensor([[[[[ 0,  1],
           [ 2,  3]],
          [[ 4,  5],
           [ 6,  7]],
          [[ 1,  1],
           [ 1,  1]],
          [[ 1,  1],
           [ 1,  1]]],
         [[[ 8,  9],
           [10, 11]],
          [[12, 13],
           [14, 15]],
          [[ 1,  1],
           [ 1,  1]],
          [[ 1,  1],
           [ 1,  1]]]],
        [[[[16, 17],
           [18, 19]],
          [[20, 21],
           [22, 23]],
          [[ 1,  1],
           [ 1,  1]],
          [[ 1,  1],
           [ 1,  1]]],
         [[[24, 25],
           [26, 27]],
          [[28, 29],
           [30, 31]],
          [[ 1,  1],
           [ 1,  1]],
          [[ 1,  1],
           [ 1,  1]]]]])
```

下面开始学习如何切割这个 5 维体。如果在第 1 维度切开，即 v5[0] 是上半区，v5[1] 是下半区。

首先取下半区看一下：

```
>>> v5[1]
tensor([[[[16, 17],
          [18, 19]],
         [[20, 21],
          [22, 23]],
         [[ 1,  1],
          [ 1,  1]],
         [[ 1,  1],
          [ 1,  1]]],
        [[[24, 25],
          [26, 27]],
         [[28, 29],
          [30, 31]],
         [[ 1,  1],
          [ 1,  1]],
         [[ 1,  1],
          [ 1,  1]]]])
```

再看一下第 2 维度取后半分区的结果。取第 2 维度时，第 1 维度给个冒号即可，后面的维度也是只给一个冒号，代码如下：

```
>>> v5[:,1,:]
tensor([[[[ 8,  9],
          [10, 11]],
         [[12, 13],
          [14, 15]],
         [[ 1,  1],
          [ 1,  1]],
         [[ 1,  1],
          [ 1,  1]]],
        [[[24, 25],
          [26, 27]],
         [[28, 29],
          [30, 31]],
         [[ 1,  1],
          [ 1,  1]],
```

```
        [[ 1,  1],
         [ 1,  1]]]])
```

第 3 维度切割，代码如下：

```
>>> v5[:,:,1,:]
tensor([[[[ 4,  5],
          [ 6,  7]],
         [[12, 13],
          [14, 15]]],
        [[[20, 21],
          [22, 23]],
         [[28, 29],
          [30, 31]]]])
```

第 5 章 高级矩阵编程

第 4 章用很大的篇幅来讲解向量和矩阵，但是所学内容的深度还远远不够机器学习所需的。本章来学习一些进阶的知识，如范数、迹和广义逆矩阵。

本章将介绍以下内容

- 范数及其实现
- 迹运算
- 矩阵分解

5.1 范数及其实现

这里首先思考一个问题：前面学习了向量、矩阵和多维张量，现在想要度量一个向量、矩阵或张量的大小，该如何处理？

5.1.1 欧几里得距离

这里先获取最简单的，如向量如何度量。首先从向量的几何意义上来想，不管是多少维的一个向量，它就是空间中的一个直线段。度量一个直线段，用长度就可以了。

如果说长度不够专业，那么换个“高大上”的词，称为欧几里得距离，其实就是所有坐标值平方和的平方根。

如果觉得不懂，那么举例说明。假如有个向量 [1,2,3,4]，那么它的欧几里得距离或欧几里得范数，就是 1×1+2×2+3×3+4×4 的平方根。

下面写一段代码算一下：

```
>>> np.sqrt(1*1+2*2+3*3+4*4)    # np 是 NumPy
5.477225575051661
```

在 TensorFlow 中使用“ord='euclidean'”的参数调用 tf.norm 来求欧几里得范数。例如：

```
>>> a02 = tf.constant([1,2,3,4],dtype=tf.float32)
>>> sess.run(tf.norm(a02, ord='euclidean'))
5.477226
```

向量搞定了，将其推广到矩阵，还是计算矩阵各元素平方和的平方根。这里举一个 TensorFlow 的例子：

```
>>> a03 = tf.constant([[1,2],[3,4]],dtype=tf.float32)
>>> sess.run(tf.norm(a03,ord=2))    # 从 'euclidean' 换成 2 阶
5.477226
```

从计算结果中发现，只要还是 1、2、3、4 这 4 个元素，不管是向量还是矩阵，求得的值是一样的。

提 示

对于矩阵的范数，有个新名称为 Frobenius 范数。

5.1.2 范数的定义

欧几里得范数和 Frobenius 范数只是范数的特例。范数的定义如下。

$$\|x\|_p = \left(\sum_i |x_i|^p\right)^{\frac{1}{p}}$$

其中，$p \in R, p \geqslant 1$。

范数本质上是将向量映射到非负值的函数。当 $p=2$ 时，L_2 范数称为欧几里得范数。因为在机器学习中用得太多，一般就将 $\|x\|_2$ 简写成 $\|x\|$。

更严格地说，范数是满足下列性质的任意函数。

① $f(x)=0 \Rightarrow x=0$。

② $f(x+y) \leqslant f(x)+f(y)$（这条被称为三角不等式）。

③ $\forall \alpha \in R, f(\alpha x)=|\alpha| f(x)$。

下面通过 PyTorch 的范数计算来复习上面的概念。PyTorch 的范数计算也是通过 norm 操作来实现的，用法为 norm(张量，阶数)。

提 示

PyTorch 中计算范数的向量和矩阵也是需要浮点类型的。

这里还是先从向量开始计算。前面讲过，其实欧几里得范数就是二阶范数，所以阶数为 2。例如：

```
>>> b10 = t.tensor([1,2,3,4],dtype=t.float64)
>>> b11 = t.norm(b10,2)
>>> b11
tensor(5.4772, dtype=torch.float64)
```

下面再来看矩阵的例子：

```
>>> b12 = t.tensor([[1,2],[3,4]],dtype=t.float64)
>>> b12
tensor([[1., 2.],
        [3., 4.]], dtype=torch.float64)
>>> b13 = t.norm(b12, 2)
>>> b13
tensor(5.4772, dtype=torch.float64)
```

5.1.3 范数的推广

除了 L_2 范数之外，在机器学习中还常用 L_1 范数，就是所有元素的绝对值之和。有时只想计算向量或矩阵中有多少个元素，这个元素个数也被称为 L_0 范数。但是这种名称不科学，因为不符合上面定义中的第三条。一般建议还是使用 L_1 范数，比如这里要求 [1,2,3,4] 向量

的 L_1 范数，就等于 1+2+3+4=10。

首先来看 L_1 范数用 TensorFlow 计算 [1,2,3,4] 的 L_1 范数是不是 0，代码如下：

```
>>> a10 = tf.constant([1,2,3,4],dtype=tf.float32)
>>> a11 = tf.norm(a10,ord=1)
>>> sess.run(a11)
10.0
```

然后看看 PyTorch 的实现：

```
>>> b20
tensor([1., 2., 3., 4.], dtype=torch.float64)
>>> b21 = t.norm(b20,1)
>>> b21
tensor(10., dtype=torch.float64)
```

最后还有一个神奇的范数称为 L_∞ 范数，也是最大范数（max norm)。最大范数表示向量中具有最大幅值的元素的绝对值，就是绝对值最大的那个元素。还是以 [1,2,3,4] 为例，最大元素为 4，于是最大范数值是 4。

我们可以用 ord=np.inf 的参数来求最大范数，在 TensorFlow 和 PyTorch 中皆是如此。下面看 TensorFlow 的例子：

```
>>> a30 = tf.constant([1,2,3,4], dtype=tf.float64)
>>> a31 = tf.norm(a30, ord=np.inf)
>>> sess.run(a31)
4.0
```

然后看对应的 PyTorch 的例子：

```
>>> b30 = t.tensor([1,2,3,4],dtype=t.float64)
>>> b31 = t.norm(b30,np.inf)
>>> b31
tensor(4., dtype=torch.float64)
```

5.2 迹运算

5.1 节讨论的范数与矩阵中的每个元素都相关，本节讨论一种只关心对角线上元素的计算，就是迹运算。

5.2.1 迹运算的定义

迹运算的定义为对角线元素之和。公式如下：

$$\mathrm{Tr}(\boldsymbol{A})=\sum_i \boldsymbol{A}_{i,i}$$

例如，矩阵：$\begin{bmatrix}1 & 2 & 3\\4 & 5 & 6\\7 & 8 & 9\end{bmatrix}$，它的迹等于 1+5+9=15。

在 TensorFlow 中，用 trace 操作来计算迹。上面这个矩阵是用 TensorFlow 计算的，结果如下：

```
>>> a40 = tf.constant([[1,2,3],[4,5,6],[7,8,9]],dtype=tf.float64)
>>> a41 = tf.trace(a40)
>>> sess.run(a41)
15.0
```

PyTorch 计算迹的规则与 TensorFlow 如出一辙，使用的也是 trace 操作。例如：

```
>>> b40 = t.tensor([[1,2,3],[4,5,6],[7,8,9]],dtype = t.float64)
>>> b41 = t.trace(b40)
>>> b41
tensor(15., dtype=torch.float64)
```

5.2.2 矩阵转置后迹不变

这个很好理解，矩阵转置之后，对角线还是不变。下面用 TensorFlow 来验证，代码如下：

```
>>> a50 = tf.constant([[1,2,3,4],[5,6,7,8]],dtype=tf.float64)   # 原矩阵
>>> a51 = tf.transpose(a50)   # 转置后的矩阵
>>> a52 = tf.trace(a50)   # 原矩阵的迹
>>> sess.run(a52)
7.0
>>> a53 = tf.trace(a51)   # 转置后矩阵的迹
>>> sess.run(a53)
7.0
```

换个矩阵，再用 PyTorch 验证一下：

```
>>> b50 = t.tensor([[3,3,3,4],[1,2,7,8],[1,-1,4.5,9]])   # 原矩阵
>>> b51 = t.t(b50)   # 转置后的矩阵
>>> b50
tensor([[ 3.0000,  3.0000,  3.0000,  4.0000],
        [ 1.0000,  2.0000,  7.0000,  8.0000],
        [ 1.0000, -1.0000,  4.5000,  9.0000]])
```

```
>>> b51
tensor([[ 3.0000,  1.0000,  1.0000],
        [ 3.0000,  2.0000, -1.0000],
        [ 3.0000,  7.0000,  4.5000],
        [ 4.0000,  8.0000,  9.0000]])
>>> b52 = t.trace(b50)   # 原矩阵的迹
>>> b52
tensor(9.5000)
>>> b53 = t.trace(b51)   # 转置后的迹
>>> b53
tensor(9.5000)
```

5.2.3 用迹运算定义 Frobenius 范数

前面我们定义矩阵的 Frobenius 范数，现在可以用迹运算来计算它，公式为：

$$\|\boldsymbol{A}\|_f = \sqrt{\mathrm{Tr}\left(\boldsymbol{A}\boldsymbol{A}^{\mathrm{T}}\right)}$$

下面验证一下这个公式。

以下是一非方阵的矩阵：

```
>>> a1 = t.tensor([[1.0,2,3,4],[5,6,7,8]])
>>> a1
tensor([[1., 2., 3., 4.],
        [5., 6., 7., 8.]])
```

然后转置一下：

```
>>> a2 = t.t(a1)
>>> a2
tensor([[1., 5.],
        [2., 6.],
        [3., 7.],
        [4., 8.]])
```

计算矩阵与矩阵转置的乘积：

```
>>> a3 = t.mm(a1,a2)
>>> a3
tensor([[ 30.,  70.],
        [ 70., 174.]])
```

再去做迹运算，并求平方根：

```
>>> t1 = t.trace(a3)
>>> t1
tensor(204.)
>>> t2 = t.sqrt(t1)
>>> t2
tensor(14.2829)
```

最后用矩阵的二阶范数验证：

```
>>> n1 = t.norm(a1,2)
>>> n1
tensor(14.2829)
```

结果果然是一样的。

5.3 矩阵分解

对于大的矩阵，一般难以看出其中数据的规律，就如一个大的合数的性质不容易被发现。

但是，也正如合数可以通过分解质因数的方式来更清楚地了解其特征，方阵可以通过特征分解 (eigen decomposition) 来实现对于矩阵的分解。特征分解将矩阵分解为特征向量 (eigen vector) 和特征值 (eigen value)。

5.3.1 特征向量和特征值

方阵 $\boldsymbol{A}$ 的特征向量是指向量 $\boldsymbol{V}$ 与 $\boldsymbol{A}$ 相乘和乘以一个标量 λ 效果相同，即：

$$\boldsymbol{AV}=\lambda\boldsymbol{V}$$

其中，λ 是个标量，而 $\boldsymbol{A}$ 是一个矩阵。也就是说，$\boldsymbol{A}$ 与 $\boldsymbol{V}$ 乘积的结果，与对 $\boldsymbol{V}$ 进行比例的效果一样。

假设矩阵 $\boldsymbol{A}$ 有 n 个线性无关的特征向量 $\boldsymbol{V}_1,\boldsymbol{V}_2,\cdots,\boldsymbol{V}_n$，对应着特征值 $\lambda_1,\lambda_2,\cdots,\lambda_n$。这里将特征向量连接成一个矩阵，使得每一列是一个特征向量 $\boldsymbol{V}=[\boldsymbol{V}_1,\boldsymbol{V}_2,\cdots,\boldsymbol{V}_n]$。同样也可以将特征值连接成一个向量 $\boldsymbol{\varLambda}=[\lambda_1,\lambda_2,\cdots,\lambda]$。

因此，$\boldsymbol{A}$ 的特征分解可以记为：

$$\boldsymbol{A}=\boldsymbol{V}\mathrm{diag}(\boldsymbol{\varLambda})\boldsymbol{V}^{-1}$$

提 示

在某些情况下，特征分解存在，但结果是复数而非实数。

既要找 λ 又要找 $\boldsymbol{A}$ 确实不容易，但是可以交给 TensorFlow 或 PyTorch 去解决。

PyTorch 就称 eig，和 Matlab 一样，名称简洁，代码如下：

```
>>> a10 = t.tensor([[3,2,1],[0,-1,-2],[0,0,3]],dtype=t.float64)
>>> a10
tensor([[ 3.,  2.,  1.],
        [ 0., -1., -2.],
        [ 0.,  0.,  3.]], dtype=torch.float64)
>>> a11 = t.eig(a10)
>>> a11
(tensor([[ 3.,  0.],
        [-1.,  0.],
        [ 3.,  0.]], dtype=torch.float64), tensor([], dtype=torch.float64))
```

分解出来的结果为什么是 [3,0.] 这样的元组？因为前面的数字是实部，后面的数字是虚部。TensorFlow 中用 tf.self_adjoint_eigvals 来求特征值，名称较长，代码如下：

```
>>> A1 = tf.constant([[3,2,1],[0,-1,-2],[0,0,3]],dtype=tf.float64)
>>> sess.run(A1)
array([[ 3.,  2.,  1.],
       [ 0., -1., -2.],
       [ 0.,  0.,  3.]])
>>> sess.run(tf.self_adjoint_eigvals(A1))
array([-1.,  3.,  3.])
```

提 示

为什么 TensorFlow 给出的结果不区分实部和虚部？因为 TensorFlow 有复数类型，而 PyTorch 没有复数类型。

5.3.2 特征分解

我们把用 self_adjoint_eigvals 求出的向量转换为对角矩阵，代码如下：

```
>>> sess.run(tf.diag(tf.self_adjoint_eigvals(A1)))
array([[-1.,  0.,  0.],
       [ 0.,  3.,  0.],
```

```
         [ 0.,  0.,  3.]])
```

PyTorch 处理要比 TensorFlow 麻烦。因为 PyTorch 返回的是由实部和虚部组成的 tuple，而 TensorFlow 支持复数类型。首先只取实部部分，代码如下：

```
>>> a11, a12 = t.eig(a10)
>>> a11
tensor([[ 3.,  0.],
        [-1.,  0.],
        [ 3.,  0.]], dtype=torch.float64)
```

然后取第一列，代码如下：

```
>>> a13 = a11[:,0]
>>> a13
tensor([ 3., -1.,  3.], dtype=torch.float64)
```

最后通过 diag 函数转换特征值对角线，代码如下：

```
>>> a14 = t.diag(a13)
>>> a14
tensor([[ 3.,  0.,  0.],
        [ 0., -1.,  0.],
        [ 0.,  0.,  3.]], dtype=torch.float64)
```

5.3.3 奇异值分解

对于多数方阵，可以进行特征值分解，那么对于非方阵应如何处理呢？这就涉及奇异向量 (singular vector) 和奇异值 (singular value)。通过奇异向量和奇异值，可以把非方阵进行奇异值分解（singular value decomposition，SVD）。

SVD 将矩阵分解为 3 个矩阵的乘积：$\boldsymbol{A}=\boldsymbol{UDV}^{\mathrm{T}}$。其中，$\boldsymbol{U}$ 和 $\boldsymbol{V}$ 都定义为正交矩阵，$\boldsymbol{D}$ 是对角矩阵，但不一定是方阵。

如果 $\boldsymbol{A}$ 是 $m*n$ 的矩阵，那么 $\boldsymbol{U}$ 是 $m*m$ 的矩阵，$\boldsymbol{V}$ 是 $n*n$ 的矩阵，$\boldsymbol{D}$ 与 $\boldsymbol{A}$ 一样是 $m*n$ 的矩阵。

$\boldsymbol{D}$ 在对角线上的元素，称为奇异值。矩阵 $\boldsymbol{U}$ 称为左奇异向量 (left singular vector)，以此类推，$\boldsymbol{V}$ 称为右奇异向量 (right singular vector)。

在 TensorFlow 中，可以通过 tf.svd 函数来进行奇异值的分解，例如：

```
>>> As =tf.constant( [[1,2,3],[4,5,6]], dtype=tf.float64)
>>> sess.run(As)
array([[1., 2., 3.],
```

```
            [4., 5., 6.]])
```

下面开始进行奇异值分解：

```
>>> D, U , V = sess.run(tf.svd(As, full_matrices=True))
>>> D
array([9.508032  , 0.77286964])
>>> U
array([[-0.3863177 , -0.92236578],
       [-0.92236578,  0.3863177 ]])
>>> V
array([[-0.42866713,  0.80596391,  0.40824829],
       [-0.56630692,  0.11238241, -0.81649658],
       [-0.7039467 , -0.58119908,  0.40824829]])
```

A_s 矩阵是 2*3 的矩阵，所以 U 是 2*2 的，而 V 是 3*3 的。第 1 个值是奇异值 [9.508032, 0.77286964]，它是 D 对角线上的值，其他位置为 0。

D 的完整值为：

```
array([[9.508032  , 0.        , 0.        ],
       [0.        , 0.77286964, 0.        ]])
```

3 个矩阵的完整值为：

```
#U
array([[-0.3863177 , -0.92236578],
       [-0.92236578,  0.3863177 ]])
#D
array([[9.508032  , 0.        , 0.        ],
       [0.        , 0.77286964, 0.        ]])
#V
array([[-0.42866713,  0.80596391,  0.40824829],
       [-0.56630692,  0.11238241, -0.81649658],
       [-0.7039467 , -0.58119908,  0.40824829]])
```

下面把 D 转换为 (2,3) 的对角矩阵，既然 U、D、V 已是 ndarray，索性就用 NumPy 去计算。先把 D 转换为 (2,2) 的对角方阵：

```
>>> import NumPy as np
>>> D1 = np.diag(D)
>>> D1
array([[9.508032  , 0.        ],
       [0.        , 0.77286964]])
```

然后新建 (2,3) 的矩阵，重新给 D1 赋值，操作如下：

```
>>> D2 = np.zeros((2,3),dtype=np.float64)
>>> D2
array([[0., 0., 0.],
       [0., 0., 0.]])
>>> D2[:,0] = D1[:,0]
>>> D2[:,1] = D1[:,1]
>>> D2
array([[9.508032  , 0.        , 0.        ],
       [0.        , 0.77286964, 0.        ]])
```

可以直接用 NumPy 验算乘积结果，代码如下：

```
>>> A = U @ D2 @ V.transpose()
>>> A
array([[1., 2., 3.],
       [4., 5., 6.]])
```

或者用 TensorFlow 来实现，代码如下：

```
>>> sess.run( U @ D2 @ tf.transpose(V))
array([[1., 2., 3.],
       [4., 5., 6.]])
```

PyTorch 的实现代码如下：

```
>>> b1 = t.tensor( [[1,2,3],[4,5,6]], dtype=t.float64)
>>> b1
tensor([[ 1.,  2.,  3.],
        [ 4.,  5.,  6.]], dtype=torch.float64)
>>> U,D,V = t.svd(b1,some=False)
>>> U
tensor([[-0.3863, -0.9224],
        [-0.9224,  0.3863]], dtype=torch.float64)
>>> D
tensor([ 9.5080,  0.7729], dtype=torch.float64)
>>> V
tensor([[-0.4287,  0.8060,  0.4082],
        [-0.5663,  0.1124, -0.8165],
        [-0.7039, -0.5812,  0.4082]], dtype=torch.float64)
```

然后写段代码，将 ***D*** 转换为 (2,3) 的对角矩阵。

第一步，先把 $\boldsymbol{D}$ 转换为 (2,2) 对角方阵：

```
>>> D1 = t.diag(D)
>>> D1
tensor([[ 9.5080,  0.0000],
        [ 0.0000,  0.7729]], dtype=torch.float64)
```

第二步，将 $\boldsymbol{D}1$ 赋给一个 (2,3) 的全 0 矩阵：

```
>>> D2 = t.zeros(2,3)
>>> D2[:,0] = D1[:,0]
>>> D2[:,1] = D1[:,1]
>>> D2
tensor([[ 9.5080,  0.0000,  0.0000],
        [ 0.0000,  0.7729,  0.0000]])
```

接下来补充第二步，因为 dtype 不是 t.float64，还需转换一下：

```
>>> D2 = t.tensor(D2, dtype=t.float64)
>>> D2
tensor([[ 9.5080,  0.0000,  0.0000],
        [ 0.0000,  0.7729,  0.0000]], dtype=torch.float64)
```

最后把 $\boldsymbol{U}$、$\boldsymbol{D}2$、$\boldsymbol{V}.t()$ 三者做矩阵乘法，验证代码为：

```
>>> A = U @ D2 @ V.t()
>>> A
tensor([[ 1.0000,  2.0000,  3.0000],
        [ 4.0000,  5.0000,  6.0000]], dtype=torch.float64)
```

5.3.4 Moore-Penrose 广义逆

铺垫了这么多，其实都是在为解线性方程组做准备。无论是线性回归还是神经网络，求解线性方程组是重要的运算。

形如 $\boldsymbol{Ax}=\boldsymbol{b}$ 的线性方程组，如果 $\boldsymbol{A}$ 有逆矩阵就容易处理，因为两边分别右乘 $\boldsymbol{A}$ 逆就可以解出方程组。

但问题是机器学习中有很多方程是欠定的 (underdetermined)，也就是说没有逆矩阵，无法采用逆矩阵的方法来求解。这时就需要寻找一种类似于逆矩阵的工具，即 Moore-Penrose 广义逆 (pseudoinverse)。

Moore-Penrose 广义逆定义：

$$\boldsymbol{A}^{+}=\lim_{\alpha\to 0}\left(\boldsymbol{A}^{\mathrm{T}}\boldsymbol{A}+\alpha\boldsymbol{I}\right)^{-1}\boldsymbol{A}^{\mathrm{T}}$$

这个定义在计算时无法使用，因此使用另一个公式来计算：

$$\boldsymbol{A}^{+}=\boldsymbol{V}\boldsymbol{D}^{+}\boldsymbol{U}^{\mathrm{T}}$$

这个公式就是前面学习的奇异值分解。其中 $\boldsymbol{D}^{+}$ 的计算方法是将 $\boldsymbol{D}$ 所有非 0 值取倒数，然后矩阵转置。

我们通过最小二乘法来求解方程 $\boldsymbol{Ax}=\boldsymbol{b}$ 的时候，求得的解往往不只一个。在这些解之中，我们取 L2 范数最小的一个最小二乘法解，称为极小最小二乘解，也叫作最佳逼近解。

可以证明，$\boldsymbol{Ax}=\boldsymbol{b}$ 方程组必有唯一的极小最小二乘解，这个解就是 $\boldsymbol{x}=\boldsymbol{A}^{+}\boldsymbol{b}$。

计算 Moore-Penrose 广义逆，在半年前还是 PyTorch 和 TensorFlow 都不支持的功能。

PyTorch 的 0.4.1 版本已经很好地支持 Moore-Penrose 广义逆。如果大家发现当前版本不支持 pinverse 功能，请升级到最新版本尝试，代码如下：

```
>>> a1 = t.DoubleTensor([[1,2,3],[4,5,6]])
>>> a1
tensor([[1., 2., 3.],
        [4., 5., 6.]], dtype=torch.float64)
>>> a2 = t.pinverse(a1)
>>> a2
tensor([[-0.9444,  0.4444],
        [-0.1111,  0.1111],
        [ 0.7222, -0.2222]], dtype=torch.float64)
```

TensorFlow 通过生态库 TensorFlow Probability 来支持 Moore-Penrose 广义逆，首先要引用 TensorFlow Probability 库：

```
>>> import tensorflow_probability as tfp
```

在 TensorFlow Probability 库中，函数名称明显比 TensorFlow 中要简短，求 Penrose-Moore 广义逆的函数就称为 pinv，例如：

```
>>> b1 = tf.constant([[1,2,3],[4,5,6]],dtype=tf.float64)
>>> sess.run(b1)
array([[1., 2., 3.],
       [4., 5., 6.]])
>>> b2 = tfp.math.pinv(b1)
>>> sess.run(b2)
array([[-0.94444444,  0.44444444],
       [-0.11111111,  0.11111111],
       [ 0.72222222, -0.22222222]])
```

需要注意的是，广义逆不止 Moore-Penrose 这一种，还有其他的定义方式。

第 6 章 优化方法

第 2 章介绍的 5-4-6 模型，在 4 种基本元素中，优化方法是很重要的一个。这需要对其原理有一个深刻的理解，如 PyTorch 中的变量，就是基于自动梯度计算衍生出来的，可见优化方法对于深度学习的重要性。

在学习神经网络基础之前，首先应有一个扎实的优化方法和数值计算的底子，对于后面深入理解深度学习很有益处。

本章将介绍以下内容

- 梯度下降的基本原理
- 高维条件下的梯度下降
- PyTorch 和 TensorFlow 中的梯度计算
- 梯度下降案例教程
- 优化方法进阶

6.1 梯度下降的基本原理

很多人表示，离开学校多年，很多高等数学的知识已经淡忘。梯度很重要，也很容易理解。讲解几个例子就能明白其中原理，并且学会如何编程实现它。

本节是为了帮助读者理解，而不是挑战大家的数学思维，所以第一步先从学习画图开始。

6.1.1 从画图说起

做优化的过程，本质上就是求函数极值的过程。学习的方法论就是从简单开始向复杂进演。

首先看存在极值曲线的最简单的情况：二次函数。

最简单的二次函数是平方函数 $y=x^2$。以下代码用来绘制出它的图像：

```
import matplotlib.pyplot as plt
import NumPy as np
# 生成 x 坐标的点
x = np.linspace(-10,10,1000)
# y 是函数
y = x ** 2
plt.plot(x, y)
# 标题
plt.title("2-d function")
# x 轴描述
plt.xlabel("x")
# y 轴描述
plt.ylabel("f(x)")
# 画网格线
plt.grid(True)
# 显示
plt.show()
```

绘制出的二次曲线如图 6.1 所示。

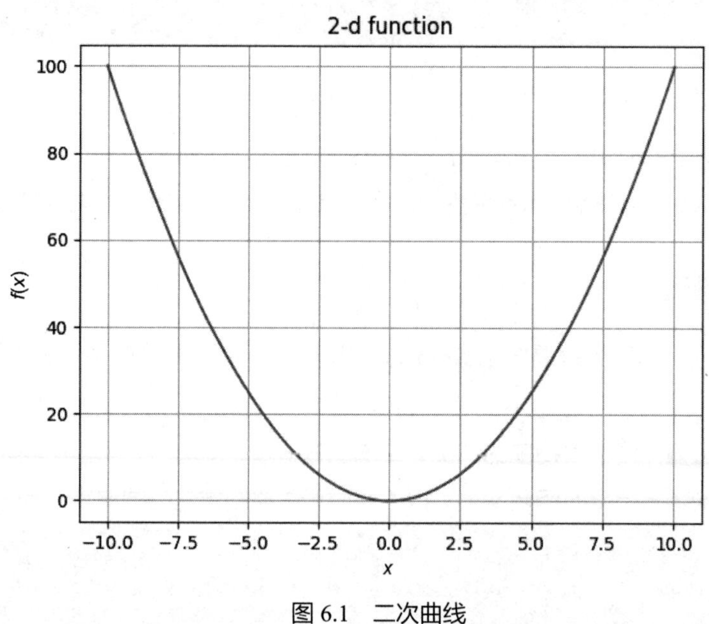

图 6.1　二次曲线

图 6.1 中的曲线是过原点的，正常的一般是不过原点的，如图 6.2 所示。

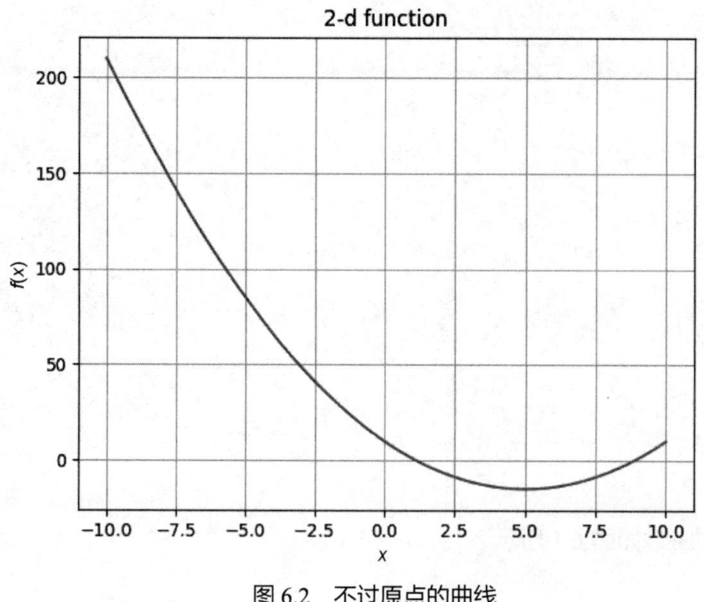

图 6.2　不过原点的曲线

除了幂函数外，还可以是三角函数，如图 6.3 所示的 $\sin(x)$ 曲线。

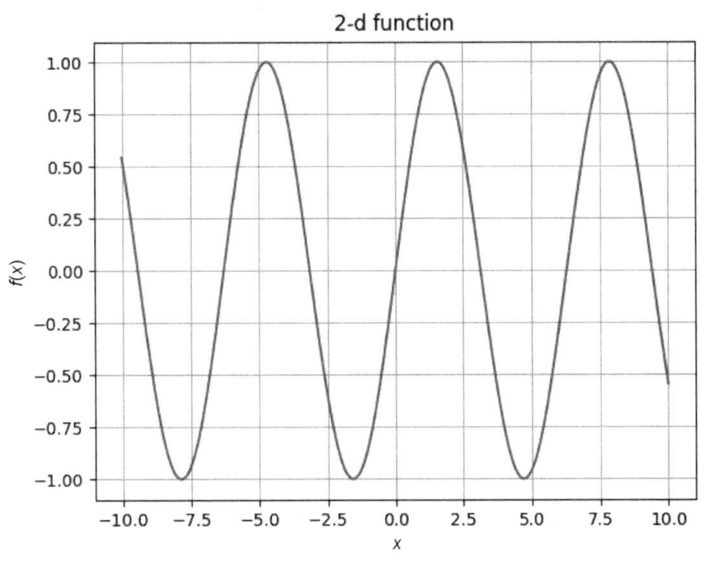

图 6.3　正弦曲线

6.1.2　通过迭代求函数极值

下面以在 sin(x) 函数中，从 x=5.0 寻找最小值点为例来说明过程，假设每一步长为 0.1。

首先计算 sin(5.0)，结果为 −0.9589242746631385。

然后先向左计算 sin(5.0−0.1)=−0.9824526126243325，发现 sin(4.9) 的值小于 sin(5.0)，说明向左移动的方向是正确的。

于是再计算 sin(4.8)=−0.9961646088358406，sin(4.7)=−0.9999232575641009，sin(4.6)= −0.9936910036334646。

这时发现，sin(4.6) > sin(4.7)，说明从 5.0 开始、以 0.1 为步长时，在 4.7 这点取得的值最小。

下面用代码实现上面的过程：

```
import NumPy as np
def grad(y, x, eta, count=1000):
    # 确定方向，如果大于 0，则向左；小于 0 则向右。
    dir = np.sign(y(x) - y(x-eta))
    ymin = y(x)
    xmin = x
    for i in range(count):
```

```
        # 保存上一次的 x 值
        xmin = x
        # 根据符号，向左或向右移动步长
        x = x - dir * eta
        # yn 是之前的最小值
        yn = y(x)
        if(yn<ymin):
            # 如果值还在变小，则更新 ymin
            ymin = yn
        else:
            # 如果下一步值变大了，则结束，xmin 就是取得最小值的点
            break
    return xmin,ymin
```

然后将上面的计算过程代入：

```
print(grad(np.sin, 5.0, 0.1))
```

结果如下：

```
(4.700000000000001, -0.9999232575641009)
```

与之前手动算出的结果一致。

如果将步长值改为 0.01，将得到更精确的值：4.71。

```
(4.710000000000006, -0.999997146387718)
```

如果再将步长值改为 0.001，会得到进一步的值：4.712。

```
(4.711999999999904, -0.999999924347131)
```

最后再试一下从 0.5 开始，以 0.001 为步长求极小值：

```
print(grad(lambda x: x*x, 0.5, 0.001))
```

结果如下：

```
(-4.371503159461554e-16, 1.9110039873182348e-31)
```

6.1.3 梯度下降

现在我们思考一下，上节介绍的迭代方法是否有问题？问题就是速度太慢。如果步长太大，精度不好；如果步长太小，精度虽高，但速度太慢。那么有没有办法在不增加步长的情况下，让速度加快？

通过观察图形可以看到，越是切线陡的地方，越可以使下降的速度变快。如图 6.4 所示，(10,100) 这一点上的切线的斜率是 20。

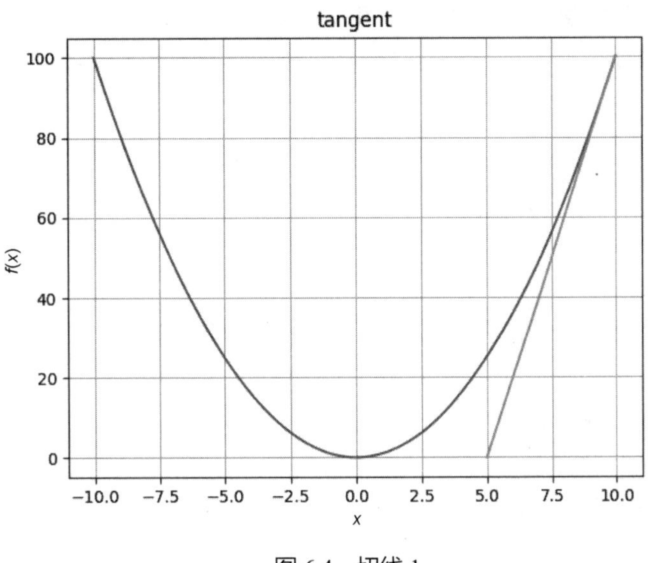

图 6.4　切线 1

再看一下在（5，25）这一点上的切线，切率已经减小到 10，如图 6.5 所示。

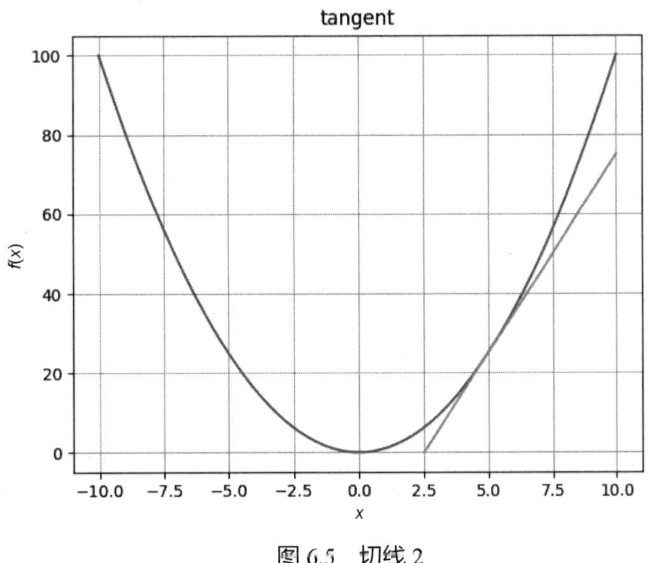

图 6.5　切线 2

而到了最小值点（0,0）时，切线已经变成了 x 轴。所以只要沿着切线方向走，就可以达到最快接近最小值的目的。这种方式称为最速下降法 (method of steepest descent)，也称梯度下降 (gradient descent)。

梯度下降的基本公式：

$$x_{n+1}=x_n-\text{步长}\times\text{导数}$$

那么，如何计算导数？针对本例中多项式函数的情况，可以通过 NumPy 操作来实现。将 $y=x^2$ 转换成 2 次项，1 次项和常数项的数组：[1,0,0]。然后赋给 poly1d 函数，最后通过 poly1d 的 deriv 函数来求导，代码如下：

```
>>> import NumPy as np
>>> p = np.poly1d([1,0,0])
>>> p.deriv()    # 求导
poly1d([2, 0])
```

据此，对上面简单步长下降的方法进行改进，将其变成梯度下降法，代码如下：

```
import NumPy as np
def grad(y, dy, x, eta, count=1000):
  # 确定方向，如果大于 0，则向左；小于 0 则向右
  dir = np.sign(y(x) - y(x-eta))
  ymin = y(x)
  xmin = x
  print(ymin)
  for i in range(count):
    # 保存上一次的 x 值
    xmin = x
    # 根据符号，向左或向右移动步长
    x = x - dir * eta * dy(x)
    # yn 是之前的最小值
    yn = y(x)
    if(yn<ymin):
      # 如果值还在变小，则更新 ymin
      ymin = yn
    else:
      # 如果下一步值变大了，则结束，xmin 就是取得最小值的点
      print('ymin=', ymin, ",x=",xmin)
      print('yn=',yn)
      break
    print(ymin)
  return xmin,ymin
print(grad(lambda x: x*x, lambda x: 2*x, 0.5, 0.01))
```

下面以从 100 开始、0.01 步长为例。未采用梯度下降时，前 10 次的下降结果如下：

```
100
```

```
99.8001
99.60040000000001
99.40090000000001
99.20160000000001
99.00250000000003
98.80360000000003
98.60490000000003
98.40640000000003
98.20810000000004
98.01000000000005
```

10 次从 100 下降到 98.01。

而加入了梯度下降之后的情况如下：

```
100
96.04000000000002
92.23681600000002
88.5842380864
85.07630225817857
81.70728068875471
78.47167237348003
75.36419414749021
72.37977205924958
69.5135330857033
66.76079717550945
```

10 次就下降到 66.76。

提 示

梯度下降中的步长值，有个新名称——学习率。

上面讲的是连续函数的例子，这种思想也可以用于离散数据的情况。对于离散的数据，每一步都向更好的方向前进一点的算法，称为爬山 (hill climbing) 算法。

6.2 高维条件下的梯度下降

有了二维函数极值的基础，就可以将其推广到三维和高维。其基本原理相同，只不过三维和高维的下降方向不止一个。

6.2.1 进入第三维

同样，我们先学画图。其实三维的函数就是 x 方向、y 方向上各有一个函数，最终函数的值在 z 轴上展示而已。下面来看 sin(x) 与 cos(x) 交织的例子，代码如下：

```
from mpl_toolkits.mplot3d import Axes3D
import NumPy as np
import matplotlib.pyplot as plt
# 创建 3D 图形对象
fig = plt.figure()
ax = Axes3D(fig)
# X 轴
X = np.linspace(-10,10,100)
# Y 轴
Y = np.linspace(-10,10,100)
X, Y = np.meshgrid(X, Y)
# Z 轴
Z = np.sin(X) + np.cos(Y) + 1
ax.plot_surface(X, Y, Z, cmap=plt.cm.winter)
# 显示图
plt.show()
```

结果如图 6.6 所示。

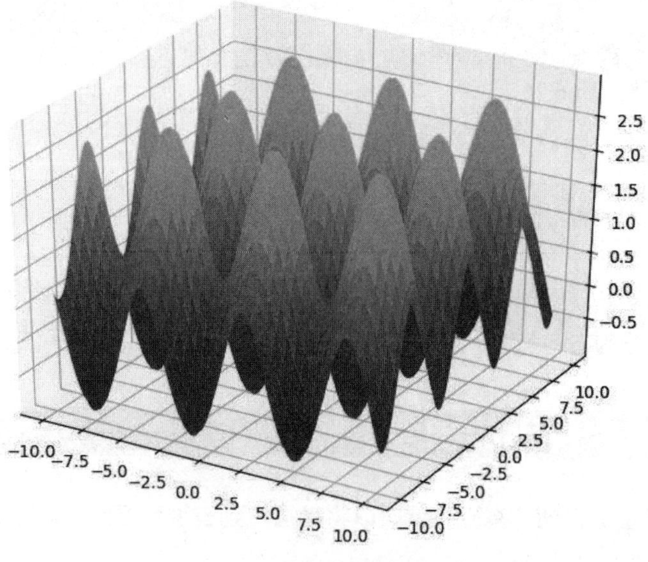

图 6.6　三维三角函数曲面

也就是说，我们在上面的曲面上找一个点，它到最近的极小值点需要同时对 x 方向和 y 方向进行下降。

$$x_{n+1}=x_n-\eta\frac{\partial f(x,y)}{\partial x},y_{n+1}=y_n-\eta\frac{\partial f(x,y)}{\partial y}$$

此公式不好理解，可以换成最简单的：$z=x^2+y^2+1$，图像如 6.7 所示。

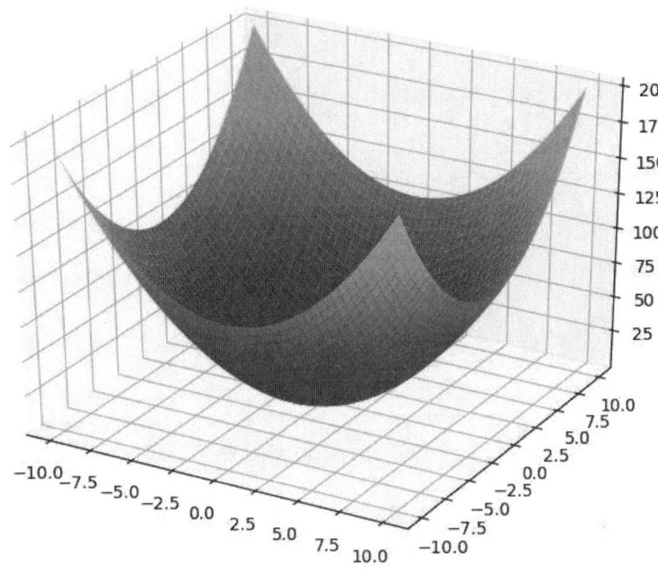

图 6.7　碗形三维曲面

首先来计算 (10,10,201) 这个点，其步长为 0.01 的梯度下降。然后把上一节的代码改为 x,y 两个方向同时计算：

```
import NumPy as np
def grad3(x, y, z, dx, dy, eta, count=1000):
  # dir_x 是 x 轴上方向，dir_y 是 y 轴上方向
  dir_x = np.sign(z(x,y) - z(x-eta,y))
  dir_y = np.sign(z(x,y) - z(x, y-eta))
  zmin = z(x,y)
  xmin, ymin = x, y
  print(zmin)
  for i in range(count):
    # 保存上一次的 x,y 值
    xmin, ymin = x, y
    # 根据符号，向左或向右移动步长
```

```
        print('dx(x)',dx(x))
        x = x - dir_x * eta * dx(x)
        print('dy(y)',dy(y))
        y = y - dir_y * eta * dy(y)
        # zn 是之前的最小值
        zn = z(x,y)
        if(zn<zmin):
            # 如果值还在变小，则更新 ymin
            zmin = zn
        else:
            # 如果下一步值变大了，则结束，xmin 就是取得最小值的点
            print('zmin=', zmin, ",x=",xmin, ",y=",ymin)
            print('zn=',zn)
            break
        print(zmin)
```

下面来实验一下：

```
print(grad3 (10.0, 10.0, lambda x,y: x*x+y*y+1, lambda x: 2*x, lambda x: 2*x, 0.01))
```

结果如下：

```
(4.528954770965804e-08, 4.528954770965804e-08, 1.000000000000004)
```

基本上就是 (0,0,1) 这一个点了。

6.2.2 高维引入的新问题

经过扩容，从二维扩到三维，将导数升级为全微分，就成功解决了三维梯度下降的问题。但是，我们大家思考一下，这其中是否有变量没有一起升级?

如果没有想象出来，就看一下 $f(x,y)=10x^2+y^2+1$ 的图像，如图 6.8 所示。

从图 6.8 中发现了什么？没错，x 平方的系数和 y 平方的系数相差比较大，给学习率的设置带来麻烦。其实学习率也应该扩容，变成二维的学习率 (η_1,η_2)。

这看起来虽然不错，但是参数增多，调参的工作量增大。有没有可能将学习率交给系统自动调参?

可以通过梯度累积项的方式来进行自适应改进，这称为 Adagrad 算法，也可以用梯度的平均值来进行自适应，这称为 RMSProp 方法。

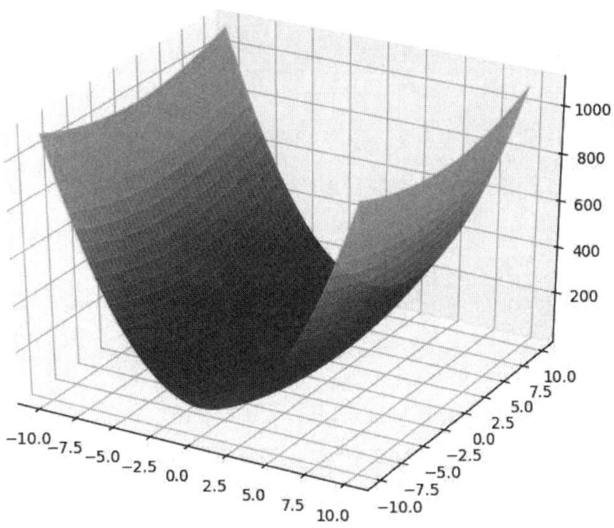

图 6.8　x 与 y 下降速度不同的曲面

6.2.3　矩阵的梯度

前面讲解了矩阵的很多运算，但其实矩阵也可以进行求导数、求偏导数之类的运算，即针对每个元素进行运算。

对于求偏导数的矩阵，称为 Jacobian 矩阵。

如果对矩阵进行二阶求导运算，也就是梯度再求导，这样的矩阵称为 Hessian 矩阵。

6.3　PyTorch 和 TensorFlow 中的梯度计算

理解了原理，就需要通过 PyTorch 和 TensorFlow 来对梯度进行计算。

6.3.1　PyTorch 中的梯度

之所以先讲解 PyTorch，原因是它的梯度在设计之初就被着重考虑，且变量是默认伴随梯度。

PyTorch 中的变量 Variable 的全名是 torch.autograd.Variable。

Variable 需要给一个 Tensor 做参数。另外，如果需要自动进行梯度计算，就要指定 requires_grad=True。例如：

```
>>> import torch
>>> x = torch.autograd.Variable(torch.tensor(1.0), requires_grad=True)
```

```
>>> x
tensor(1., requires_grad=True)
```

然后，就可以针对 x 输入函数，如 $y=x*x+1$，代码如下：

```
>>> y = x*x + 1
```

接着，调用 y 的 backward() 函数自动计算梯度。最后通过 x.grad 即可获得梯度值，代码如下：

```
>>> y.backward()
>>> x.grad
tensor(2.)
```

$x*x+1$ 的导数是 $2*x$，在 $x=1$ 这个点上，$2*1=2$。

下面再来看一个例子，在 $x=0$ 这个点上，求 $y=\sin(x)$ 的梯度，代码如下：

```
>>> x2 = torch.autograd.Variable(torch.tensor(0.0), requires_grad=True)
>>> y2 = torch.sin(x2)
>>> y2.backward()
>>> x2.grad
tensor(1.)
```

我们知道 $\sin(x)$ 的导数是 $\cos(x)$，在 $x=0$ 这个点，$\cos(0)=1$，与上面代码计算的结果一致。

提 示

grad 是累加的，如果不清零就会一直累加下去，所以梯度再次计算之前需要清零。

一个 grad 清零的方法是通过 x.grad.zero_()。带下画线的函数用于修改 Tensor 值。

对于多元的情况，可以分别针对 x 和 y 求梯度，例如：

```
>>> x3 = torch.autograd.Variable(torch.tensor(1.0), requires_grad=True)
>>> y3 = torch.autograd.Variable(torch.tensor(2.0), requires_grad=True)
>>> ze = x3 * x3 + y3 * y3 + 1
>>> z3 = x3 * x3 + y3 * y3 + 1
>>> z3.backward()
>>> x3.grad
tensor(2.)
>>> y3.grad
tensor(4.)
```

6.3.2 PyTorch 自动求导进阶：函数与自变量的解耦

在 PyTorch 中进行深度学习的计算，一般的模式是这样的：

```
# 正向传播
out = model(X)
loss = criterion(out, y)
# 反向梯度下降
optimizer.zero_grad()
loss.backward()
optimizer.step()
```

这个 loss 一般是指梯度下降要优化的目标函数，loss.backward() 表示自动求梯度，这个完全可以理解。

但 optimizer 优化器清除了梯度之后，并没有与 loss 建立任何关系。自动求导完成之后，就直接调用 optimizer.step() 去更新参数。那么，optimizer 如何更新参数？

答案就在于 PyTorch 的自动求导机制，函数做 backward() 会更新自变量的 grad 值，自变量根本不需要知道函数是什么。

还是以上节中的例子来说明，代码如下：

```
>>> x2 = torch.autograd.Variable(torch.tensor(0.0), requires_grad=True)
>>> y2 = torch.sin(x2)
>>> y2.backward()
>>> x2.grad
tensor(1.)
```

x2.grad 是 y2.backward() 时更新的。但是 x2 根本不知道也不关心是谁更新了它的 grad。所以如果 optimizer 获取了 x2 值，根本不需要知道 y2，使用 x2.grad 即可。所以，在编程时，optimizer 根本不用关心 loss 是什么，只要知道应更新的变量即可。

6.3.3 TensorFlow 中的梯度

在 TensorFlow 中，梯度没有和变量绑定在一起，反而显得比较纯粹。只要调用 tf.gradients 函数，指定 y 和 x 轴的内容即可。下面看一个求 $y=x*x+1$ 的梯度例子：

```
>>> x1 = tf.constant(1.0)
>>> y1 = x1 * x1 + 1
>>> grad1 = tf.gradients(ys=y1, xs=x1)
>>> sess.run(grad1)
[2.0]
```

再来看在 x=0 这个点上求 sin(x) 梯度的例子：

```
>>> x2 = tf.constant(0.0)
>>> y2 = tf.sin(x2)
>>> grad2 = tf.gradients(ys=y2,xs=x2)
>>> sess.run(grad2)
[1.0]
```

6.4 梯度下降案例教程

通过前面的学习，我们对于梯度下降的数学原理和在 PyTorch 与 TensorFlow 中的实现都有了一定程度的了解。但是有的人可能感觉还没有学透，因为还没有讲解如何在机器学习优化中使用它。所以本节我们做一个案例教程，详细分析如何将梯度下降的知识学以致用。

6.4.1 梯度下降在线性回归中的应用

本小节通过最简单的机器学习问题——线性回归来学习如何使用梯度下降来更新参数，最终达到学习的目标。

首先看图来理解线性回归的目的。如图 6.9 所示，图中 + 号表示学习的原始数据，学习的目的是找到一条使所有“+”号到虚线的距离之和最短的直线。

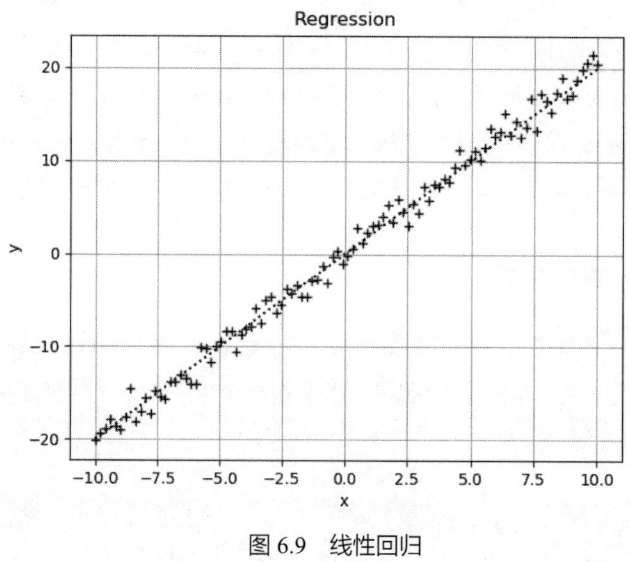

图 6.9　线性回归

这里只有一个变量 x，参数有两个，即斜率 W 和截距 b。可以用生成 y=2x 附近随机数的方式来生成训练数据，代码如下：

```
# 生成 y=2x 附近的随机数
X_train = t.linspace(-10, 10, 100).view(-1,1)
y_train = X_train * 2.0 + t.normal(t.zeros(100), std=0.5).view(-1,1)
```

然后，就可以将训练数据赋给变量：

```
# 数据放入变量中，X 和 y 并不需要自动求导，所以不用设 requires_grad
X = t.autograd.Variable(X_train)
y = t.autograd.Variable(y_train)
```

如果要做梯度下降，首先要有一个函数，一般取误差值作为函数。对于线性回归，可以选用均方差作为误差函数。所谓均方差，就是每一个差值平方和的平均值。

```
# 模型计算值 out 与 y 之间的差的平方和的平均值函数
def MSELoss2(y, out):
  loss = y - out
  loss = loss * loss
  return loss.mean()
```

下面来设计模型，线性回归的模型就是一个 $X*W+b$ 的线性计算，例如：

```
# 模型计算，就是一个线性计算
def model2(X, W, y):
  return X.mm(W) + b.expand_as(y)
```

提 示

下面用梯度更新参数是重点内容，请用心体会参数是如何更新的。

计算出梯度之后，就用梯度值来更新 W 和 b 这两个要训练的参数：

```
# 进行一次优化更新
def step():
  W.data.sub_(lr * W.grad.data)
  b.data.sub_(lr * b.grad.data)
```

上面已经强调过，PyTorch 中的梯度默认是累加的，所以使用完毕要记得清零，例如：

```
# 梯度清 0
def zero_grad():
  W.grad.data.zero_()
  b.grad.data.zero_()
```

下面就可以将整个流程串联起来，代码如下：

```
for i in range(epoch):
```

```
    # 正向传播
    # 模型计算
    out = model2(X, W, y)
    # 误差计算
    loss = MSELoss2(out, y)
    # 反向梯度下降
    loss.backward()
    # 更新 W 和 b 这两个参数
    step()
    # 因为 PyTorch 的梯度是累加的，所以每次都要记得清 0 梯度值
zero_grad()
```

上面的代码片断如果看不清楚，可以看完整的代码：

```
import torch as t
# 超参数
lr = 1e-4   # 学习率
epoch = 1000   # 轮数
X_train = t.linspace(-10, 10, 100).view(-1,1)
y_train = X_train * 2.0 + t.normal(t.zeros(100), std=0.5).view(-1,1)   # 生成 y=2x 附近的随
机数
# 数据放入变量中，X 和 y 并不需要自动求导，所以不用设 requires_grad
X = t.autograd.Variable(X_train)
y = t.autograd.Variable(y_train)
# 下面是要训练的参数
W = t.autograd.Variable(t.rand(1,1), requires_grad=True)   # W 是斜率，需要自动求导
b = t.autograd.Variable(t.zeros(1,1), requires_grad=True)   # b 是截距，也需要自动求导
def MSELoss2(y, out):   # 模型计算值 out 与 y 之间的差的平方和的平均值函数
  loss = y - out
  loss = loss * loss
  return loss.mean()
def model2(X, W, y):   # 模型计算，就是一个线性计算
  return X.mm(W) + b.expand_as(y)
def step():   # 进行一次优化更新
  W.data.sub_(lr * W.grad.data)
  b.data.sub_(lr * b.grad.data)
def zero_grad():   # 梯度清 0
```

```
    W.grad.data.zero_()
    b.grad.data.zero_()
for i in range(epoch):
    # 正向传播
    out = model2(X, W, y)   # 模型计算
    loss = MSELoss2(out, y)   # 误差计算
    loss.backward()   # 反向梯度下降
    step()   # 更新 W 和 b 这两个参数
    zero_grad()   # 因为 PyTorch 的梯度是累加的，所以每次都要记得清 0 梯度值
print(W.data)   # 打印结果
print(b.data)
```

下面将斜率梯度下降的值打印出来做成趋势图，如图 6.10 所示，有助于我们形象地理解迭代过程。

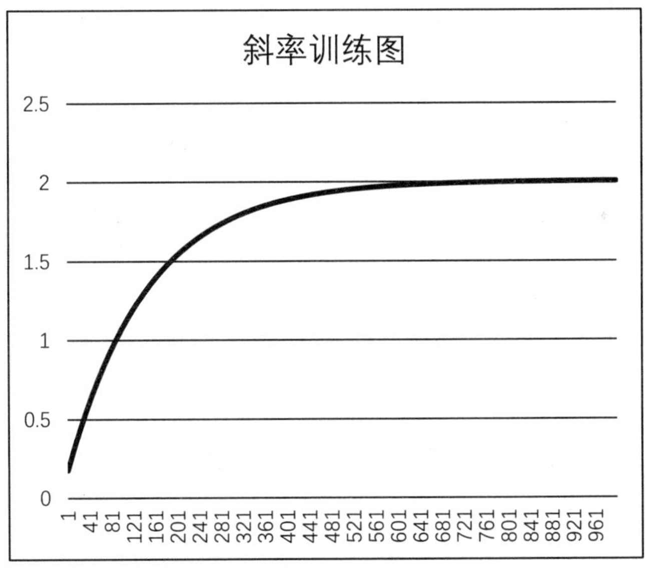

图 6.10　梯度下降过程

6.4.2　PyTorch 中的梯度下降

如上节所学到的，在计算机计算中，一般不使用解析推导来计算，而是通过迭代更新估计值的方式。因为计算机的内存有限，一个实数不可能用无限的数值去表示。所以，算法中的误差需要认真考虑。

计算的误差问题一般会由底层库的开发人员负责解决，所以在使用 TensorFlow 和

PyTorch 封装好的模块时，并不需要特别关注这个问题。但是如果像上节那样，使用手动来实现模型，对计算误差就要非常关注。

学习了手动进行梯度下降解决线性回归问题，然后看看调用 PyTorch 的系统函数如何实现同样的功能。首先生成测试数据和超参数都是一样的，例如：

```
import torch as t
# 生成测试数据
X_train = t.linspace(-10, 10, 100).view(-1,1)
y_train = X_train * 2.0 + t.normal(t.zeros(100), std=0.5).view(-1,1)
# 超参数
# 训练轮数
num_epochs = 1000
# 学习率
learning_rate = 1e-3
```

从这里开始，使用 PyTorch 的 torch.nn.Linear 模型和 torch.optim.SGD 随机梯度下降优化器：

```
# 使用 1*1 的线性模型
model = t.nn.Linear(1,1)
# 随机梯度下降优化器
optimizer = t.optim.SGD(model.parameters(), lr=learning_rate)
```

下面的训练过程和手动计算类似：

```
for epoch in range(num_epochs):
    X = t.autograd.Variable(X_train)
    y = t.autograd.Variable(y_train)
    # 正向传播
    out = model(X)
    loss = t.nn.MSELoss()(out, y)
    # 反向梯度下降
    optimizer.zero_grad()
    loss.backward()
    optimizer.step()
```

不方便之处是，W 和 b 两个参数都被 Linear 封装好，没有办法明显见到它们。但也是可以将它们打印出来看的。代码如下：

```
# 打印看看
for param in model.named_parameters():
```

```
    print(param)
```

结果如下：

```
('weight', Parameter containing:
tensor([[2.0024]], requires_grad=True))
('bias', Parameter containing:
tensor([-0.0585], requires_grad=True))
```

在打印中发现，Linear 模型有两个训练的参数：一个是 weight，另一个是 bias。这两个参数是前面讲的斜率和截距，推广到矩阵中，就变成了权重值和偏移值。

6.4.3 模块化的 PyTorch 线性回归写法

上一节对于建模的调用，很不符合 PyTorch 习惯：

```
model = t.nn.Linear(1,1)
```

按照 PyTorch 的习惯，应该使用下面模块化的写法：

```
# 模块要继承自 torch.nn.Module
class LinearRegression(t.nn.Module):
def __init__(self):
# __init__ 用于创建 model 对象
    super(LinearRegression, self).__init__()
    # 本质上还是调用的 torch.nn.Linear
    self.linear = t.nn.Linear(1,1)
# forward 函数用于 model(X) 计算时
def forward(self, x):
    return self.linear(x)
model = LinearRegression()
```

用以上代码段替换掉 model = t.nn.Linear(1,1)，就可以在上一节的代码中顺利运行。

__init__ 函数是构造 model 对象时所使用的，而 forward 函数用于将训练数据（如 X）传进来时要做的处理。这两个函数都可以接受更多的参数。

可以定义 Linear 的输入和输出数，增加两个初始化变量，代码如下：

```
# 模块要继承自 torch.nn.Module
class LinearRegression(t.nn.Module):
  # __init__ 用于创建 model 对象
  def __init__(self, in_dim, out_dim):
    super(LinearRegression, self).__init__()
    # 本质上还是调用的 torch.nn.Linear
```

```
        self.linear = t.nn.Linear(in_dim,out_dim)
    # forward 函数用于 model(X) 计算时
    def forward(self, x):
        return self.linear(x)
```

这样修改之后，再调用 LinearRegression 时就需要指定 (1,1) 作为输入和输出节点数，代码如下：

```
model = LinearRegression(1,1)
```

6.5 优化方法进阶

前面虽然对于梯度下降的原理有了一定理解，但是在工程实践中，梯度下降还是不够的，还有工程上的一些困难需要其他办法来解决。

至今针对优化方法仍然在不断出研究成果和论文。

6.5.1 随机梯度下降

前面所讲的梯度下降都是使用数据全集来进行计算的，这种方式称为批量梯度下降（Batch Gradient Descent，BGD）。

随着数据量的增大，批量梯度下降的计算量和计算成本都会呈指数级上升。例如，数据量大到内存装不下时，还需要网络操作系统的支持，就会进一步降低了效率。

这时，一种很自然的想法就是从中随机抽取一部分数据，以它们的梯度作为梯度的近似估计。这种方法称为小批量梯度下降（Mini-Batch Gradient Descent）。因为小批量的数据是随机选择的，所以也可以称为随机梯度下降（Stochastic Gradient Descent，SGD）。

在 Keras 中，随机梯度下降被封装为 keras.optimizers.SGD。在 PyTorch 中，随机梯度下降被封装为 torch.optim.SGD。

在 TensorFlow 中，随机梯度下降使用梯度下降的优化器：tf.train.GradientDescentOptimizer。

6.5.2 优化方法进化之一：动量方法

前面在介绍进入多维时曾经提到学习率的问题。作为梯度下降中唯一可调整的参数，学习率如何设置是一个充满挑战性的课题。

为了解决这个问题，研究人员提出了很多种优化方法，总结起来可以分为动量方法和自适应方法两大类。

首先要解决的问题是在极小点附近的震荡问题。如果学习率太大，无法精确命中极小值点，就可能不停地在极小值点附近来回震荡，有可能很长时间才能到达极小值，甚至有可能获取不到理想值。

通过观测极小值点附近震荡的数据发现，它们的梯度方向是相反的。因此可以通过给梯度增加一个累加值的方法来抵消，我们把这种方法称为动量 Momentum 方法。

1. 动量

动量借用了物理学上的概念。深度学习中的动量是在随机梯度下降的基础上，加上了上一步的梯度值，它是随机梯度下降优化器的标配。

在 Keras 中，momentum 与 lr 是并列的超参数。例如：

```
model.compile(loss=keras.losses.categorical_crossentropy,
              optimizer=keras.optimizers.SGD(lr=0.01, momentum=0.9), metrics= ['accuracy'])
```

在 PyTorch 中，momentum 也与 Keras 一样。

```
optimizer = torch.optim.SGD(model.parameters(), lr=0.1, momentum=0.9)
```

2. Nesterov 动量

比起动量的简单抵消梯度，Nesterov Accelerated Gradient – NAG 走得更远一步。它尝试去预测下一步到达的位置，再根据这个新位置计算动量。

这样计算会比简单动量更加精确。

在 Keras 和 PyTorch 中，只要给 SGD 设上 Nesterov 为 True 即可。

Keras 的例子：

```
model.compile(loss=keras.losses.categorical_crossentropy,
                    optimizer=keras.optimizers.SGD(lr=0.01, momentum=0.9, nesterov=True),
metrics=['accuracy'])
```

6.5.3 优化方法进化之二：自适应方法

除了借鉴物理上的动量方法之外，是否可以让参数根据情况自动判断调整，是另一个主要的方向。

1. Adagrad

Adagrad 是一种自适应的梯度下降算法，它能够针对参数更新的频率调整它们的更新幅度。在凸优化情况下，Adagrad 有非常好的理论性质。但是对于非凸情况，有时会导致学习率下降得过早和过量。

首先复习一下梯度下降的更新公式：

$$\theta_{t+1} = \theta_t - \eta \nabla_t$$

在 Adagrad 中，变成：

$$\theta_{t+1} = \theta_t - \frac{\eta}{\sqrt{G_t + \varepsilon}} \odot \nabla_t$$

其中：

$$G_t = \sum_{k=1}^{t} g_k^2$$

ε 是个小常数，为了防止平方和是 0，大约是 10^{-7}。

对于 Adagrad 算法，不管是 PyTorch 的实现还是 TensorFlow 的实现，都不需要指定 ε，只要指定学习率即可。

PyTorch 中的 Adagrad 实现是 torch.optim.Adagrad。

TensorFlow 中的 Adagrad 实现是 tf.train.AdagradOptimizer。

2. RMSProp

由于 Adagrad 存在的问题，使得它的应用广泛性受到限制。但是 Adagrad 的开创性工作还是很有意义的，应用广泛的 RMSProp 和 Adam 都是在 Adagrad 的基础上发展的。

Adagrad 是指所有历史上积累的数据都一直累加，那么遥远的历史对于现状是不是真的有影响？RMSProp 的思路就是通过近期的滑动平均值，消除古老历史的影响。这样在很多非凸问题上，会带来很好的效果。

虽然后面会介绍 Adam 等自适应与动量相结合的方法，但 RMSProp 也可以与动量结合，与动量结合的 RMSProp 是流行的优化方法之一。

由于是从 Adagrad 改进而来的，公式 $\theta_{t+1} = \theta_t - \frac{\eta}{\sqrt{G_t + \varepsilon}} \odot \nabla_t$ 不变。

改进的是 G 的计算方式：

$$G_{t+1}=\gamma G_t+(1-\gamma)\ \nabla_t^2$$

PyTorch 中对于 RMSProp 的实现为 torch.optim.RMSprop。例如：

```
classtorch.optim.RMSprop(params,lr=0.01,alpha=0.99,eps=1e-08,weight_decay=0,momentum=0,centered=False)
```

momentum 是支持动量，eps 是式中的 ε，另外，PyTorch 还支持 RMSProp 的变种 centered RMSProp，详情请参考 PyTorch 的手册。

TensorFlow 中对于 RMSProp 的实现为 tf.train.RMSPropOptimizer，其参数如下：

```
__init__(
  learning_rate,
```

```
    decay=0.9,
    momentum=0.0,
    epsilon=1e-10,
    use_locking=False,
    centered=False,
    name='RMSProp'
)
```

Momentum、epsilon 和 centered 的意义与 PyTorch 一致。

3. AdaDelta

AdaDelta 的实现方式与 RMSProp 类似，只是实现方式考虑了单位量纲的问题。公式如下：

$$\Delta\theta_t = -\frac{\mathrm{RMS}[\Delta\theta]_t}{\mathrm{RMS}[g]_t} \odot g_t$$

其中，RMS 是 Root Mean Square，与 RMSProp 中的 RMS 含义相同。

PyTorch 中对于 AdaDelta 的实现在 torch.optim.Adadelta。

TensorFlow 中对于 AdaDelta 的实现在 tf.train.AdadeltaOptimizer。

6.5.4 自适应与动量结合

既然自适应和动量各有擅长的场景，那么将它们结合在一起如何？

1. Adam

Adam（adaptive moment estimation）在设计上就是两种方法的结合，它是根据 AdaGrad 和 RMSProp 的思想改进而来的。

Adam 算法使用梯度的一阶矩 m（梯度的期望值）及梯度的二阶矩 v（梯度平方的期望值）。

梯度期望值：

$$m_t=\beta_1 m_{t-1}+(1-\beta_1)$$

梯度平方期望值：

$$v_t=\beta_2 v_{t-1}+(1-\beta_2)(g_t \odot g_t)$$

其中，β_1 的默认值为 0.9，β_2 的默认值是 0.999。

为了纠偏，m 和 v 两个值还需要进行一个额外的操作：

$$\hat{m}_t = \frac{m_t}{1-\beta_1^t}$$

$$\hat{v}_t = \frac{v_t}{1-\beta_2^t}$$

最后更新参数：

$$\theta_t = \theta_{t-1} - \alpha \frac{\hat{m}_t}{\sqrt{\hat{v}_t + \varepsilon}}$$

其中，参数 α 为 0.001，ε 为 10^{-8}。

在 PyTorch 中对 Adam 的实现：

```
classtorch.optim.Adam(params, lr=0.001, betas=(0.9, 0.999), eps=1e-08)
```

其中，lr 对应公式中的 α，betas 是两个 β 参数。

在 TensorFlow 中对 Adam 的实现为 tf.train.AdamOptimizer，其初始化参数为：

```
__init__(
  learning_rate=0.001,
  beta1=0.9,
  beta2=0.999,
  epsilon=1e-08,
  use_locking=False,
  name='Adam'
)
```

2. AdaMax

AdaMax 是 Adam 的一种改进算法，它采用无穷阶范数对二阶矩进行改进，使其无须进行纠偏。

二阶矩计算公式变为：

$$u_t = \max\left(\beta_2 u_{t-1}, |g_t|\right)$$

所以，beta1、beta2 两个参数都是需要的。

PyTorch 对于 AdaMax 的实现在 torch.optim.Adamax：

```
classtorch.optim.Adamax(params, lr=0.002, betas=(0.9, 0.999), eps=1e-08)
```

TensorFlow 没有专门的算法类。

3. Nadam

如果说 Adam 是 RMSProp 与动量的结合，那么 Nadam 可以认为是 Nestrov 版的

Adam。

目前版本的 PyTorch 和 TensorFlow API 中对于 Nadam 没有支持。

6.5.5 优化方法小结

对于很多情况，随机梯度下降本身的效果就已经很好了，针对容易在极小值点附近波动的可以采用增加动态的方法。

对于复杂的情况，Adam 及其改进算法的效果通常不错。带有动量的 RMSProp 应用也非常广泛。

主要的优化方法都出现在几年前，即使在本书撰写之际，仍然有 centered Adam 算法改进被研究出来。所以，大家在以后的工作中，仍然要随时关注优化方法的新成果。

第 7 章 深度学习基础

机器学习主要有 3 个研究领域：监督学习、无监督学习和强化学习。其中，监督学习主要分为回归和分类两大类。

第 6 章借着讲梯度下降的应用，顺带讲解了线性回归算法。但是，在深度学习中遇到的大部分问题是分类问题。

例如判断图片中显示的是猫或狗的问题，算法不认识，但可以将图片分成猫和狗两类。又如，第 2 章遇到的 MNIST 手写数字识别问题，本质上就是将图片分成 10 类。但其实分类并不是什么神奇的技术，它的源头就是线性回归。

本章将介绍以下内容

- 从回归到分类
- 深度学习简史

7.1 从回归到分类

第 6 章在案例教程中学习了回归的方法。应用回归就可以做最简单的分类，因为可以根据预测值的大小分成两类。例如，将大于 0 的分为一类，小于等于 0 的分为一类，这种二分类的算法称为 logistic 回归。那么，如果要进行多分类如何计算？

7.1.1 值不重要，重要的是位置

第 6 章学的线性模型是支持多输入、多输出的。也就是说，需要几类，那就将输出设成几即可。

例如，MNIST 是 28×28 输入，10 类输出。

这里还有个问题，如果有 10 个输出值，如何判断是第几类？最简单的方法就是，哪个位置上的值最大就是哪个。

下面举一个用 PyTorch 实现的例子，首先生成 10 个随机数：

```
>>> import torch as t
>>> a = t.randn(1,10)
>>> a
tensor([[ 0.6007, -0.0994,  2.6136, -0.2706, -0.4609,  0.0791, -0.1736,  0.1423,
          1.0667, -3.0936]])
```

然后可以用 torch.max 函数求出这行向量中的最大值：

```
>>> b = t.max(a)
>>> b
tensor(2.6136)
```

问题在于，这并不是常用操作，因为我们关心的是位置而不是值。于是，torch.max 还有另一种用法：

```
>>> c = t.max(a,1)
>>> c
(tensor([2.6136]), tensor([2]))
```

第二个分量是位置，不但告诉了最大值是 2.6136，而且返回了所在的位置 2。

或者，我们其实不关心这个最大的值究竟是多少，下面才是常规的用法：

```
_,d = t.max(a,1)
```

因为我们不关心值是多少，所以可以将值读取出来赋给“_”变量再放掉，d 才是需要的位置值。

7.1.2 二分类问题

分类中最简单的就是二分类。针对二分类，首先看两个函数。

1. sigmoid 函数

先感性认证它一下，再看看 sigmoid 的图形，代码如下：

```
import matplotlib.pyplot as plt
import NumPy as np
import torch as t
# 生成 x 坐标的点
x = np.linspace(-100,100,1000)
# y 是函数
y = t.sigmoid(t.tensor(x)).NumPy()
plt.plot(x, y)
# 标题
plt.title("sigmoid")
# x 轴描述
plt.xlabel("x")
# y 轴描述
plt.ylabel("sigmoid(x)")
# 画网格线
plt.grid(True)
# 显示
plt.show()
```

sigmoid 函数图像如图 7.1 所示。

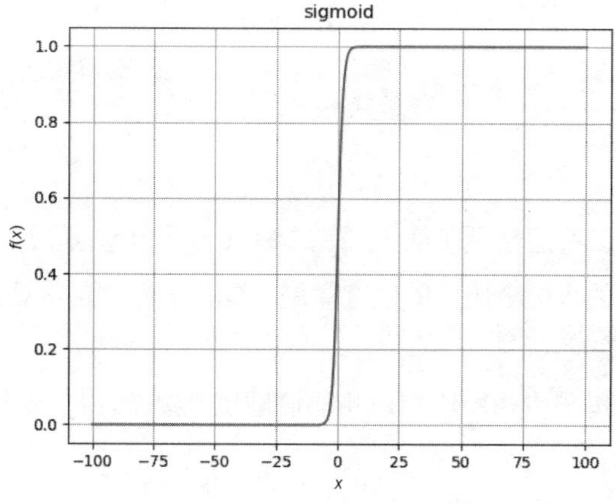

图 7.1　sigmoid 函数图像

从图中可以看到，对于 sigmoid 函数，除了中间的一段之外，其他数据已经严格区分到 0 和 1 两种结果上。这很适合作为二分类的函数。

2. tanh 激活函数

另外一个常用的激活函数就是 tanh 函数，它与 sigmoid 的区别在于，值区间是 -1~1，如图 7.2 所示。

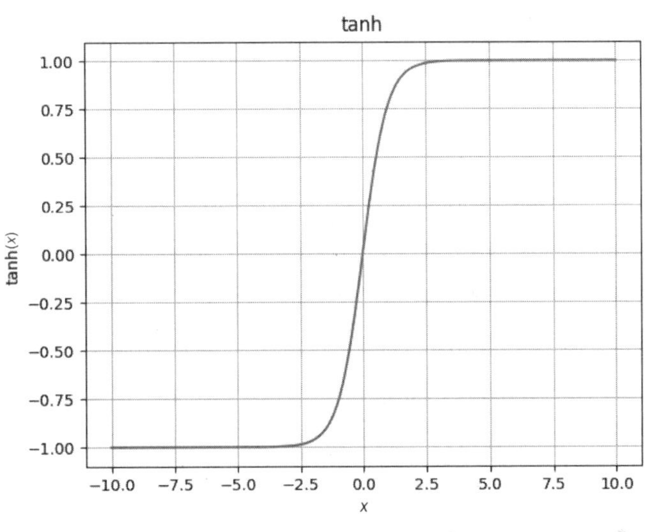

图 7.2　tanh 函数图像

代码如下：

```
import matplotlib.pyplot as plt
import NumPy as np
import torch as t
# 生成 x 坐标的点
x = np.linspace(-10, 10, 1000)
# y 是函数
y = t.tanh(t.tensor(x, dtype=t.float32)).data.NumPy()
plt.plot(x, y)
# 标题
plt.title("tanh")
# x 轴描述
plt.xlabel("x")
# y 轴描述
plt.ylabel("tanh(x)")
```

```
# 画网格线
plt.grid(True)
# 显示
plt.show()
```

7.2 深度学习简史

通过前面的学习，我们对于神经网络中的主要元素有了一定的认识。下面以史为鉴，讲解深度学习的发展史。

7.2.1 从机器学习流派说起

如果要给机器学习划分流派，初步可以分为归纳学习和统计学习两大类。所谓归纳学习，与平时学习所用的归纳法类似，也称从样例中学习。

归纳学习又分为两大类，一类就像归纳知识点一样，把知识分解成一个个的点，然后进行学习。因为最终都要表示成符号，所以也称为符号主义学习。另一类则另辟蹊径，不是关心知识，而是模拟人脑学习的过程。这类思路模拟人的神经系统，因为人的神经网络是连接在一起的，所以也称为连接主义学习。

统计学习是 20 世纪 90 年代才兴起的新学派，是一种应用数学和统计学方法进行学习的新思路。它是既不关心学习的内容，也不是模拟人脑，而主要关心统计概率。这是一种脱离了主观、基本全靠客观的方式。

连接主义学派的初心是模拟人脑的学习方式。

首先从生理课的知识说起，先看看人脑最基本的组成部分——神经元。一个神经元由 3 个主要部分组成：中间是细胞体、细胞体周围若干接收信号的树突、一条用于将信号传导给远处的其他细胞的长长的轴突。

神经细胞收到所有树突传来的信号之后，细胞体会产生化学反应，决定是否通过轴突输出给其他细胞。

例如，皮肤上的感觉细胞接受了刺激之后，将信号传给附近的神经细胞的树突。达到一定强度之后，神经细胞会通过轴突传递给下一个神经细胞，一直传递到大脑。大脑做出反应之后，再通过运动神经元的轴突刺激肌肉进行反应。

其中，值得一提的是赫布理论 (Hebbian Principle)。这是加拿大心理学家赫布在 1949 年出版的《行为组织学》中提出的：如果一个神经元 B 在另一个神经元 A 的轴突附近，并且受到了 A 信号的激活，那么 A 或 B 就会产生相应的增长变化，使这个连接被加强。

这一理论一直到 2000 年，才被诺贝尔医学奖得主肯德尔的动物实验所证实。但是在被证实之前，各种无监督机器学习算法其实都是赫布规则的一种变种，在它们被证明之前就已经被广泛使用了。

7.2.2 M-P 神经元模型

在 1943 年，电子计算机还没有被发明，距离阿兰・图灵研究出来“图灵机测试”也还有 3 年时间，两位传奇人物麦卡洛克和皮茨就发表了用算法模拟神经网络的文章。

后来，医生兼神经科学家麦卡洛可研究神经学需要一个懂数学的合作者，于是就选了 17 岁的皮茨。后来他们成为控制论创始人维纳的学生。

神经网络的基础至今仍然是麦卡洛可和皮茨提出的模型，简称 M-P 模型。

7.2.3 感知机

1954 年，IBM 推出了 IBM704 计算机，并且有 Fortran 算法语言。4 年后的 1958 年，康奈尔大学实验心理学家弗兰克・罗森布拉特根据 M-P 模型实现了第一个人工神经网络模型——感知机。

感知机的提出，使人类有了第一种可以模拟人脑神经活动的模型，迅速引起轰动，并迎来了人工神经网络的第一个高潮。

感知机由以下三部分组成。

- 输入：包括信号的输入强度和权值。
- 求和：将输入求和。
- 激活函数：根据求和的结果决定输出的值。

感知机了不起之处在于，不需要任何先验知识，只要能够用一条直线把要解决的问题分为两部分，就可以区分。这种问题称为线性可分问题。例如，一些建筑在街道以北，一些建筑在街道以南，感知机就能做到把这两部分建筑分开，尽管感知机根本不知道街道是什么，东南西北是什么。

比起少年皮茨，罗森布拉特可是名校高材生。他所就读的纽约 Bronx 科学高中，仅诺贝尔奖获得者就有 8 个，此外还有 6 个普利策奖获得者。在这所学校的还有比他大一届的学长马文・明斯基，他是人工智能的奠基人之一。

正值感知机如日中天时，明斯基出版了著名的《感知机》一书，证明感知机连异或这种最基本的逻辑运算都无法解决。因为异或问题不是线性可分的，需要两条直线才可以，所以感知机模型确实解决不了这个问题。这一致命打击，使人工神经网络的第一次高潮迅速转入低谷。

不过，值得一提的是，后来深度学习的发展与模拟人的大脑的关联越来越少。学术界认为不应该再称它“人工神经网络”，而称为多层感知机 MLP。

7.2.4 人工神经网络第二次高潮和低谷

单独的感知机无法解决的问题，是不是将多个感知机组合在一起即可解决？是的。1974 年，哈佛大学学生保罗·沃波斯的博士论文提出了反向传播算法（以下简称 BP 算法），成功地解决了感知机不能实现异或的问题。实现的方法基本上是：一条直线不够，再加一条即可。

但是，当时正处于人工神经网络的第一次低谷时期，纵然是哈佛大学高才生的研究成果也无人问津。这一重要成果在当时并没有造成很大的影响。

1984 年，乔布斯推出了著名的苹果第一代 Mac 计算机，加州理工学院的物理学家霍普菲尔德实现了他在两年前提出的一种循环神经网络模型。这个重要成果重新激发了大家对于人工神经网络的热情。

两年后的 1986 年，处于第二次人工神经网络热潮的学术界再次发现了沃波斯提出的 BP 算法，再次推动了人工神经网络的发展。

感知机的局限在于它只有两层小网络，而 BP 算法给创造更多层、更大型的网络提供了可能性。

BP 算法的基本思想：一是信号正向传播；二是误差反向传播给上层的每一个神经元。

我们从 2.3.3 小节开始学习的全连接网络，就是这个时代的技术。这里再复习一下：

```
# 所有连接随机生成权值
def init_weights(shape):
    return tf.Variable(tf.random_normal(shape, stddev=0.01))
def model(X, w_h, w_o):
    h = tf.nn.sigmoid(tf.matmul(X, w_h))
    return tf.matmul(h, w_o)
```

这些与人工神经网络相关的函数被定义在 tf.nn 模块中，其中包括激活函数和卷积等功能。通过 BP 算法，可成功将神经网络做到 5 层。然而，在想超过 5 层时遇到了困难，且这个困难困扰了研究者整整 20 年。

这个困难主要有两方面：一方面，随着层数的增多，反馈的误差对上层的影响越来越小；另一方面，层数增加之后，很容易被训练到一个局部最优值，而无法继续下去。

遇到这些困难之后，大部分研究人员转而研究如何在少的层次上有所突破。正如我们前面所讲的，机器学习的另一大流派“统计学”正是在这个时代取得了突破性的进展，其代表作是支持向量机（support vector machine，SVM）。

7.2.5 深度学习时代

有极少数的研究人员在人工神经网络的第二次低潮中继续“坐冷板凳”研究。20 年后的 2006 年，加拿大学者杰弗里 • 辛顿（Hinton）提出了有效解决多层神经网络的训练方法。他的方法是将每一层都看成一个无监督学习的受限玻尔兹曼机进行预训练提取特征，然后再采用 BP 算法进行训练。

这样，这些受限玻尔兹曼机就可以像搭积木一样搭得很高。这些由受限玻尔兹曼机搭起的网络称为深度信念网络或深层信念网络。这种采用深度信念网络的模型后来就称为深度学习。

当然，Hinton 也并不是孤军奋战的，和他一起研究的还有他的学生 Yann Lecun。1989 年，BP 算法重新发现后的第 3 年，Lecun 将 BP 算法成功应用在卷积神经网络 CNN 中。1998 年，经过 10 年努力，Yann Lecun 发明了 LeNet。但是请注意这个时间点，此时还没到 2006 年 Hinton 改变世界的时候，机器学习的王者是支持向量机（SVM）。

机遇是留给有准备的人的。一方面，CNN 中的关键技术点 ReLU 和 Dropout 不断被解决;另一方面，大数据和云计算引发的计算能力的突破，使得 CNN 可以使用更强大的计算能力来完成以前无法想象的任务。

我们在 2.3.3 小节曾经讲过将简单一个隐藏层的全连接网络使用 ReLU 和 Dropout 技术的例子：

```
model = Sequential()
model.add(Dense(units=121, input_dim=28*28))
model.add(Activation('relu'))
model.add(Dropout(0.5))
model.add(Dense(units=81))
model.add(Activation('relu'))
model.add(Dropout(0.25))
model.add(Dense(units=10))
model.add(Activation('softmax'))
```

2012 年，还是创造奇迹的 Hinton 和他的学生 Alex Krizhevsky，在 LeNet 基础上改进了 AlexNet，一举夺取 ImageNet 图像分类的冠军，刷新了世界纪录，促使卷积神经网络成为处理图像最有力的武器。

AlexNet 之所以有这样大的进步，其主要原因有以下 4 种。

（1）为了防止过拟合，使用了 Dropout 和数据增强技术。

（2）采用了非线性激活函数 ReLU。

（3）大数据量训练（大数据时代的作用）。

（4）GPU 训练加速（硬件的进步）。

卷积神经网络是一种权值共享的网络，这个特点使其模型的复杂度显著降低。那么什么是卷积？卷积是泛函分析中的一种积分变换的数学方法，通过两个函数来生成第三个函数，表征两个函数经过翻转和平移的重叠部分的面积。

在传统识别算法中，需要对输入的数据进行特征提取和数据重建，而卷积神经网络可以直接将图片作为网络的输入自动提取特征。它的优越特征在于对图片的平移、比例缩放、倾斜等变形有非常好的适应性，这种技术简直就是为了图形和语音而生的。从此，图片是正着放还是倒着放，或者随便换个角度、远点看还是近点看等再也不是问题，识别率因此显著提升到了可应用的程度。

DBN 和 CNN 双剑合璧，成功引发了图像和语音两个领域的革命，使得图像识别和语音识别技术迅速换代。

不过问题还有一个，即自然语言处理和机器翻译。从我们学习一门外语的难度就可以想象这个问题的困难程度。当 Yann LeCun 发表他那篇著名的论文时，文章第三作者为 Yoshua Bengio。在神经网络低潮的 20 世纪 90 年代，Hinton 研究 DBN、LeCun 研究 CNN 时，Yoshua 在研究循环神经网络 RNN，并且开启了神经网络研究自然语言处理的先河。后来，RNN 的改进模型——长短期记忆模型 LSTM，成功解决了 RNN 梯度消失的问题，从此成为自然语言处理和机器翻译中的利器。

Hinton、Yann LeCun 和 Yoshua Bengio 被国人称为深度学习的 3 位传奇人物，他们共同在神经网络第二次低潮的寒冬中坚持自己所坚信的方向，做出了成果，改变了世界。

2019 年 5 月，Hinton、Yann LeCun 和 Yoshua Bengio 共同获得了 2018 年计算机界的最高奖——被称为计算机界诺贝尔奖的图灵奖。

第 8 章 基础网络结构：卷积网络

虽然我们认为 2006 年深度全连接网络的训练方法是深度学习的转折点，但实际上真正引发深度学习风潮的是 2012 年基于卷积网络的 AlexNet。至今，卷积网络也是应用最广泛的深度学习工具。

本章将介绍以下内容

- 卷积的原理与计算
- 池化层
- 激活函数
- AlexNet

8.1 卷积的原理与计算

在学习卷积网络之前，首先了解什么是卷积，如何手工计算卷积。卷积 (convolution) 是通过两个函数 f 和 g 生成第三个函数 h 的一种数学算子，可以理解为函数 f 与函数 g 经过翻转和平移的重叠部分的面积。

卷积定义为：

$$h(x)=f(x)*g(x)=\int_{-\infty}^{\infty}f(t)g(x-t)\mathrm{d}t$$

看起来有点复杂，可以用个简单的方式，像乘法一样用“*”来记录：$h(x)=(f*g)(x)$ 式中的 f 通常称为输入，而 g 有个“高大上”的名称为核函数 (kernel function)，输出称为特征映射 (feature map)。

8.1.1 卷积原理

卷积是指在滑动中提取特征的过程，可以形象地理解为用放大镜把每步都放大并且拍下来，再把拍下来的图片拼接成一个新的大图片的过程。

计算机处理数据时，用的都是离散的数据。所以把上面的公式离散化：

$$h(x)=(f*g)(x)=\sum_{t=-\infty}^{\infty}f(t)g(x-t)$$

在卷积公式中，x 是变量，t 是不变的。所以 $f(t)$ 也是不变的，只有 $g(x\text{-}t)$ 是变化的。因此，可以将卷积理解成 $g(x\text{-}t)$ 滑动过程中对 $f(t)$ 进行采样。

例如，可以选用最简单的线性函数 $g(x)=wx+b$ 来作为核函数。

下面通过学习手动计算几个例子，真正理解卷积的含义。输入时，先选择最简单的 5x5 的全 1 矩阵：

```
array([[1., 1., 1., 1., 1.],
       [1., 1., 1., 1., 1.],
       [1., 1., 1., 1., 1.],
       [1., 1., 1., 1., 1.],
       [1., 1., 1., 1., 1.]], dtype=float32)
```

核函数选最简单的线性函数，在 $g(x)=wx+b$ 中，w 取 3×3 的全 1 矩阵，b 直接取 0。这样再计算左上角的第一个 3×3 的小块，得 1×1+1×1+1×1+1×1+1×1+1×1+1×1+1×1+1×1=9。以此类推，最后得到一个矩阵：

[[9,9,9],

[9,9,9],

[9,9,9]]

如果还没有理解，我们就用代码说明一下。输入 *f* 是 5×5，核函数是 3×3。5×5 可以认为是有 3×3 个 3×3，于是结果就是 3×3。

首先把已知量分配一下，代码如下：

```
>>> f = np.ones([5,5])
>>> f
array([[1., 1., 1., 1., 1.],
       [1., 1., 1., 1., 1.],
       [1., 1., 1., 1., 1.],
       [1., 1., 1., 1., 1.],
       [1., 1., 1., 1., 1.]])
>>> g = np.ones([3,3])
>>> g
array([[1., 1., 1.],
       [1., 1., 1.],
       [1., 1., 1.]])
>>> h = np.zeros([3,3])
>>> h
array([[0., 0., 0.],
       [0., 0., 0.],
       [0., 0., 0.]])
```

这样，h[0,0] 的结果如下：

```
>>> h[0,0]=f[0,0]*g[0,0]+f[0,1]*g[0,1]+f[0,2]*g[0,2]+f[1,0]*g[1,0]+f[1,1]*g[1,1]+f[1,2]*g[1,2]
+f[2,0]*g[2,0]+f[2,1]*g[2,1]+f[2,2]*g[2,2]
>>> h[0,0]
9.0
```

将上面的算法写一段代码来实现，代码如下：

```
import NumPy as np
def conv(f, g):
    # f 是输入矩阵
    fx, fy = f.shape
    # g 是核函数矩阵
    gx, gy = g.shape
```

```
    # h 是输出结果
    h = np.zeros([fx-gx+1, fy-gy+1])
    hx, hy = h.shape
    for x1 in range(hx):
        for y1 in range(hy):
            # sum 用来临时存储结果
            sum = 0
            for x2 in range(gx):
                for y2 in range(gy):
                    # 当前的元素，与对应的核函数元素相乘，再求和
                    sum += f[x1+x2, y1+y2] * g[x2, y2]
            h[x1,y1]= sum
    return h
```

将上面的 conv 函数保存到 test.py 中，然后运行下面的代码来试验一下结果是否正确：

```
>>> import NumPy as np
>>> import test1
>>> f = np.ones([5,5])
>>> g = np.ones([3,3])
>>> h = test.conv(f,g)
```

最后查看 *h* 的结果：

```
>>> h
array([[9., 9., 9.],
       [9., 9., 9.],
       [9., 9., 9.]])
```

结果与手算的结果一样。

【习题】请大家手算一下 5×5 单位矩阵用 3×3 全 1 卷积的结果。

下面是参考答案：

```
>>> f1 = np.eye(5)
>>> f1
array([[1., 0., 0., 0., 0.],
       [0., 1., 0., 0., 0.],
       [0., 0., 1., 0., 0.],
       [0., 0., 0., 1., 0.],
       [0., 0., 0., 0., 1.]])
>>> h1 = test.conv(f1, g)
```

```
>>> h1
array([[3., 2., 1.],
       [2., 3., 2.],
       [1., 2., 3.]])
```

8.1.2 填充 Padding

当我们看 8.1.1 小节的第一个全 1 的例子时，一切还符合预期。到了对角阵时，左下角是一片 0，但提取出来之后变成了 1，这是受到了中心点的影响。

尤其是边界的元素受到中心点的影响比较大，这时可以给对角阵补一个边进去。下面写个函数实现一下：

```
def padding(mat):
  x,y = mat.shape
  # 因为上下左右都要补一排 0，所以新矩阵大小是 (x+2,y+2)
  h = np.zeros([x+2,y+2])
  # 把原矩阵填补到中心来
  for x1 in range(x):
    for y1 in range(y):
      h[x1+1,y1+1] = mat[x1,y1]
  return h
```

例如，eye([5,5]) 就可以在外面补一圈 0，代码如下：

```
>>> f = np.eye(5,5)
>>> f1 = test1.padding(f)
>>> f1
array([[0., 0., 0., 0., 0., 0., 0.],
       [0., 1., 0., 0., 0., 0., 0.],
       [0., 0., 1., 0., 0., 0., 0.],
       [0., 0., 0., 1., 0., 0., 0.],
       [0., 0., 0., 0., 1., 0., 0.],
       [0., 0., 0., 0., 0., 1., 0.],
       [0., 0., 0., 0., 0., 0., 0.]])
```

补了一圈 0 之后，再算卷积，代码如下：

```
>>> g = np.ones([3,3])
>>> h = test1.conv(f1,g)
>>> h
```

```
array([[2., 2., 1., 0., 0.],
       [2., 3., 2., 1., 0.],
       [1., 2., 3., 2., 1.],
       [0., 1., 2., 3., 2.],
       [0., 0., 1., 2., 2.]])
```

8.1.3 步幅 Stride

经过手算、写代码算，再做习题，现在大家对于卷积的计算应该已经掌握了。

卷积就相当于用核函数的小窗口，首先在输出数据上进行滑动计算，然后输出结果的过程。既然是移动的小窗口，那么向右、向下移动几步，仍然是一个可以选择的参数。这个移动的步幅称为 Stride，也是卷积的重要参数。

下面举个例子说明，假设我们用一个 9×9 的单位矩阵，内容如下：

```
tensor([[1., 0., 0., 0., 0., 0., 0., 0., 0.],
        [0., 1., 0., 0., 0., 0., 0., 0., 0.],
        [0., 0., 1., 0., 0., 0., 0., 0., 0.],
        [0., 0., 0., 1., 0., 0., 0., 0., 0.],
        [0., 0., 0., 0., 1., 0., 0., 0., 0.],
        [0., 0., 0., 0., 0., 1., 0., 0., 0.],
        [0., 0., 0., 0., 0., 0., 1., 0., 0.],
        [0., 0., 0., 0., 0., 0., 0., 1., 0.],
        [0., 0., 0., 0., 0., 0., 0., 0., 1.]])
```

使用 3×3 的全 1 矩阵作为卷积核，内容如下：

```
tensor([[1., 1., 1.],
        [1., 1., 1.],
        [1., 1., 1.]])
```

首先用步幅为 1 来进行卷积。3×3 的矩阵在 9×9 的矩阵从左到右移动，正好是 7 步，所以卷积出来的结果是 7×7 的矩阵，如下所示：

```
tensor([[[[3., 2., 1., 0., 0., 0., 0.],
          [2., 3., 2., 1., 0., 0., 0.],
          [1., 2., 3., 2., 1., 0., 0.],
          [0., 1., 2., 3., 2., 1., 0.],
          [0., 0., 1., 2., 3., 2., 1.],
          [0., 0., 0., 1., 2., 3., 2.],
          [0., 0., 0., 0., 1., 2., 3.]]]])
```

下面采用步幅为 2 来进行卷积。步幅为 2 意味着每次向右或向下移动两个数字。这样，每行 4 步就可以走完长度为 9 的距离。所以最后的结果是 4×4 的矩阵，如下所示：

```
tensor([[[[3., 1., 0., 0.],
          [1., 3., 1., 0.],
          [0., 1., 3., 1.],
          [0., 0., 1., 3.]]]])
```

如果步幅扩大为 3，那么每行刚好可以走 3 次。这样得到的结果是 3×3 的矩阵，如下所示：

```
tensor([[[[3., 0., 0.],
          [0., 3., 0.],
          [0., 0., 3.]]]])
```

如果步幅增大为 4，那么只够做两次卷积，得到的结果是 2×2 的矩阵，如下所示：

```
tensor([[[[3., 0.],
          [0., 3.]]]])
```

当步幅为 5、为 6 时，与步幅为 4 时一样，都是能做两次卷积。

当步幅为 7 及更多时，第 2 次卷积就越界了，只能做一次卷积。

8.1.4 卷积用 TensorFlow 实现

我们学习了如何计算卷积，下面就用 TensorFlow 来计算卷积。这里还是举 8.1.1 小节中手动算过的 eye([5,5]) 的例子。

首先生成一个单位矩阵：

```
>>> a1 = tf.eye(5)
```

按照 TensorFlow 的要求，要把这个 5×5 的矩阵 reshape 成 (1,5,5,1) 形状：

```
>>> a2 = tf.reshape(a1,(1,5,5,1))
```

然后生成核函数矩阵，并按 TensorFlow 的要求 reshape 成 (3,3,1,1) 形状：

```
>>> a3 = tf.ones([3,3])
>>> a4 = tf.reshape(a3,[3,3,1,1])
```

步幅是 1,1，按 TensorFlow 的要求给 [1,1,1,1]。最后调用 tf.nn.conv2d 来完成计算：

```
>>> a5 = tf.nn.conv2d(a2,a4,strides=[1,1,1,1],padding='SAME')
```

计算完成之后，返回的卷积向量仍然是 (1,5,5,1) 形状的矩阵，因为看起来不方便，所以将其 reshap 成 (5,5) 形状的矩阵：

```
>>> a6 = tf.reshape(a5, [5,5])
>>> sess.run(a6)
array([[2., 2., 1., 0., 0.],
```

```
        [2., 3., 2., 1., 0.],
        [1., 2., 3., 2., 1.],
        [0., 1., 2., 3., 2.],
        [0., 0., 1., 2., 2.]], dtype=float32)
```

8.1.5 卷积的 PyTorch 实现

按照惯例，PyTorch 对功能的实现会更容易理解一些，在卷积上也是如此。

前面讲张量时说过，一个张量会将所有的数据保存在一起。现在只计算一个卷积，所以像批次之类的参数置 1 即可。

PyTorch 在计算卷积时，需要将 5×5、3×3 之类的格式变形为适应多个数据的格式，即 (1,1,5,5) 和 (1,1,3,3)。首先输入数据：

```
>>> b1 = t.eye(5)
>>> b1
tensor([[1., 0., 0., 0., 0.],
        [0., 1., 0., 0., 0.],
        [0., 0., 1., 0., 0.],
        [0., 0., 0., 1., 0.],
        [0., 0., 0., 0., 1.]])
>>> b2 = b1.view(1,1,5,5)
>>> b2
tensor([[[[1., 0., 0., 0., 0.],
          [0., 1., 0., 0., 0.],
          [0., 0., 1., 0., 0.],
          [0., 0., 0., 1., 0.],
          [0., 0., 0., 0., 1.]]]])
```

然后是卷积核：

```
>>> b3 = t.ones(3,3)
>>> b3
tensor([[1., 1., 1.],
        [1., 1., 1.],
        [1., 1., 1.]])
>>> b4 = b3.view(1,1,3,3)
>>> b4
tensor([[[[1., 1., 1.],
```

```
            [1., 1., 1.],
            [1., 1., 1.]]]])
```

接着计算没有填充的情况。PyTorch 不需要像 TensorFlow 一样一定指定 Strides，步幅为 1 可以不写，没有 padding 也可以不写：

```
>>> b5 = t.nn.functional.conv2d(b2,b4)
>>> b5
tensor([[[[3., 2., 1.],
          [2., 3., 2.],
          [1., 2., 3.]]]])
```

最后计算带填充的情况，只需增加一个 padding 参数即可，代码如下：

```
>>> b6 = t.nn.functional.conv2d(b2,b4,padding=1)
>>> b6
tensor([[[[2., 2., 1., 0., 0.],
          [2., 3., 2., 1., 0.],
          [1., 2., 3., 2., 1.],
          [0., 1., 2., 3., 2.],
          [0., 0., 1., 2., 2.]]]])
```

8.2 池化层

2012 年，深度学习之父 Geoffery Hinton 的学生 Alex Krizhevsky 在 ILSVRC-2012 上大放异彩，以准确率 15.3% 的成绩远远超越了第二名 26.2% 的成绩。在他发表的 *ImageNet Classification with Deep Convolutional Neural Networks* 论文中，为今天的卷积神经网络提供了几项标配：有交叠的池化层、重整流线性单元 ReLU、防止过拟合的 Dropout。这些技术构成了今天所有流行的卷积网络的基础。

8.2.1 池化层原理

卷积网络的核心是卷积层，在 8.1 节中我们已经学习了其原理与用 PyTorch 和 TensorFlow 的实现方式。

但是仅有卷积层还不够，还要有一些其他的技巧，如池化层。池化层与卷积也很像，但是计算要相对简单得多。池化主要有两种：一种是取最大值，另一种是取平均值。而卷积要进行矩阵内积运算。

下面以 2×2 最大池化为例，步幅为 1，处理 8.1.5 小节加了 padding 的卷积：

```
[[2,2,1,0,0],
 [2,3,2,1,0],
 [1,2,3,2,1],
 [0,1,2,3,2],
 [0,0,1,2,2]]
```

最大池化就是取最大值，如以 2×2 为核来处理左上角：[[2,2],[2,3]] 就取 3。手动计算结果如下：

```
[[3,3,2,1],
 [3,3,3,2],
 [2,3,3,3],
 [1,2,3,3,]]
```

从计算结果可以看到，池化虽然进一步丢失了信息，但是基本规律未发生改变。

池化被认为可以提高泛化性，对于微小的变动不敏感。例如，对于少量的平移、旋转或缩放保持同样的识别。当然，池化层不是必需的，可根据需要来选用。

8.2.2 TensorFlow 池化层编程

在 TensorFlow 中，用 tf.nn.max_pool 来实现最大池化功能。

首先把图片 resize 成 (批次数 , 高 , 宽 , 通道数) 这样的格式：

```
>>> b = tf.reshape(a,[-1,5,5,1])
>>> c = sess.run(b)
array([[[[1.],
        [0.],
        [0.],
        [0.],
        [0.]],
       [[0.],
        [1.],
        [0.],
        [0.],
        [0.]],
       [[0.],
        [0.],
        [1.],
        [0.],
```

```
        [0.]],
       [[0.],
        [0.],
        [0.],
        [1.],
        [0.]],
       [[0.],
        [0.],
        [0.],
        [0.],
        [1.]]]], dtype=float32)
```

然后用步幅为 2，2×2 窗口计算 max pooling，命令如下：

```
d =tf.nn.max_pool(c,ksize=[1,2,2,1], strides=[1,2,2,1], padding='SAME')
```

四元组中不必管第一个和最后一个，中间两个是高和宽，ksize 和步幅皆如此。

运行结果为一个 3×3 的对角阵：

```
>>> sess.run(d)
array([[[[1.],
        [0.],
        [0.]],
       [[0.],
        [1.],
        [0.]],
       [[0.],
        [0.],
        [1.]]]], dtype=float32)
```

8.2.3 PyTorch 池化层编程

下面再来看 PyTorch 对于池化的编程方法。

首先还是用 8.1.5 小节的矩阵：

```
>>> a10 = t.DoubleTensor([[2,2,1,0,0],
... [2,3,2,1,0],
... [1,2,3,2,1],
... [0,1,2,3,2],
... [0,0,1,2,2]]
```

```
...)
```

打印出来的矩阵是这样的结构：

```
>>> a10
tensor([[ 2., 2., 1., 0., 0.],
        [ 2., 3., 2., 1., 0.],
        [ 1., 2., 3., 2., 1.],
        [ 0., 1., 2., 3., 2.],
        [ 0., 0., 1., 2., 2.]], dtype=torch.float64)
```

按照惯例，要将其 reshape 一下，变成 (批次 , 通道数 , 长 , 宽) 这样的结构才能进一步调用函数：

```
>>> a11 = a10.view(-1,1,5,5)
```

调整后，结构如下：

```
>>> a12 = t.nn.functional.max_pool2d(a11,2,stride=1)
>>> a12
tensor([[[[ 3., 3., 2., 1.],
          [ 3., 3., 3., 2.],
          [ 2., 3., 3., 3.],
          [ 1., 2., 3., 3.]]]], dtype=torch.float64)
```

再增加步幅到 2，效果如下：

```
>>> a13 = t.nn.functional.max_pool2d(a11,2,stride=2)
>>> a13
tensor([[[[ 3., 2.],
          [ 2., 3.]]]], dtype=torch.float64)
```

压缩的信息损失较大，可以加一圈填充：

```
>>> a14 = t.nn.functional.max_pool2d(a11,2,stride=2,padding=1)
>>> a14
tensor([[[[ 2., 2., 0.],
          [ 2., 3., 2.],
          [ 0., 2., 3.]]]], dtype=torch.float64)
```

可以将池化核变成 3×3，步幅为 2，加一圈 padding，效果如下：

```
>>> a15 = t.nn.functional.max_pool2d(a11,3,stride=2,padding=1)
>>> a15
tensor([[[[ 3., 3., 1.],
          [ 3., 3., 3.],
```

```
          [ 1., 3., 3.]]]], dtype=torch.float64)
```

下面再来看一个例子，生成 5×5 的 0~24 的矩阵，这样我们能看得更清楚一些：

```
>>> a20 = t.arange(0,25,1)
>>> a20
tensor([ 0., 1., 2., 3., 4., 5., 6., 7., 8., 9.,
        10., 11., 12., 13., 14., 15., 16., 17., 18., 19.,
        20., 21., 22., 23., 24.])
>>> a21 = a20.view(-1,5)
>>> a21
tensor([[ 0., 1., 2., 3., 4.],
        [ 5., 6., 7., 8., 9.],
        [ 10., 11., 12., 13., 14.],
        [ 15., 16., 17., 18., 19.],
        [ 20., 21., 22., 23., 24.]])
>>> a22 = a21.view(-1,1,5,5)
>>> a22
tensor([[[[ 0., 1., 2., 3., 4.],
        [ 5., 6., 7., 8., 9.],
        [ 10., 11., 12., 13., 14.],
        [ 15., 16., 17., 18., 19.],
        [ 20., 21., 22., 23., 24.]]]])
```

还是用 2×2 的核，步幅为 1，结果如下：

```
>>> a31 = t.nn.functional.max_pool2d(a22,2,stride=1)
>>> a31
tensor([[[[ 6., 7., 8., 9.],
        [ 11., 12., 13., 14.],
        [ 16., 17., 18., 19.],
        [ 21., 22., 23., 24.]]]])
```

然后用 3×3 的核，结果如下：

```
>>> a32 = t.nn.functional.max_pool2d(a22,3,stride=1)
>>> a32
tensor([[[[ 12., 13., 14.],
        [ 17., 18., 19.],
        [ 22., 23., 24.]]]])
```

对于 5×5 的矩阵，如果用 2×2 的核，且步幅为 2，就会导致最右一行和最下一列直接被忽略。结果如下：

```
>>> a33 = t.nn.functional.max_pool2d(a22,2,stride=2)
>>> a33
tensor([[[[ 6.,  8.],
          [ 16.,  18.]]]])
```

解决方案就是在外圈加一圈 padding，结果如下：

```
>>> a33 = t.nn.functional.max_pool2d(a22,2,stride=2,padding=1)
>>> a33
tensor([[[[ 0.,  2.,  4.],
          [ 10.,  12.,  14.],
          [ 20.,  22.,  24.]]]])
```

给 3×3 核、步幅 1 的情况加一圈 padding，结果如下：

```
>>> a35 = t.nn.functional.max_pool2d(a22,3,stride=1,padding=1)
>>> a35
tensor([[[[ 6.,  7.,  8.,  9.,  9.],
          [ 11.,  12.,  13.,  14.,  14.],
          [ 16.,  17.,  18.,  19.,  19.],
          [ 21.,  22.,  23.,  24.,  24.],
          [ 21.,  22.,  23.,  24.,  24.]]]])
```

8.2.4 平均池化

除了最大池化之外，还可以选用平均池化的方法进行池化。

下面仍以 8.2.3 小节中 0~24 的矩阵为例，从最大池化改为平均池化，即取平均值，代码如下：

```
>>> a41 = t.nn.functional.avg_pool2d(a22,2,stride=1)
>>> a41
tensor([[[[ 3.,  4.,  5.,  6.],
          [ 8.,  9.,  10.,  11.],
          [ 13.,  14.,  15.,  16.],
          [ 18.,  19.,  20.,  21.]]]])
```

把核从 2×2 改为 3×3，代码如下：

```
>>> a42 = t.nn.functional.avg_pool2d(a22,3,stride=1)
>>> a42
tensor([[[[ 6.,  7.,  8.],
```

```
        [ 11., 12., 13.],
        [ 16., 17., 18.]]]])
```

通过简单口算，我们就可以理解平均值池化与最大值池化的不同。给 3×3 加上 padding，就可以看到：

```
>>> a43 = t.nn.functional.avg_pool2d(a22,3,stride=1,padding=1)
>>> a43
tensor([[[[ 3.0000,  3.5000,  4.5000,  5.5000,  6.0000],
        [ 5.5000,  6.0000,  7.0000,  8.0000,  8.5000],
        [ 10.5000, 11.0000, 12.0000, 13.0000, 13.5000],
        [ 15.5000, 16.0000, 17.0000, 18.0000, 18.5000],
        [ 18.0000, 18.5000, 19.5000, 20.5000, 21.0000]]]])
```

8.3 激活函数

之前讲了 sigmoid 和 tanh 两个激活函数，它们都是饱和函数，在梯度下降的情况下，饱和函数的下降速度要比非饱和函数的下降速度慢得多。

所以，AlexNet 引入了整流线性单元 Rectified Linear Unit(ReLU) 激活函数。但这仅仅是开始，以 ReLU 为代表的激活函数是一个系列，根据工作环境的不同，可以有很多不同的变种。

8.3.1 ReLU

ReLU 函数非常简单，就是 $f(x)=\max(0,x)$。按照惯例，首先用 PyTorch 画图，代码如下：

```
import matplotlib.pyplot as plt
import NumPy as np
import torch as t
# 生成 x 坐标的点
x = np.linspace(-100,100,1000)
# y 是函数
y = t.nn.functional.relu(t.tensor(x)).NumPy()
plt.plot(x, y)
# 标题
plt.title("ReLU")
# x 轴描述
plt.xlabel("x")
```

```
# y 轴描述
plt.ylabel("ReLU(x)")
# 画网格线
plt.grid(True)
# 显示
plt.show()
```

绘出的结果如图 8.1 所示。

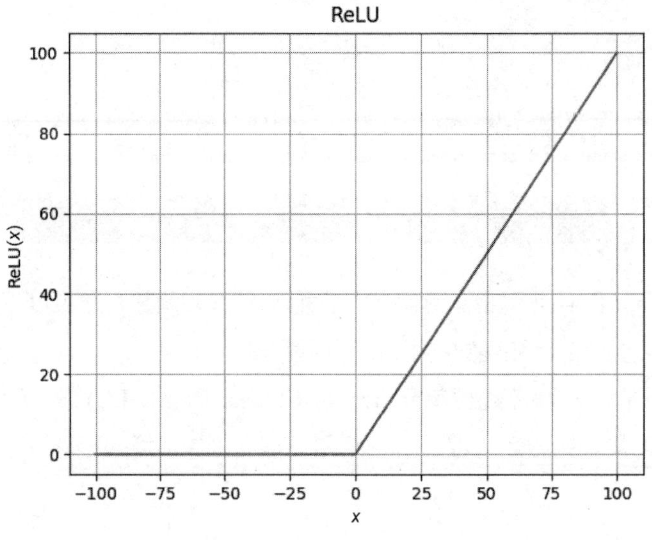

图 8.1　整流线性函数

用 TensorFlow 来画图 8.1，代码如下：

```
import matplotlib.pyplot as plt
import NumPy as np
import tensorflow as tf
sess = tf.Session()
# 生成 x 坐标的点
x = tf.linspace(-100.0,100,1001)
# y 是函数
y = sess.run(tf.nn.relu(x))
plt.plot(sess.run(x), y)
# 标题
plt.title("ReLU")
# x 轴描述
```

```
plt.xlabel("x")
# y 轴描述
plt.ylabel("ReLU(x)")
# 画网格线
plt.grid(True)
# 显示
plt.show()
```

8.3.2 ReLU6

对于两个字节以上的数字表示，ReLU 可以较好地满足需求。虽然很美好，但是需求总是多种多样的。很多情况是，在计算能力不足的平台上，会使用损失一定精度的定点数来进行计算。而定点数，是需要饱和的，即需要一个上限值。所以以 3 比特能表示的数值 7 为上限，留个安全边际，取 6 作为上限，就是 ReLU6 激活函数，如图 8.2 所示。

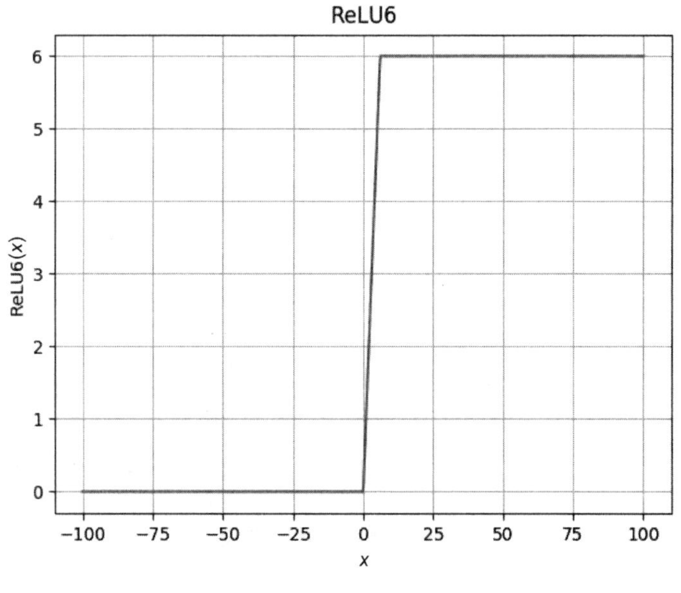

图 8.2　上限为 6 的 ReLU 函数

在 PyTorch 中，ReLU6 的实现在 torch.nn.functional.relu6。在 TensorFlow 中，ReLU6 的实现在 tf.nn.relu6。

8.3.3 Leaky ReLU

不管是 ReLU 还是 ReLU6，对于小于 0 的部分，都是截断取 0。在某些场景下，0 并不能很好地满足要求，我们希望的结果是趋近于 0，但实际是非 0 的一个小数值。

于是，Leaky ReLU 函数就应运而生了。它是在 ReLU 的基础上，对小于 0 的部分，取一个非常小的斜率 negative_slope，一般默认取 0.01，如图 8.3 所示。

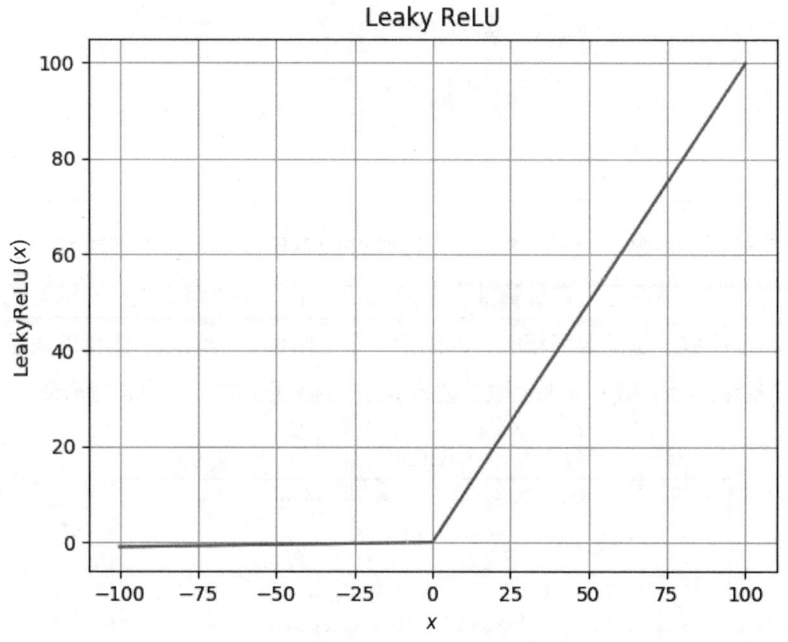

图 8.3　Leaky ReLU 函数

Leaky ReLU 在 PyTorch 中的实现为：

```
torch.nn.functional.leaky_relu (input,negative_slope=0.01,inplace=False)
```

其中，negative_slope 就是小于 0 时的斜率。而 Leaky ReLU 在 TensorFlow 中的实现为：

```
tf.nn.leaky_relu(
  features,
  alpha=0.2,
  name=None
)
```

斜率参数称为 alpha，与 PyTorch 中的 negative_slope 是同一个参数。

8.3.4　ELU

ELU（Exponential Linear Units）是 2016 年针对 ReLU 和 Leaky ReLU 改进的技术，ELU 保留了二者的优点，而且变得更平滑。

ELU 的公式：

$$\mathrm{ELU}(x)=\max(0,x)+\min(0,\alpha*(\exp(x)-1))$$

对于大于 0 的部分，与 ReLU 相同；对于小于 0 的部分，比 Leaky ReLU 要平滑，如图 8.4 所示。

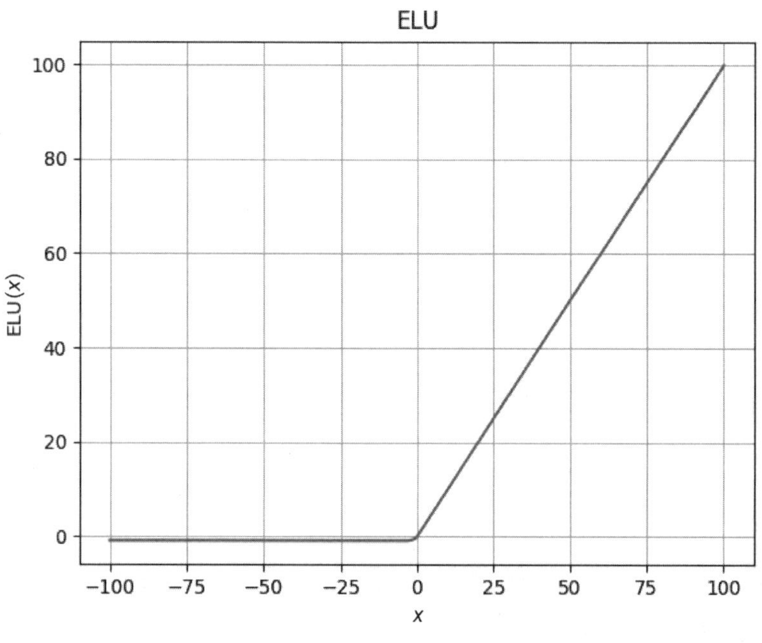

图 8.4　ELU 函数

TensorFlow 的实现为 tf.nn.elu，不能指定 alpha 参数。

PyTorch 的实现为 torch.nn.functional.elu (input ,alpha=1.0,inplace=False)。alpha 默认为 1.0，可以指定修改。

8.3.5　SELU

从 ReLU 到 Leaky ReLU，再到 ELU，这个进化过程还没有停止。再次升级的版本称为 SELU，增加了 scale 参数，其定义：

$$\mathrm{SELU}(x)=\mathrm{scale}*(\max(0,x)+\min(0,\alpha*(\exp(x)-1)))$$

其中，参数 α=1.6732632423543772848170429916717，参数 scale=1.0507009873554804934193349852946。SeLU 函数如图 8.5 所示。

不管是 PyTorch 中的 selu，还是 TensorFlow 中的 tf.nn.selu，都没有参数，alpha 和 scale 参数都不能修改。

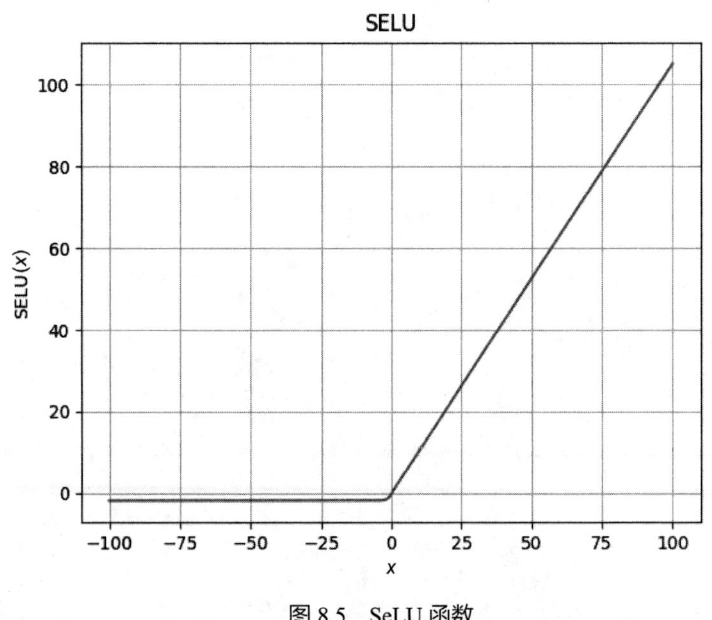

图 8.5 SeLU 函数

8.3.6 PReLU

PReLU 是与 Leaky ReLU 比较接近的一种算法，也是在小于 0 的情况下取一个斜率，在人脸识别中有应用，如图 8.6 所示。

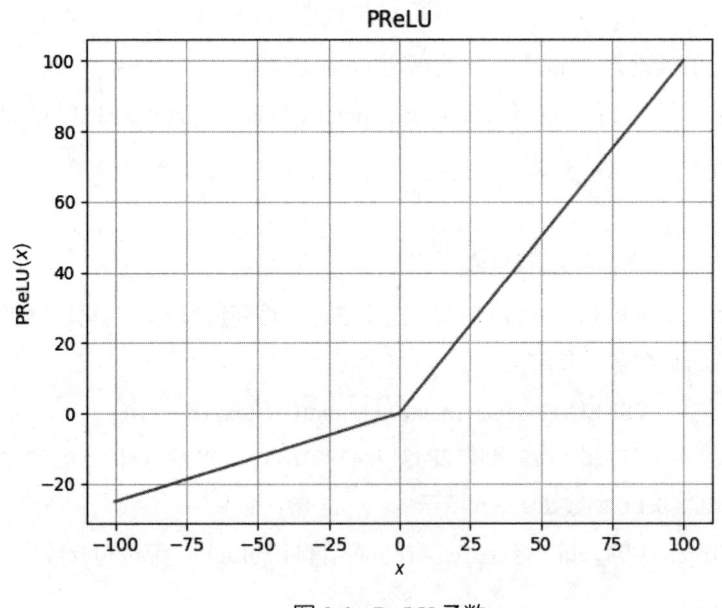

图 8.6 PreLU 函数

示例代码如下：

```
import matplotlib.pyplot as plt
import NumPy as np
import torch as t
# 生成 x 坐标的点
x = np.linspace(-100, 100, 1000)
# y 是函数
prelu = t.nn.PReLU()
y = prelu(t.tensor(x, dtype=t.float32)).data.NumPy()
plt.plot(x, y)
# 标题
plt.title("PReLU")
# x 轴描述
plt.xlabel("x")
# y 轴描述
plt.ylabel("PReLU(x)")
# 画网格线
plt.grid(True)
# 显示
plt.show()
```

8.4 AlexNet

卷积、池化、ReLU 激活函数集齐之后，就可以开始进入有划时代意义的 AlexNet 了。

作为有划时代意义的网络结构，AlexNet 引入了 ReLU 激活函数、Dropout 机制、有交叠的池化层及局部响应归一化 LRN 等技术，并且采用了 GPU 加速训练与大数据进行训练。这些创造性的工作解决了困扰浅层神经网络的问题，使深度学习的时代正式到来。下面就开始一步步将 AlexNet 搭建起来。

8.4.1 AlexNet 的网络结构初探

首先来看一下 AlexNet 的示意图，后面的代码就是为了按照这个结构将其重建出来，如图 8.7 所示。

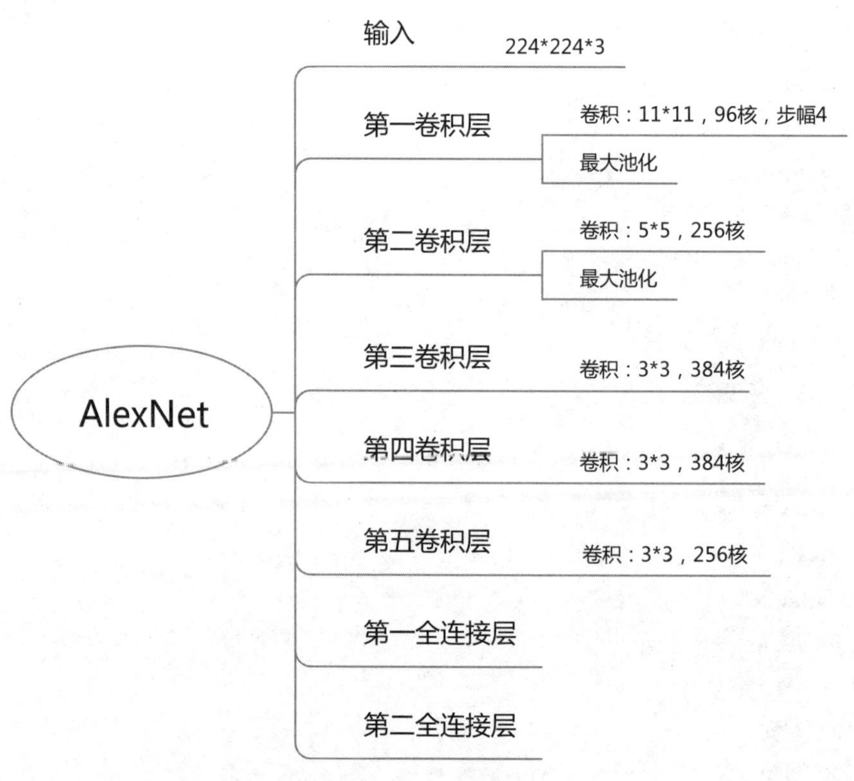

图 8.7　AlexNet 结构

AlexNet 的输入是 224*224*3。其中，长和宽都是 224 个字节，颜色是 24 位真彩色，有 3 个字节。

```
input = t.randn(224,224,3)
# 输入参数：224,224,3
# 按照（批次，通道数，长，宽）来设置格式
input = input.view(-1,3,224,224)
```

第 1 层卷积，使用 11*11 的卷积核，步幅为 4，96 个核来做卷积。这里取步幅的一半来做填充：

```
# 第 1 层卷积：
# 第 1 个卷积层参数，输入 96 个核，11*11 核大小
filter1 = t.randn(96,3,11,11)
output1 = t.nn.functional.conv2d(input, filter1, stride=4, padding=2)
```

经过第一层卷积，输出向量格式为 55*55*96。

然后增加一层最大池化层：

```
# 第一层池化
```

```
max_pool1 = t.nn.functional.max_pool2d(output1, 3, stride=2)
```

经过池化后，深度不变，大小变为 27*27*96。

第二层卷积，5*5 大小的卷积核，256 个：

```
filter2 = t.randn(256,96,5,5)
output2 = t.nn.functional.conv2d(max_pool1, filter2,padding=2)
```

然后再加一个池化层，参数与第一层的一样：

```
# 第 2 层池化
max_pool2 = t.nn.functional.max_pool2d(output2, 3, stride=2)
```

接着做第 3 层卷积：

```
# 第 3 个卷积层参数，输入 384 个核，3*3 核大小
filter3 = t.randn(384,256,3,3)
output3 = t.nn.functional.conv2d(max_pool2, filter3, padding=1)
```

第 3 层只有卷积，没有池化层。

第 4 层与第 3 层一样，代码如下：

```
# 第 4 层卷积
# 第 4 个卷积层参数，输入 384 个核，3*3 核大小
filter4 = t.randn(384,384,3,3)
output4 = t.nn.functional.conv2d(output3, filter4, padding=1)
```

第 5 层是最后一个卷积层：

```
# 第 5 个卷积层参数，输入 256 个核，3*3 核大小
filter5 = t.randn(256,384,3,3)
output5 = t.nn.functional.conv2d(output4, filter5, padding=1)
```

第 5 层之后还需要一个最大池化层：

```
max_pool5 = t.nn.functional.max_pool2d(output5, 3, stride=2)
```

从第 6 层开始进入全连接网络层。正如第 2 章所介绍的，首先要把带有深度的 CNN 网络整形成全连接网络所需的一维形状：

```
input_6 = max_pool5.view(1,-1)
```

最后的 3 层一起汇总：

```
dense1 = t.nn.Linear(256*6*6,4096)
output6 = dense1(input_6)
dense2 = t.nn.Linear(4096,4096)
output7 = dense2(output6)
dense3 = t.nn.Linear(4096,1000)
output8 = dense3(output7)
```

8.4.2 AlexNet 的创新点

除了搭建的多层结构以外，AlexNet 还在下面两点上进行了改进，这对于性能的提升和防止过拟合带来了重要的作用。

1. 局部响应归一化

搭建了基本框架之后，可以看到 AlexNet 的几个主要改进点。首先就是用 ReLU 作为激活函数。ReLU 的优点是不受饱和的影响。应用了 ReLU 之后，Alex 他们发现，使用本地响应归一化 LRN（Local Response Normalization）会对结果有所帮助。

所以在做卷积之前，先进行一次 Local Response Normalization 运算:

```
input1 = t.nn.functional.local_response_norm(input,1)
output1 = t.nn.functional.conv2d(input1, filter1, stride=4, padding=2)
```

加入了 Local Response Normalization 之后，卷积层的工作已经基本就绪，卷积加上交叠池化，局部响应归一，ReLU 激活函数已经全部具备。

但是到这里还没有结束，在全连接层仍然有可以改进的点，就是针对防止过拟合的 Dropout 机制。

2. Dropout 机制

Dropout 用于全连接层，就是以一定的概率将一些值抛弃，不参加到反向传播计算中来。这样可以有助于减少过拟合的问题。而卷积层已经有池化层来解决过拟合，就不需要 Dropout 了。

对于第 6 层和第 7 层两个全连接层，以 0.5 的概率进行 Dropout。这样，AlexNet 的全部内容就完成了。

8.4.3 AlexNet 的完整搭建

下面尝试将上面的组件组合起来，代码如下:

```
import torch as t
class AlexNet(t.nn.Module):    # Alex 网络
  def __init__(self):    # 初始化传入输入
    super(AlexNet, self).__init__()
    # 层 1
    self.conv1 = t.nn.Sequential(
      t.nn.Conv2d(3, 96, kernel_size=11, stride=2, padding=2),
      t.nn.LocalResponseNorm(1),
      t.nn.ReLU())    # 输入深度 3，输出深度 96。从 3,224,224 压缩为 96,55,55
```

```
        # 层 2
        self.conv2 = t.nn.Sequential(
          t.nn.Conv2d(96, 256, kernel_size=5, stride=1, padding=2),
          t.nn.LocalResponseNorm(1),
          t.nn.ReLU(),
            t.nn.MaxPool2d(kernel_size=3, stride=2))   # 输入深度 96，输出深度 256。从
96,55,55 压缩到 128,27,27
        # 层 3
        self.conv3 = t.nn.Sequential(
          t.nn.Conv2d(256, 384, kernel_size=3, stride=1, padding=1),
          t.nn.LocalResponseNorm(1),
          t.nn.ReLU())   # 输入深度 256，输出深度 384。从 128,27,27 压缩到 384,13,13
        # 层 4
        self.conv4 = t.nn.Sequential(
          t.nn.Conv2d(384, 384, kernel_size=3, stride=1, padding=1),
          t.nn.LocalResponseNorm(1),
          t.nn.ReLU())   # 输入深度 384，输出深度 384。从 384,13,13 压缩到 384,13,13
        # 层 5
        self.conv5 = t.nn.Sequential(
          t.nn.Conv2d(384, 256, kernel_size=3, stride=1, padding=1),
          t.nn.LocalResponseNorm(1),
          t.nn.ReLU(),
            t.nn.MaxPool2d(kernel_size=3, stride=2))   # 输入深度 384，输出深度 256。从
384,13,13 压缩到 256,6,6
        self.dense1 = t.nn.Sequential(
          t.nn.Linear(6*6*256, 4096),
          t.nn.ReLU(),
          t.nn.Dropout(p=0.5)
        )   # 第 1 个全连接层，输入 6*6*256，输出 4096，Dropout 0.5
        self.dense2 = t.nn.Sequential(
          t.nn.Linear(4096, 4096),
          t.nn.ReLU(),
          t.nn.Dropout(p=0.5)
        )   # 第 2 个全连接层，输入 4096，输出 4096，Dropout 0.5
        self.dense3 = t.nn.Linear(4096,1000)   # 第 3 个全连接层，输入 128，输出 10 类
```

```
    def forward(self, x):    # 传入计算值的函数，真正的计算在这里
        x = self.conv1(x)    # 3,224,224
        x = self.conv2(x)    # 96,55,55
        x = self.conv3(x)    # 256,27,27
        x = self.conv4(x)    # 384,13,13
        x = self.conv5(x)    # 384,13,13
        x = x.view(x.size(0),-1)    #
        x = self.dense1(x)    # 256*6*6 -> 4096
        x = self.dense2(x)    # 4096 -> 4096
        x = self.dense3(x)    # 4096 -> 1000
        return x
model = AlexNet()    # 建模
print(model)    # 打印模型
```

输出结果如下，会把用到的不需设置的默认参数也打印出来：

```
AlexNet(
  (conv1): Sequential(
    (0): Conv2d(3, 96, kernel_size=(11, 11), stride=(2, 2), padding=(2, 2))
    (1): LocalResponseNorm(1, alpha=0.0001, beta=0.75, k=1)
    (2): ReLU()
  )
  (conv2): Sequential(
    (0): Conv2d(96, 256, kernel_size=(5, 5), stride=(1, 1), padding=(2, 2))
    (1): LocalResponseNorm(1, alpha=0.0001, beta=0.75, k=1)
    (2): ReLU()
    (3): MaxPool2d(kernel_size=3, stride=2, padding=0, dilation=1, ceil_mode=False)
  )
  (conv3): Sequential(
    (0): Conv2d(256, 384, kernel_size=(3, 3), stride=(1, 1), padding=(1, 1))
    (1): LocalResponseNorm(1, alpha=0.0001, beta=0.75, k=1)
    (2): ReLU()
  )
  (conv4): Sequential(
    (0): Conv2d(384, 384, kernel_size=(3, 3), stride=(1, 1), padding=(1, 1))
    (1): LocalResponseNorm(1, alpha=0.0001, beta=0.75, k=1)
    (2): ReLU()
```

```
  )
  (conv5): Sequential(
   (0): Conv2d(384, 256, kernel_size=(3, 3), stride=(1, 1), padding=(1, 1))
   (1): LocalResponseNorm(1, alpha=0.0001, beta=0.75, k=1)
   (2): ReLU()
   (3): MaxPool2d(kernel_size=3, stride=2, padding=0, dilation=1, ceil_mode=False)
  )
  (dense1): Sequential(
   (0): Linear(in_features=9216, out_features=4096, bias=True)
   (1): ReLU()
   (2): Dropout(p=0.5)
  )
  (dense2): Sequential(
   (0): Linear(in_features=4096, out_features=4096, bias=True)
   (1): ReLU()
   (2): Dropout(p=0.5)
  )
  (dense3): Linear(in_features=4096, out_features=1000, bias=True)
)
```

具体细节，有兴趣的读者请阅读论文原文 *ImageNet Classification with Deep Convolutional Neural Networks*。

8.4.4 AlexNet 的演进

AlexNet 推出后，Alex 在此基础上还在进一步演进。2014 年，Alex 发表了 *One Weird Trick for Parallelizing Convolutional Neural Networks* 论文，对于 AlexNet 进行了小幅的修订。

修正后的 AlexNet v2，至今仍然是被广泛使用的模型，其代码如下：

```
import torch as t
class AlexNetV2(t.nn.Module):    # AlexNet v2
    def __init__(self, num_classes=1000):
        super(AlexNetV2, self).__init__()
        self.features = t.nn.Sequential(
            t.nn.Conv2d(3, 64, kernel_size=11, stride=4, padding=2),    # 第一个卷积层
            t.nn.ReLU(inplace=True),
            t.nn.MaxPool2d(kernel_size=3, stride=2),
```

```
            t.nn.Conv2d(64, 192, kernel_size=5, padding=2),      # 第二个卷积层
            t.nn.ReLU(inplace=True),
            t.nn.MaxPool2d(kernel_size=3, stride=2),
            t.nn.Conv2d(192, 384, kernel_size=3, padding=1),     # 第三个卷积层
            t.nn.ReLU(inplace=True),
            t.nn.Conv2d(384, 256, kernel_size=3, padding=1),     # 第四个卷积层
            t.nn.ReLU(inplace=True),
            t.nn.Conv2d(256, 256, kernel_size=3, padding=1),     # 第五个卷积层
            t.nn.ReLU(inplace=True),
            t.nn.MaxPool2d(kernel_size=3, stride=2),
        )
        self.classifier = t.nn.Sequential(
            t.nn.Dropout(),
            t.nn.Linear(256 * 6 * 6, 4096),     # 第一个全连接层
            t.nn.ReLU(inplace=True),
            t.nn.Dropout(),
            t.nn.Linear(4096, 4096),     # 第二个全连接层
            t.nn.ReLU(inplace=True),
            t.nn.Linear(4096, num_classes),     # 输出 softmax 层
        )
    def forward(self, x):
        x = self.features(x)
        x = x.view(x.size(0), 256 * 6 * 6)
        x = self.classifier(x)
        return x
```

第 9 章 卷积网络图像处理进阶

前面介绍了卷积，以及最早的成功案例 AlexNet。在 AlexNet 之后，各种网络结构百花齐放，性能和结构都有突破。其中包括使用小卷积核的 VGGNet、Network in Network 思想。

除此之外，仍然有个关键性的问题没有解决，那就是如何从一张大图片上将各种物体识别？像 MNIST 这种只有手写数字的情况，并无法应用于真实的场景案例。处理 MNIST 图像分类的问题其实就是将手写图片的识别转化成一个有标签分类的问题。

这里所缺少的部分，就是从图片中识别出目标的过程，其术语称为目标检测。本章就简要介绍高级卷积网络和目标检测、人脸识别技术。

本章将介绍以下内容

- 小卷积核改进 VGGNet
- GoogLeNet
- 残差网络
- 目标检测
- 人脸识别

9.1 小卷积核改进 VGGNet

AlexNet 成功解决了传统神经网络最多只能训练两三层的问题，带来了深度学习的革命。于是大家的研究思路纷纷转向深度学习方向。2014 年牛津大学计算机视觉组 (Visual Geometry Group) 在 ILSVRC 2014 比赛中设计了 VGGNet 网络，达到 19 层之多。层次变深了，也就带来了新的问题，如参数量显著增加、训练时间显著变长。解决途径除了堆硬件之外，还要考虑优化网络设计。

于是，各路网络结构各显神通：VGGNet 采用小卷积核的办法，GoogLeNet 采用 Network in Network 的方法。

9.1.1 VGGNet 的原理

为了降低卷积层要训练参数的数量，VGGNet 减小了卷积核。例如，5*5 的卷积核，可以用两个 3*3 的卷积核来代替；7*7 的卷积核，可以用 3 个 3*3 的卷积核来代替。

另外，为了降低训练时间，VGGNet 发明了分级训练的方法。首先训练一个 11 层的网络，然后用训练好的参数去加速 13 层、16 层，最终达到 19 层的网络。具体如图 9.1 所示。

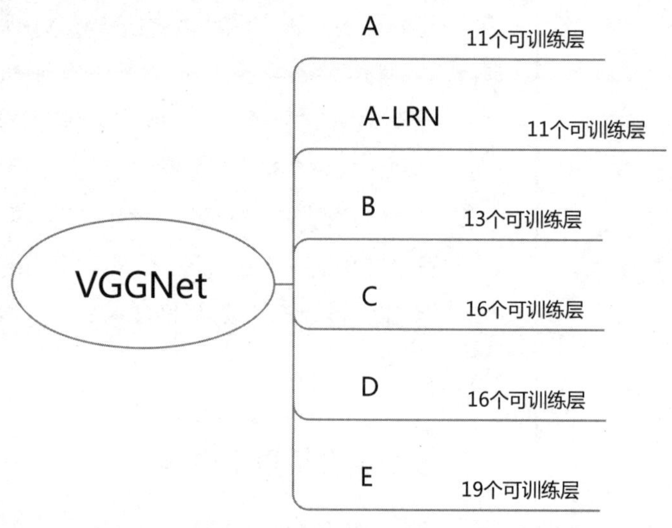

图 9.1 VGGNet 分级训练

1. 小卷积核的价值

5*5 的卷积核有 25 个参数要训练，而使用两个 3*3 的卷积核，只需要 18 个参数。

7*7 的卷积核有 49 个参数，而 3 个 3*3 的卷积核只需要 27 个参数，甚至可以采用 1*1 的卷积核来进行卷积。16 层的 C 级网络比 13 层的 B 级网络多的就是 3 个 1*1 卷积层。

2. 分级训练

VGGNet 设计了 A、A-LRN、B、C、D、E 这 6 种网络。首先训练 11 层的 A 级网络，然后依次训练。

需要说明的是，11 层中只计算了 8 层卷积网络和 3 层全连接网络，并没有计算 5 个池化层。

9.1.2 VGGNet-A 级网络

下面用思维导图来说明 VGGNet-A 网络的结构，如图 9.2 所示。

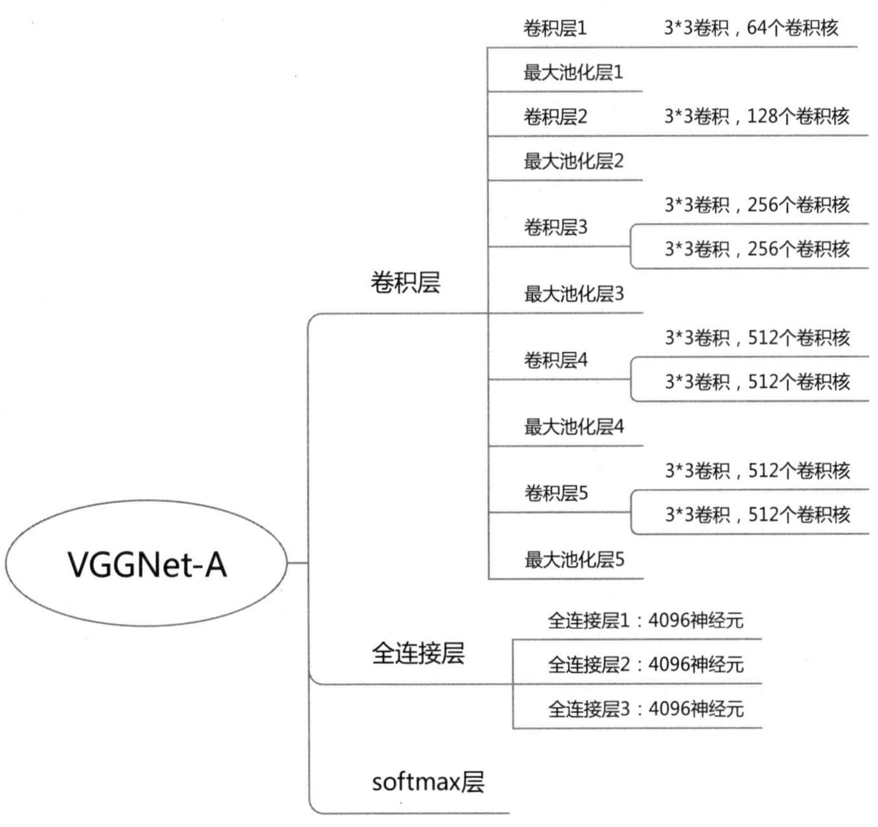

图 9.2　VGGNet-A 网络结构

因为所有的模块都已经在 AlexNet 中学习过了。这里就直接搭积木，代码如下：

```
class VggNetA(t.nn.Module):    # VggNet 网络 A
  def __init__(self):    # 初始化传入输入
    super(VggNetA, self).__init__()
    # 层 1 (1 conv + 1 pool)
```

```
self.conv1 = t.nn.Sequential(
  t.nn.Conv2d(3, 64, kernel_size=3), t.nn.ReLU())    # 输入深度 3，输出深度 64
self.pool1 = t.nn.MaxPool2d(kernel_size=2, stride=2)
# 层 2 (1 conv + 1 pool)
self.conv2 = t.nn.Sequential(
  t.nn.Conv2d(64, 128, kernel_size=3), t.nn.ReLU())    # 输入深度 64，输出深度 128
self.pool2 = t.nn.MaxPool2d(kernel_size=2, stride=2)
# 层 3_1 (2 conv + 1 pool)
self.conv3_1 = t.nn.Sequential(
  t.nn.Conv2d(128, 256, kernel_size=3),
  t.nn.ReLU())    # 输入深度 128，输出深度 256
# 层 3_2
self.conv3_2 = t.nn.Sequential(
  t.nn.Conv2d(256, 256, kernel_size=3),
  t.nn.ReLU())    # 输入深度 256，输出深度 256
self.pool3 = t.nn.MaxPool2d(kernel_size=2, stride=2)
# 层 4_1 (2 conv + 1 pool)
self.conv4_1 = t.nn.Sequential(
  t.nn.Conv2d(256, 512, kernel_size=3),
  t.nn.ReLU())    # 输入深度 256，输出深度 512
# 层 4_2
self.conv4_2 = t.nn.Sequential(
  t.nn.Conv2d(512, 512, kernel_size=3),
  t.nn.ReLU())    # 输入深度 512，输出深度 512
self.pool4 = t.nn.MaxPool2d(kernel_size=2, stride=2)
# 层 5_1 (2 conv + 1 pool)
self.conv5_1 = t.nn.Sequential(
  t.nn.Conv2d(512, 512, kernel_size=3),
  t.nn.ReLU())    # 输入深度 512，输出深度 512
# 层 5_2
self.conv5_2 = t.nn.Sequential(
  t.nn.Conv2d(512, 512, kernel_size=3),
  t.nn.ReLU())    # 输入深度 512，输出深度 512
self.pool5 = t.nn.MaxPool2d(kernel_size=2, stride=2)
# 第 1 个全连接层，输入 6*6*256，输出 4096，Dropout 0.5
self.dense1 = t.nn.Sequential(
```

```
            t.nn.Linear(6 * 6 * 256, 4096), t.nn.ReLU(), t.nn.Dropout(p=0.5))
        # 第 2 个全连接层，输入 4096，输出 4096，Dropout 0.5
        self.dense2 = t.nn.Sequential(
            t.nn.Linear(4096, 4096), t.nn.ReLU(), t.nn.Dropout(p=0.5))
        self.dense3 = t.nn.Linear(4096, 1000)    # 第 3 个全连接层，输入 128，输出 10 类
    # 传入计算值的函数，真正的计算在这里
    def forward(self, x):
        x = self.conv1(x)
        x = self.pool1(x)
        x = self.conv2(x)
        x = self.pool2(x)
        x = self.conv3_1(x)
        x = self.conv3_2(x)
        x = self.pool3(x)
        x = self.conv4_1(x)
        x = self.conv4_2(x)
        x = self.pool4(x)
        x = self.conv5_1(x)
        x = self.conv5_2(x)
        x = self.pool5(x)
        x = x.view(x.size(0), -1)    #
        x = self.dense1(x)    # -> 4096
        x = self.dense2(x)    # 4096 -> 4096
        x = self.dense3(x)    # 4096 -> 1000
        return x
```

打印出来的网络结构如下：

```
VggNetA(
  (conv1): Sequential(
    (0): Conv2d(3, 96, kernel_size=(3, 3), stride=(1, 1))
    (1): ReLU()
  )
  (pool1): MaxPool2d(kernel_size=2, stride=2, padding=0, dilation=1, ceil_mode=False)
  (conv2): Sequential(
    (0): Conv2d(64, 128, kernel_size=(3, 3), stride=(1, 1))
    (1): ReLU()
  )
```

```
(pool2): MaxPool2d(kernel_size=2, stride=2, padding=0, dilation=1, ceil_mode=False)
(conv3_1): Sequential(
 (0): Conv2d(128, 256, kernel_size=(3, 3), stride=(1, 1))
 (1): ReLU()
)
(conv3_2): Sequential(
 (0): Conv2d(256, 256, kernel_size=(3, 3), stride=(1, 1))
 (1): ReLU()
)
(pool3): MaxPool2d(kernel_size=2, stride=2, padding=0, dilation=1, ceil_mode=False)
(conv4_1): Sequential(
 (0): Conv2d(256, 512, kernel_size=(3, 3), stride=(1, 1))
 (1): ReLU()
)
(conv4_2): Sequential(
 (0): Conv2d(512, 512, kernel_size=(3, 3), stride=(1, 1))
 (1): ReLU()
)
(pool4): MaxPool2d(kernel_size=2, stride=2, padding=0, dilation=1, ceil_mode=False)
(conv5_1): Sequential(
 (0): Conv2d(512, 512, kernel_size=(3, 3), stride=(1, 1))
 (1): ReLU()
)
(conv5_2): Sequential(
 (0): Conv2d(512, 512, kernel_size=(3, 3), stride=(1, 1))
 (1): ReLU()
)
(pool5): MaxPool2d(kernel_size=2, stride=2, padding=0, dilation=1, ceil_mode=False)
(dense1): Sequential(
 (0): Linear(in_features=9216, out_features=4096, bias=True)
 (1): ReLU()
 (2): Dropout(p=0.5)
)
(dense2): Sequential(
 (0): Linear(in_features=4096, out_features=4096, bias=True)
 (1): ReLU()
```

```
    (2): Dropout(p=0.5)
  )
  (dense3): Linear(in_features=4096, out_features=1000, bias=True)
)
```

9.1.3 带 LRN 的 VGGNet-A 级网络

对于上面的 VGGNet-A 级网络，我们发现没有使用到本地响应归一化。其实 VGGNet 的 6 个网络中，也有带 LRN 的 VGGNet-A 级，只是在 A 级的第一层网络加上一个 LRN 即可。

带 LRN 的 VGGNet-A 级网络结构如图 9.3 所示。

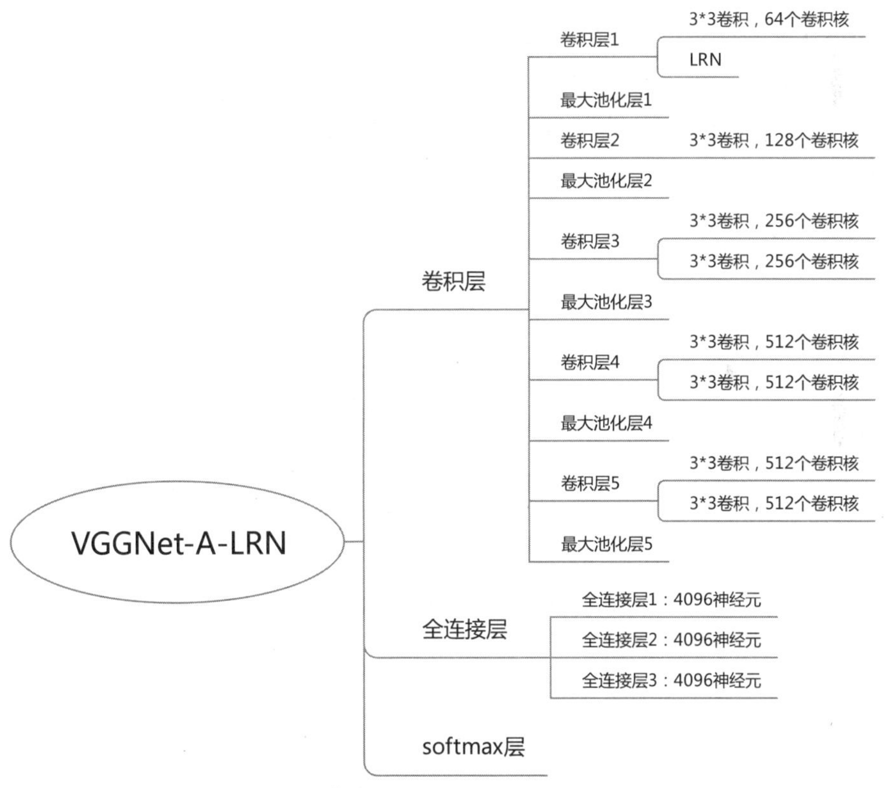

图 9.3　带 LRN 的 VGGNet-A 级网络结构

将代码改造如下：

```
# VggNet 网络 A with LRN
class VggNetALrn(t.nn.Module):
  # 初始化传入输入
  def __init__(self):
```

```
        super(VggNetALrn, self).__init__()
        # 层 1 (1 conv + 1 pool)
        # 输入深度 3，输出深度 64
        self.conv1 = t.nn.Sequential(
            t.nn.Conv2d(3, 64, kernel_size=3),
            t.nn.LocalResponseNorm(1),
            t.nn.ReLU())
    # 后面代码与 VggNet-A 一样，略
```

9.1.4　VGGNet-B 级网络

VGGNet-B 级网络比 VGGNet-A 增加了两层，分别是第一卷积层的 64 个 3*3 卷积增加了一层，变成两层。第二卷积层原来只有一个 128 个核的 3*3 卷积，现在也改成了两层。

现在，5 个卷积层都是由两个子卷积层组成的了，新的网络结构如图 9.4 所示。

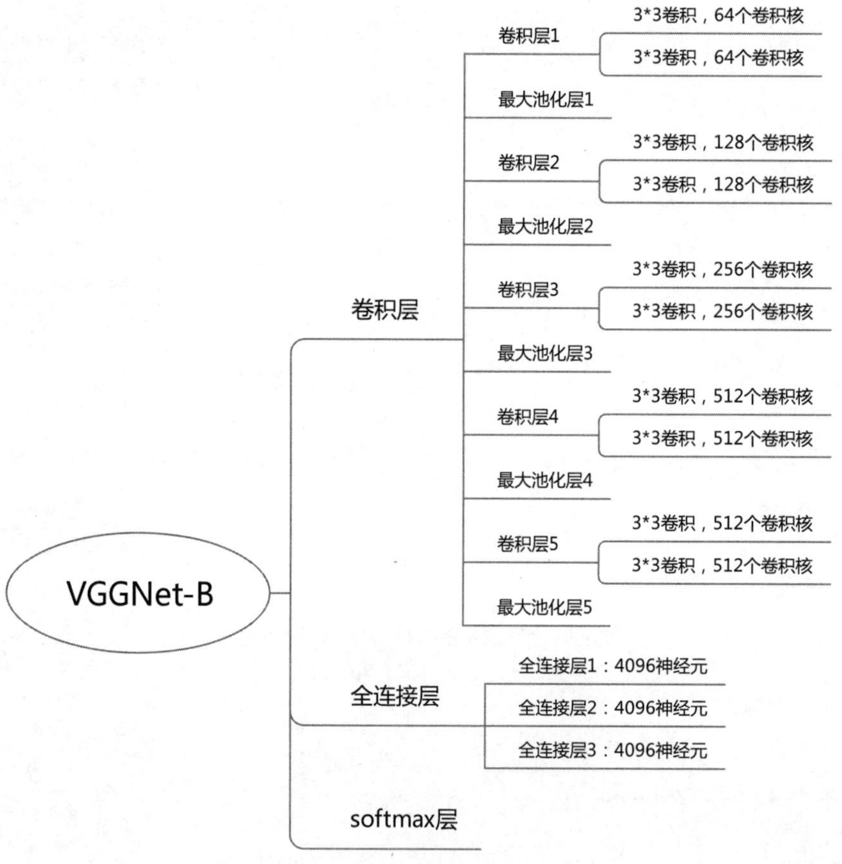

图 9.4　VGGNet-B 级网络结构

在 VGGNet-A 级网络基础上，再小幅修改一下，增加几层，就变成了 B 级网络，代码如下：

```
# VggNet 网络 B
class VggNetB(t.nn.Module):
  # 初始化传入输入
  def __init__(self):
    super(VggNetB, self).__init__()
    # 层 1 (2 convs + 1 pool)
    # 输入深度 3，输出深度 64
    self.conv1_1 = t.nn.Sequential(
      t.nn.Conv2d(3, 64, kernel_size=3),
      t.nn.ReLU())
    self.conv1_2 = t.nn.Sequential(
      t.nn.Conv2d(64, 64, kernel_size=3),
      t.nn.ReLU())
    self.pool1 = t.nn.MaxPool2d(kernel_size=2, stride=2)
    # 层 2 (2 convs + 1 pool)
    # 输入深度 64，输出深度 128
    self.conv2_1 = t.nn.Sequential(
      t.nn.Conv2d(128, 128, kernel_size=3),
      t.nn.ReLU())
    self.conv2_2 = t.nn.Sequential(
      t.nn.Conv2d(128, 128, kernel_size=3),
      t.nn.ReLU())
    self.pool2 = t.nn.MaxPool2d(kernel_size=2, stride=2)
    # 层 3_1 (2 convs + 1 pool)
    # 输入深度 128，输出深度 256
    self.conv3_1 = t.nn.Sequential(
      t.nn.Conv2d(256, 256, kernel_size=3),
      t.nn.ReLU())
    # 层 3_2
    # 输入深度 256，输出深度 256
    self.conv3_2 = t.nn.Sequential(
      t.nn.Conv2d(256, 256, kernel_size=3),
      t.nn.ReLU())
```

```
        self.pool3 = t.nn.MaxPool2d(kernel_size=2, stride=2)
        # 层 4_1 (2 convs + 1 pool)
        # 输入深度 256，输出深度 512
        self.conv4_1 = t.nn.Sequential(
            t.nn.Conv2d(512, 512, kernel_size=3),
            t.nn.ReLU())
        # 层 4_2
        # 输入深度 512，输出深度 512
        self.conv4_2 = t.nn.Sequential(
            t.nn.Conv2d(512, 512, kernel_size=3),
            t.nn.ReLU())
        self.pool4 = t.nn.MaxPool2d(kernel_size=2, stride=2)
        # 层 5_1 (2 convs + 1 pool)
        # 输入深度 512，输出深度 512
        self.conv5_1 = t.nn.Sequential(
            t.nn.Conv2d(512, 512, kernel_size=3),
            t.nn.ReLU())
        # 层 5_2
        # 输入深度 512，输出深度 512
        self.conv5_2 = t.nn.Sequential(
            t.nn.Conv2d(512, 512, kernel_size=3),
            t.nn.ReLU())
        self.pool5 = t.nn.MaxPool2d(kernel_size=2, stride=2)
        # 第 1 个全连接层，输入 6 * 6 * 256，输出 4096，Dropout 0.5
        self.dense1 = t.nn.Sequential(
            t.nn.Linear(6 * 6 * 256, 4096), t.nn.ReLU(), t.nn.Dropout(p=0.5))
        # 第 2 个全连接层，输入 4096，输出 4096，Dropout 0.5
        self.dense2 = t.nn.Sequential(
            t.nn.Linear(4096, 4096), t.nn.ReLU(), t.nn.Dropout(p=0.5))
        # 第 3 个全连接层，输入 128，输出 10 类
        self.dense3 = t.nn.Linear(4096, 1000)
    # 传入计算值的函数，真正的计算在这里
    def forward(self, x):
        x = self.conv1_1(x)
        x = self.conv1_2(x)
```

```
x = self.pool1(x)
x = self.conv2_1(x)
x = self.conv2_2(x)
x = self.pool2(x)
x = self.conv3_1(x)
x = self.conv3_2(x)
x = self.pool3(x)
x = self.conv4_1(x)
x = self.conv4_2(x)
x = self.pool4(x)
x = self.conv5_1(x)
x = self.conv5_2(x)
x = self.pool5(x)
x = x.view(x.size(0), -1)    #
x = self.dense1(x)    # -> 4096
x = self.dense2(x)    # 4096 -> 4096
x = self.dense3(x)    # 4096 -> 1000
return x
```

9.1.5 1*1 的卷积核的妙用

注意，深度网络并非是一层一层累加那么简单的。B 级网络是在 A 级网络基础上给第一卷积层和第二卷积层增加了一个卷积子层。同样，将 B 级网络的第三至第五卷积层各增加了一个子层，就是 VGGNet-D 级网络。从 B 级到 D 级网络的训练难度较大，为了降低训练难度，VGGNet 的作者创造性地使用了 1*1 的卷积核。通常情况下，最小的卷积视野应该是 3*3，因为 3*3 刚好包括一个点在 8 个临近点的最小邻域。当减小为 1*1 时，若不是还有一个 ReLU 函数，卷积已经退化成线性变换了。

VGGNet-C 级网络结构如图 9.5 所示。

VGGNet 的 D 级网络就是把 C 级网络的 1*1 卷积核都换成 3*3 的卷积核，如图 9.6 所示。

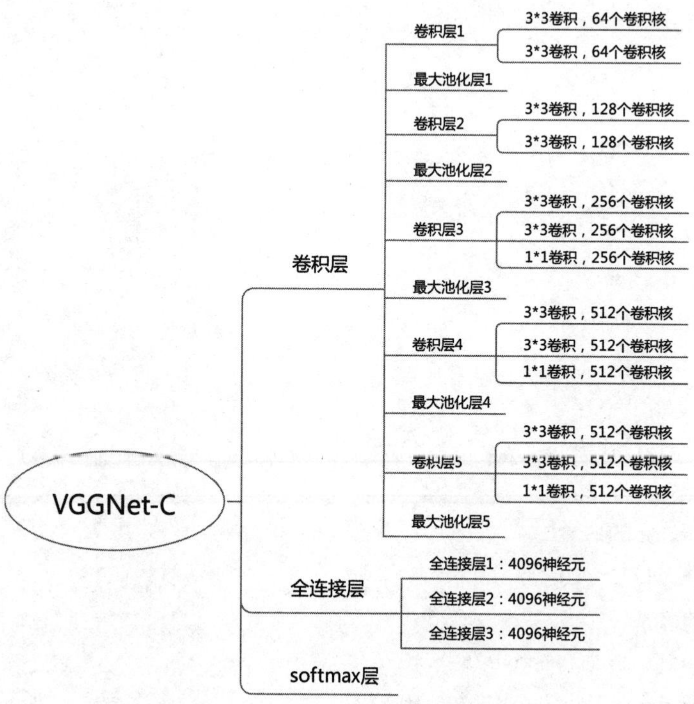

图 9.5　VGGNet-C 级网络结构

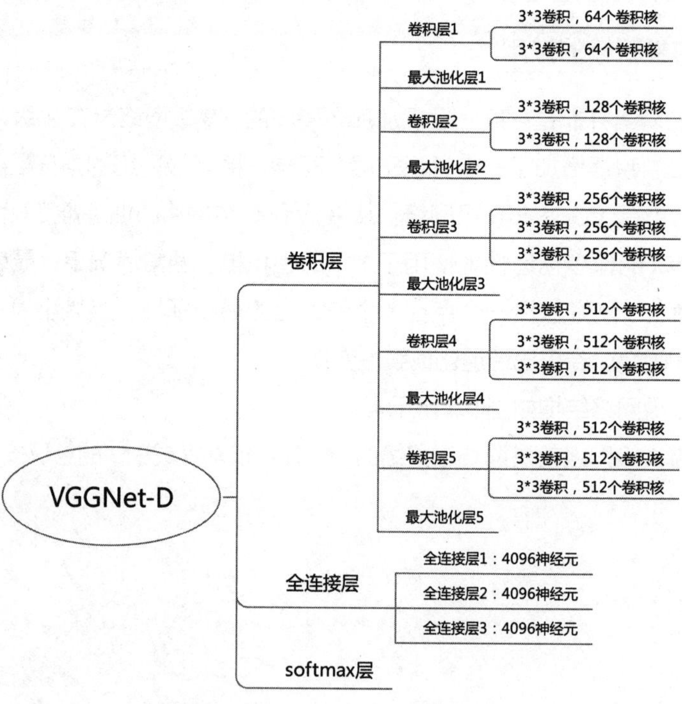

图 9.6　VGGNet-D 级网络结构

9.1.6 用数据来配置网络

从 9.1.3 小节和 9.1.4 小节的代码可以看到，全用代码写，都是重复性的代码，写起来比较烦琐。所以各种 VGGNet 在实现方式上不约而同地采用了配置文件来构建网络。

下面是一种例子：

```
cfg = {
    'A': [64, 'M', 128, 'M', 256, 256, 'M', 512, 512, 'M', 512, 512, 'M'],
    'B': [64, 64, 'M', 128, 128, 'M', 256, 256, 'M', 512, 512, 'M', 512, 512, 'M'],
    'D': [64, 64, 'M', 128, 128, 'M', 256, 256, 256, 'M', 512, 512, 512, 'M', 512, 512, 512, 'M'],
    'E': [64, 64, 'M', 128, 128, 'M', 256, 256, 256, 256, 'M', 512, 512, 512, 512, 'M', 512, 512,
512, 512, 'M'],
}
```

其中，数字代表输出的核数，M 代表最大池化层。

处理 cfg 的代码如下：

```
def make_layers(cfg):
    layers = []
    # 跟 MNIST 一样，ImageNet 的输入数据也是真彩色三通道的
    in_channels = 3
    for v in cfg:
        # 对于 M，生成一个最大池化层
        if v == 'M':
            layers += [t.nn.MaxPool2d(kernel_size=2, stride=2)]
        else:
            # 对于非 M，生成一个卷积层
            conv2d = t.nn.Conv2d(in_channels, v, kernel_size=3, padding=1)
            layers += [conv2d, t.nn.ReLU(inplace=True)]
            in_channels = v
    return t.nn.Sequential(*layers)
```

提 示

> 为什么只有 A、B、D、E 这 4 种网络，而没有 C 级网络？

从上面的配置文件中可以看到，VGGNet-E 最终的 19 层网络，是在 VGGNet-D 级网络的基础上，将第 3 层、第 4 层、第 5 层的卷积层又增加了一层。最终的网络结构如图 9.7 所示。

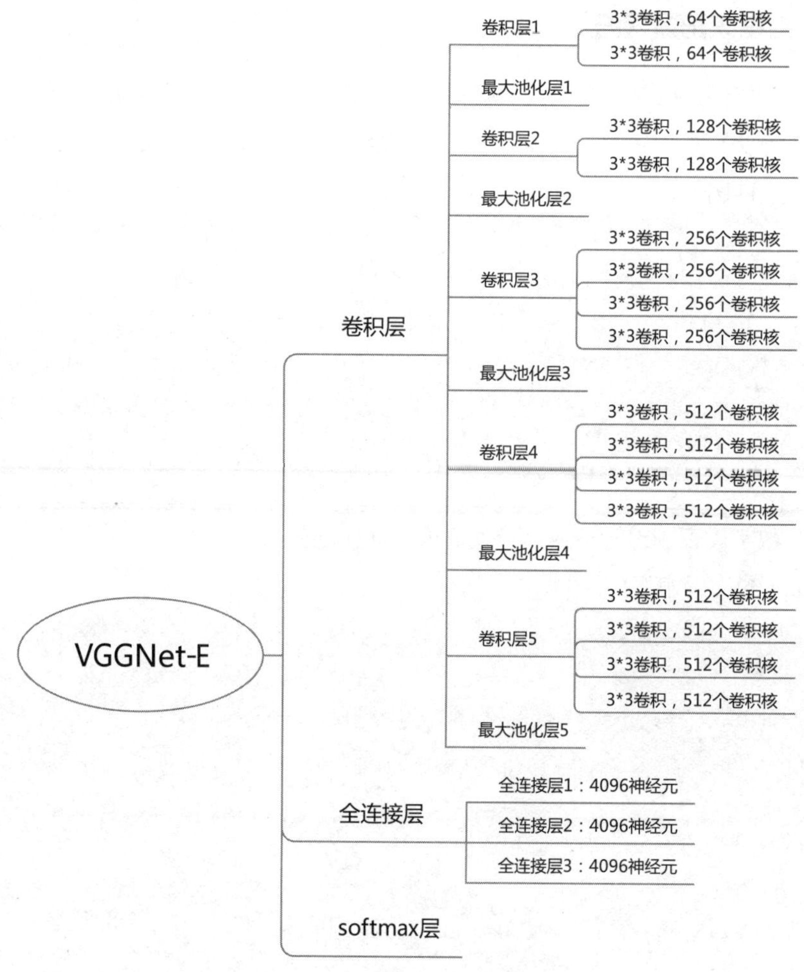

图 9.7　VGGNet 最终的 E 级网络结构

原理和代码实现都清楚之后，读者可对照论文 *Very Deep Convolutional Networks for Large-Scale Image Recognition* 学习细节。

9.2　GoogLeNet

从 9.1 节学习到的知识中可以看到，VGGNet 无论是从设计，还是从结果上看，都非常优秀。但是，ILSVRC 2014 的冠军并不是 VGGNet 而是 GoogLeNet。

GoogLeNet 也称为 Inception 网络，与 VGGNet 和 AlexNet 相比而言，GoogLeNet 的最大进步在于没有使用全连接网络，整个网络都是由卷积网络构成的。从层数上，GoogLeNet 使用了 21 层，比 VGGNet 的 19 层还要深 2 层。

9.2.1 Inception 的结构

Inception 的主要思想来自赫布理论（Hebbian Principle），以及对于多尺度图片处理的思想。Inception 网络吸取了 NIN（Network in Network）的概念，大网络由一个个封装好功能的小网络所组成。这对于原本就有模块化思维的程序员来说很有利。网络结构从黑魔法向模块化发展了。

对 Network in Network 感兴趣的读者，可以参考 Lin Min 等人的论文 *Network in Network*。

AlexNet 和 VGGNet 网络结构中都使用了全连接网络，从而导致训练的参数量巨大。参数量巨大容易造成两个后果：第一个是训练花费的成本高，第二个是容易造成过拟合。

因为训练集的数据规模有限，如果采取过大的网络，导致的结果是要么增加数据集，要么使很多参数经过长时间的反复训练，最后发现最优值就是 0，因为根本就不需要这么多参数。

那么有没有既要增大网络规模，又可以减少训练参数的方法？方法总比困难多，我们可以做成稀疏矩阵的方式来解决这个矛盾。架子可以搭得很大，但是只取有限的值进行训练，用稀疏连接来代替全连接。

这个并不仅仅是权宜之计，它的理论基础就是赫布理论。这里再复习下赫布理论：如果两个神经元同步被激活，则权重值增加；如果只有单独的神经元被激活，那么权重值减小。

所以 Inception v1 就参考了 Network in Network 的思想，使用平均池化层来代替全连接层。

下面来看下这个网络中的网络单元，被称为 Inception 的单元的结构，如图 9.8 所示。

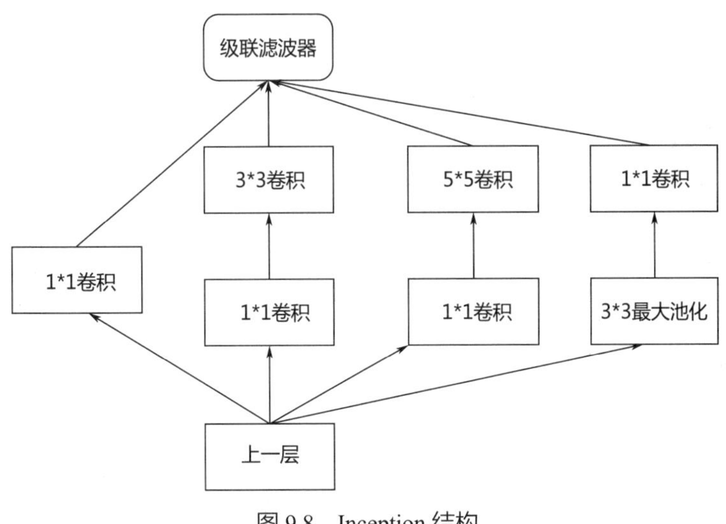

图 9.8　Inception 结构

从图 9.8 中可以看到，Inception 中广泛使用了 1*1 的卷积核。与 AlexNet 和 VGGNet 一根主线从头走到尾不同的是，Inception 是一种 4 路并发的结构。

9.2.2 GoogLeNet 的结构

有了 Inception 结构之后，就可以基于 Inception 来构建网络了，GoogLeNet 的网络结构如图 9.9 所示。

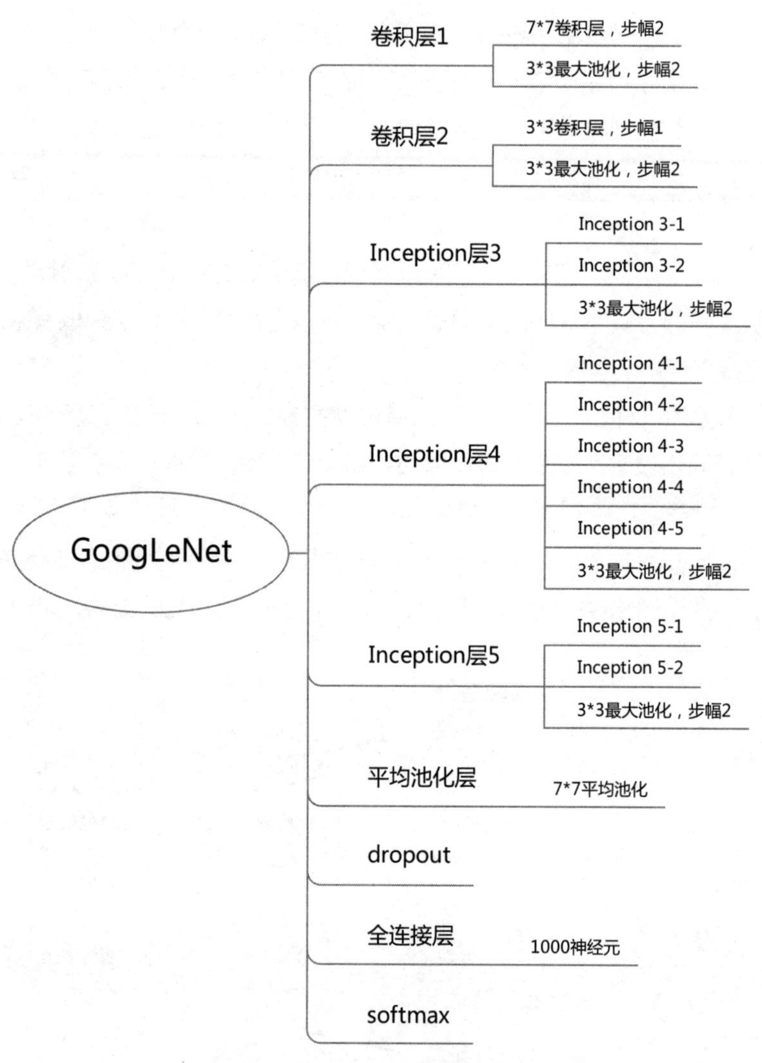

图 9.9　GoogLeNet 的网络结构

如图 9.9 所示，一个 Inception 可以算两层的网络，GoogLeNet 一共 9 层 Inception，即共 18 层，加上 2 个卷积层和 1 个全连接层，一共是 21 层需要训练的参数。

GoogLeNet 的具体细节，请参阅原始论文 *Going Deeper with Convolutions*。

9.2.3 Inception 的演进

推出了 Inception 网络之后，Google 仍然不断地持续迭代它。

学习 AlexNet 时，我们讲过局部响应归一化 LRN 曾是一项重要的改进。但是在 VGGNet 中，只有在 VGGNet A-LRN 中使用了一层局部响应归一化，作用也并不明显，所以在 B 级到 E 级网络中都没有应用。

在 Inception v2 网络中，Google 采用了批归一化 Batch Normalization 来改进网络结构。

有兴趣的读者请参阅 Inception v2 的论文 *Batch Normalization: Accelerating Deep Network Training by Reducing Internal Covariate Shift*。

另外，Inception v2 借鉴了 VGGNet 只使用 3*3 卷积核的技巧，将 5*5 的 Inception 块调整成了两个 3*3 的卷积核，第 2 版的 Inception 模块结构如图 9.10 所示。

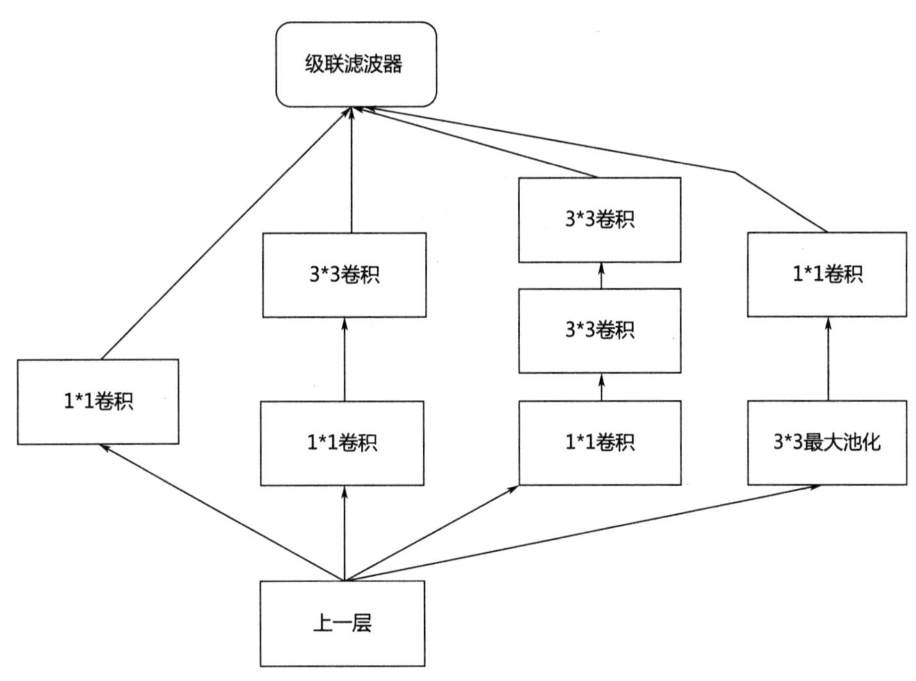

图 9.10　Inception v2 结构 A

这仅是第一步，继 VGGNet 中引入点状的 1*1 卷积之后，Inception v2 结构中开始使用 1*n 和 n*1 的向量卷积，其结构如图 9.11 所示。

图 9.11 所示的这种 B 结构是串联的，Inception 的作者还有一个并行的版本结构，如图 9.12 所示。

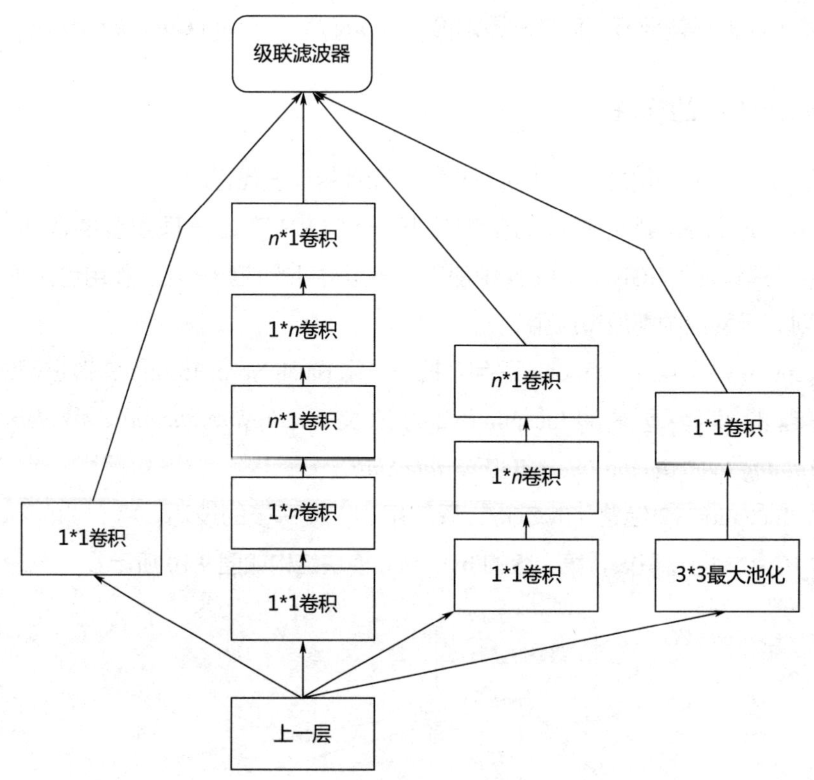

图 9.11　引入 1*n 结构的 Inception 结构 B

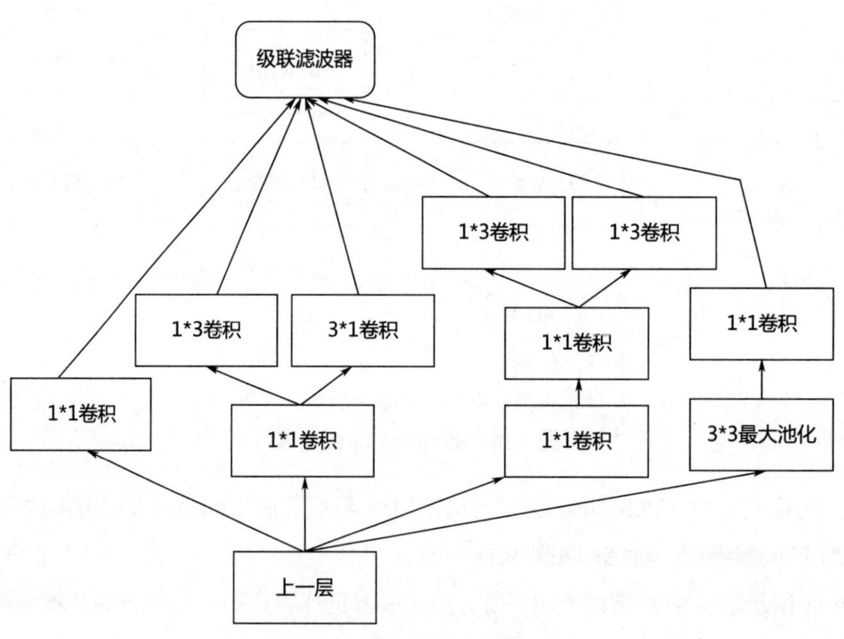

图 9.12　Inception v2 结构 C

A、B、C 这 3 种结构集齐后，就可以将其组成新的 Inception 网络，可将其称为 Inception v3 结构，如图 9.13 所示。

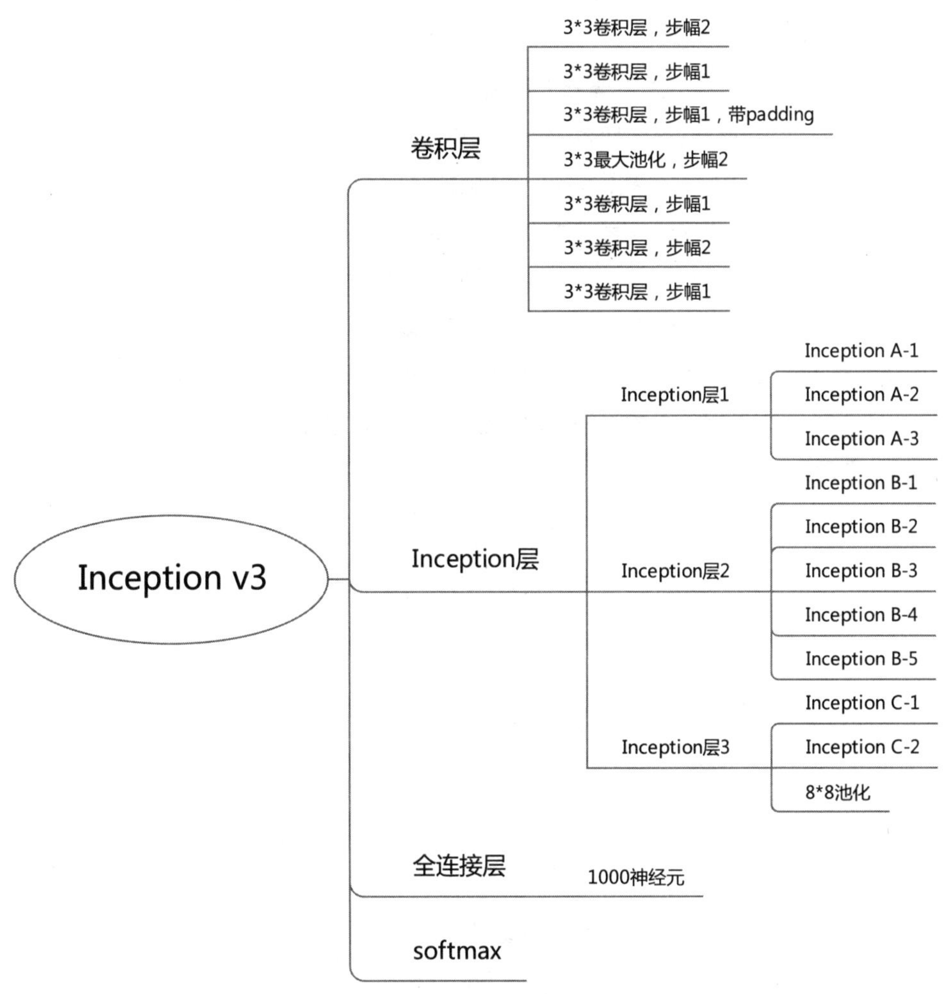

图 9.13　Inception v3 结构

最后，参考了 9.3 节要介绍的残差网络之后，Inception 的第 4 版结构称为 Inception-Res 结构。这部分内容我们留到学习了残差网络之后再介绍。

9.3　残差网络

尽管 VGGNet 和 Inception 都是非常优秀且影响较大的网络，但是在 VGGNet 和 GooLeNet 双雄会的 2015 年，冠军被残差网络 ResNet 拿走。ResNet 是 Residual Neural Network 的缩写，译为残差网络。

9.3.1 残差网络

2012 年的 AlexNet 是 8 层，2014 年的 VGGNet 为 19 层，Inception V1 为 21 层，而 ResNet 达到了惊人的 152 层。

ResNet 不仅仅在比赛中大放异彩，在图像语义分割、图像识别，甚至在 Alpha Zero 中都有广泛应用。残差网络的主要作者是当时微软研究院的何恺明。

在介绍深度学习简史时，我们讲过，浅层神经网络在网络层数增加之后，会出现梯度消失。后来 AlexNet 通过 ReLU 等技术解决了梯度消失的问题，VGGNet 和 Inception 将其发扬光大，从浅层的只有一两层，变为 20 层左右。前面讲过，VGGNet 通过逐层训练的方式来达到这个深度，而 Inception 将串并联的复杂模块引用。

但是，当问题变成一百多层时，梯度消失的问题又再度出现。残差网络的解法是除了相邻的两层之间可以连接，跨层之间也可以连接。俗称“抄近路”。

Resnet 跨层连接如图 9.14 所示。

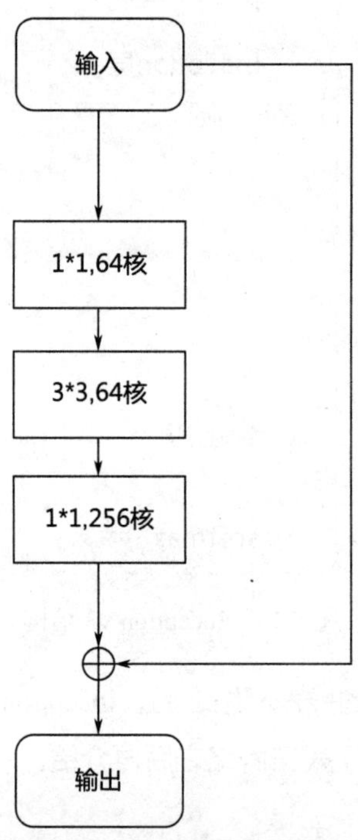

图 9.14　Resnet 跨层连接

在 Resnet 中使用上面的这种跨层连接结构的，称为 BottleNet。例如，18 层的 Resnet 使用 [2,2,2,2] 共 8 层 BottleNet。继续加码，[3,4,6,3] 共 16 个 BottleNet 就是 34 层的 Resnet。再加码，[3, 4, 23, 3]，33 个 BottleNet 可组成 101 层的 Resnet。继续增大，[3, 8, 36,

3]，50 个 BottleNet 组成 152 层的 Resnet。

BottleNet 只是基本组件的组合，并没有什么新的技术元素，代码如下：

```
import torch as t
class Bottleneck(t.nn.Module):
    expansion = 4
    def __init__(self, inplanes, planes, stride=1):
        super(Bottleneck, self).__init__()
        self.conv1 = t.nn.Conv2d(inplanes, planes, kernel_size=1, stride=stride, bias=False)
# 第一层卷积：1*1 卷积核
        self.bn1 = t.nn.BatchNorm2d(planes)
        self.conv2 = t.nn.Conv2d(inplanes, planes, kernel_size=3, padding=1, stride=stride,
bias=False)  # 第二层卷积：3*3 卷积核
        self.bn2 = t.nn.BatchNorm2d(planes)
        self.conv3 = t.nn.Conv2d(inplanes, planes, kernel_size=1, stride=stride, bias=False)
# 第三层卷积：1*1 卷积核
        self.bn3 = t.nn.BatchNorm2d(planes * self.expansion)
        self.relu = t.nn.ReLU(inplace=True)
        self.stride = stride
    def forward(self, x):
        residual = x   # 输入同时要跨层传递
        out = self.conv1(x)
        out = self.bn1(out)
        out = self.relu(out)
        out = self.conv2(out)
        out = self.bn2(out)
        out = self.relu(out)
        out = self.conv3(out)
        out = self.bn3(out)
        out += residual    # 跨层连接
        out = self.relu(out)
        return out
```

conv1、conv2 和 conv3 是我们熟悉的串行连接的网络，请注意 residual 这个值，在输出进行 relu 计算之前要计算到串行的模型中。

残差网络的论文 *Deep Residual Learning for Image Recognition* 是 CVPR 2016 年的最佳论文，读者可自行查阅学习。

9.3.2 DenseNet

2017 年的 CVPR 最佳文章，来自残差网络的改进版，论文题目为 *Densely Connected Convolutional Networks*。残差网络只是抄了个近路，而 DenseNet 干脆把一个块内的所有层都连接在一起。DenseNet 的这个改进，使 DenseNet 的深度超过了残差网络的 152 层，最大可以达到 264 层。

下面先看 Dense 块的结构，如图 9.15 所示。

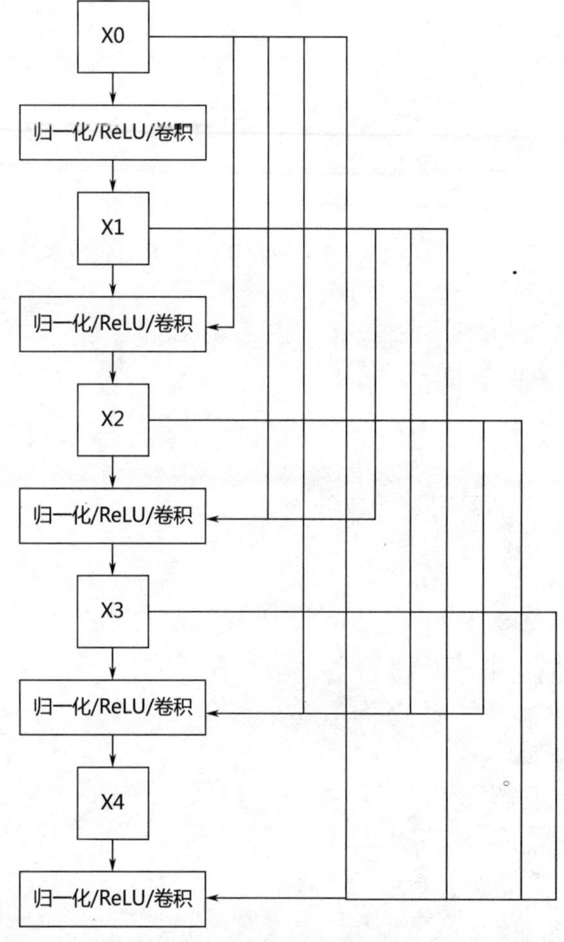

图 9.15　Dense 块的结构

图 9.15 看起来可能有点乱，其实逻辑很容易理解。假设 x0 是输入，它会同时发给块中全部 5 个归一化 /ReLU/ 卷积模块。x0 经过第一个归一化 /ReLU/ 卷积块后的输入，用 x1 表示，x1 又会输出给后面 4 个模块。

而 x1 顺着主线往下走时，会汇合 x0 的原始信号一起进入下一步处理。

以此类推，最后一个处理模块将同时接收到 x0、x1、x2、x3、x4 共 5 路信号。

最后一个模块接收的信号数减去 1，也就是减去主线的输入信号数，称为增长率（growth rate）。在 DenseNet 中，这个值取 32。

此时，代码采取传统方式已经不太容易写了，如果用 PyTorch 写，可以考虑继承 t.nn.Sequential。

```
import torch as t
class _DenseLayer(t.nn.Sequential):   # 因为是要递归串行，所以继承自 Sequential
  # growth_rate 是增长率，也就是除了主线以外最后一个节点接收到的全连接信号数
  # bn_size 是这个块重复多少层
  def __init__(self, num_input_features, growth_rate, bn_size):
    super(_DenseLayer, self).__init__()
    # 1*1 卷积层
    self.add_module('norm1', t.nn.BatchNorm2d(num_input_features)),   # 归一化
    self.add_module('relu1', t.nn.ReLU(inplace=True)),   # ReLU
    self.add_module('conv1', t.nn.Conv2d(num_input_features, bn_size *
            growth_rate, kernel_size=1, stride=1, bias=False)),   # 卷积
    # 3*3 卷积层
    self.add_module('norm2', t.nn.BatchNorm2d(bn_size * growth_rate)),   # 第二个归一化
    self.add_module('relu2', t.nn.ReLU(inplace=True)),   # 第二个 ReLU
    self.add_module('conv2', t.nn.Conv2d(bn_size * growth_rate, growth_rate,
            kernel_size=3, stride=1, padding=1, bias=False)),   # 第二个卷积
  def forward(self, x):
    new_features = super(_DenseLayer, self).forward(x)   # 调用基类获取输入
    return t.cat([x, new_features], 1)   # 将输入和 new_features 组合在一起
model = _DenseLayer(100,12,6)
print(model)
```

有了 Dense 块之后，就可以将其组成 DenseNet 网络，如图 9.16 所示。

在图 9.16 中，Dense 块 1 中由 6 个归一化 /ReLU/ 卷积层组成，相当于 _DenseLayer 中的 bn_size 为 6。同理，Dense 块 2 由 12 个组成。

Dense 块 3 如果取 24，Dense 块 4 取 16 层，组成的网络是 121 层的 Dense-121；Dense 块 3 取 32 层，Dense 块 4 也取 32 层，组成的是 169 层的 Dense169，此时已经超过 Resnet 的 152 层了；如果 Dense 块 3 取 48 层，Dense 块 4 取 32 层，组成的是 Densenet-201；最后是 Dense 块 3 取 64 层，Dense 块 4 取 48 层，就是终极版 Densenet-264。

具体细节参见论文 *Densely Connected Convolutional Networks*。

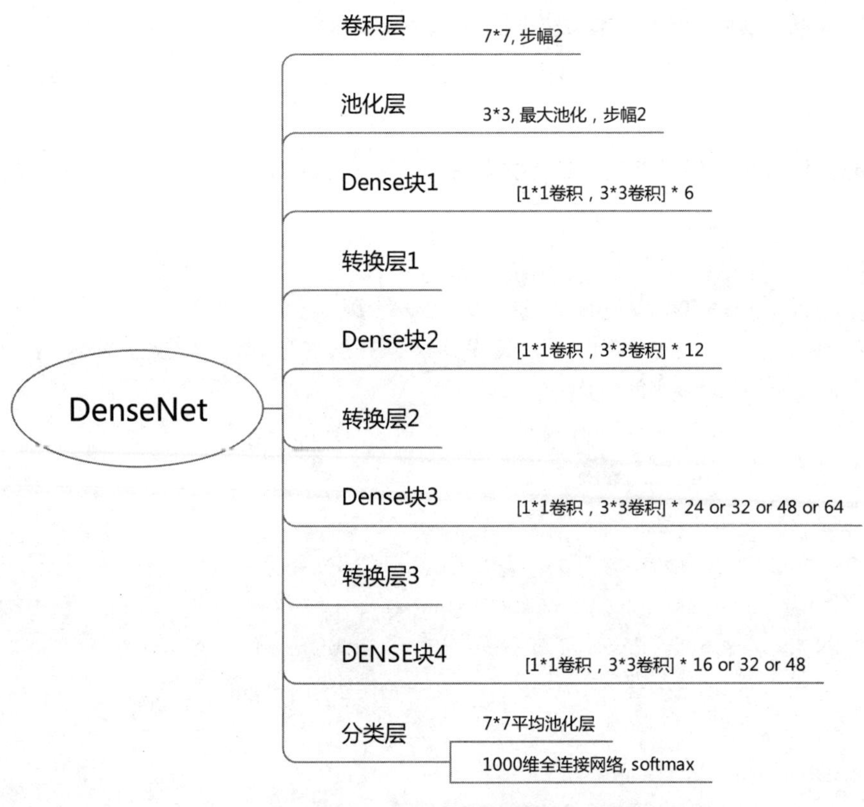

图 9.16　DenseNet 网络

Resnet 主要作者何恺明后来与 Facebook 的同事一起发表了对 Resnet 的改进 ResNeXt 网络，论文的题目是 *Aggregated Residual Transformations for Deep Neural Networks*。

何恺明及其同事之前的想法是，在 Resnet 的基础上，要么做得更深，要么做得更宽。于是 ResNeXt 提出了一个新的维度，这个维度被称为 Cardinality。

9.4　目标检测

目标检测，是在之前学习的通用 CNN 算法基础上进行一些扩展，采用区域 CNN 算法就可以很好地解决这样的问题。

提　示

这里再次强调我们之前学习的方法论。用深度学习来解决一个问题可以分两步：第一步是研究传统算法是如何做的，第二步研究哪些步骤可以用深度学习来解决。

9.4.1 传统图像识别方法与 R-CNN 算法

如果阅读了介绍 GoogLeNet，也就是 Inception 模型 v1 的论文 *Going Deeper with Convolutions*，应该会记得，在提到 AlexNet 引领了重大进展之后，特别提到了在目标检测领域的前端应用，也就是 R-CNN 算法。

R-CNN 算法由加州大学伯克利分校的 Ross Girshick 等人提出，论文题目为 *Rich Feature Hierarchies for Accurate Object Detection and Semantic Segmentation*。

2012 年的 AlexNet 深深鼓舞了整个世界。但是 CNN 本质上就是分类工具，与物体识别之间还有一段很大的鸿沟。

在 R-CNN 出现之前，目标识别也并非是一片黑暗，2004 年到 2005 年，SIFT 和 HOG 等算法已经比较成熟了。例如，HOG 算法，在论文 *Histograms of Oriented Gradients for Human Detection* 中提出面向梯度的直方图人体检测方法。

另外，在传统算法中，多尺度形变部件模型 DPM(Deformable Part Model) 算法将物体看成多个部件的组合，用部件间的关系来描述物体。相关论文为 *Object Detection with Discrimiatively Trained Part-based Models*，其中的第二作者就是 R-CNN 的作者 Ross B Girshick。

传统的图像识别算法解决目标检测问题时，主要分为以下 4 个步骤。

（1）在图片上选出所有物体可能出现的区域框，可以是滑动窗口等穷举法。

（2）对第（1）步找到的区域框进行特征提取。

（3）对第（2）步提取出来的特征进行分类。

（4）通过非极大值抑制 (Non-maximum suppression) 输出结果。

通过前面的学习，我们知道 CNN 对于特征提取的有效性，所以可以通过 CNN 来实现第二步的内容。

同时，可以对穷举法进行一些改进，使用 selective search 进行启发式的搜索来发现可能出现图像的区域。

我们选择 CNN 之后，也要承受 CNN 的“副作用”，就是 CNN 要求所有输入图像的分辨率大小相同。所以需要对于每个区域的图片进行缩放，让它们以同样大小输入 CNN 中以进行特征提取。提取出特征之后，再用另一个机器学习算法 SVM——支持向量机，进行分类。最后还是靠非极大值抑制方法来输出结果。

将上面的思路进行整理，以 CNN 的视角重新排列，具体内容如下。

（1）在数据集上训练 CNN。R-CNN 的原始论文中，使用的 CNN 的结构是 AlexNet，数据集是 ImageNet。

（2）在目标检测的数据集上，对训练好的 CNN 进行微调。

（3）用 Selective Search 搜索候选区域，统一使用微调后的 CNN 对这些区域提取特征，并将结果储存起来。

（4）用存储下来的特征来训练支持向量机。

尽管步骤是照搬的传统算法，但是因为 CNN 的强大能力，这种改进后的算法比传统算法的精确度有显著的提升。这种算法称为区域 CNN 算法，简称 R-CNN。

R-CNN 是基于选择性搜索的，相对应的还有基于滑动窗口穷举的 OverFeat 技术。

9.4.2 第一次改进：空间金字塔池化卷积网络

针对上面的 R-CNN 算法，要做到图像缩放统一大小很烦琐，是不是可以在网络上进行改进呢？

这时，Resnet 的作者，当时微软研究院的何恺明博士又提出了用空间金字塔池化层来解决这个问题。论文名称为 *Spatial Pyramid Pooling in Deep Convolutional Networks for Visual Recognition*。空间金字塔池化层的英文是 Spatial Pyramid Pooling，简称 SPP，所以这种基于空间金字塔池化层的网络被称为 SPPNet。

SPPNet 中实现分辨率无关的关键层称为 ROI 池化层，它的输入是任意大小的卷积，输出是固定维数的向量。使用了 ROI 池化层之后，可以先对图像进行一遍卷积运算，得到整个图像的卷积特征。然后，对于原始图像中的各种候选框，只需要在卷积特征中找到对应的位置框，再使用 ROI 池化层对位置框中的卷积提取特征，就可以完成特征提取工作。

9.4.3 第二次改进：不要支持向量机分类

经过第一次改进之后，对于区域框中的图像不再需要缩放，但是分类还使用支持向量机是个遗憾。

经过前面的学习，我们深刻理解到深度神经网络才是最好的分类器，所以用深度网络换掉传统机器学习技术就是一种较好的选择。

这个工作由从加州大学伯克利分校毕业加入微软的 Ross Girshick 完成。第二次改进的网络，被称为 Fast R-CNN 网络（快速区域卷积网络），Fast Region-based Convolutional Network 论文题目就是 *Fast R-CNN*。

但是，在实际应用中，有两点需要注意：一是分类的类别数，不是 N，而是 N+1 类，多出来的那一类是全背景无物体；二是除了分类以外，还需要提供一个做校准的数据，我们称之为“框回归”。

Fast R-CNN 使用了 VGGNet-16 来进行分类。

比起 SPPNet，Fast R-CNN 训练 VGG-16 的速度提升了 3 倍，测试速度提升了 10 倍，准确率也有所提高。

9.4.4 第三次改进：区域提案网络

经过两次改进，没有缩放需求，分类也变为用全连接网络来做，现在唯一传统技术残留的是 Selective Search 技术。

那么能不能通过搭神经网络的方式替代 Selective Search 呢？答案是可以。我们将这样的神经网络，称为区域提案网络。

最终，可以用区域提案网络 + 卷积神经网络 + 空间金字塔池化卷积网络这 3 种网络组成的全神经网络，成功地解决了在一张大图片上识别物体的问题。这种网络结构称为 Faster R-CNN（更快区域卷积网络）。

之前 Fast R-CNN 用的是 VGGNet，那么是不是可以换成效果更佳的残差网络呢？这次是 Resnet 的贡献者任少卿与 Resnet 合作的老伙伴何恺明和孙剑，再加上 Fast R-CNN 的作者 Ross Girshick，4 位一起发表了论文 *Faster R-CNN: Towards Real-Time Object Detection with Region Proposal Networks*。

这里仅仅是将传统技术换成神经网络，但却取得了结果上的显著改进。

在 VOC 2007 数据集上，传统方法的准确率是 40% 左右，而换成用卷积网络的 R-CNN 准确率立刻就提升到近 60%。Fast R-CNN 不但速度快，准确率也上升到 70%。而 Faster R-CNN 更是将准确率提升到近 80%，比起传统方法提升了近一倍。

9.4.5 语义分割

在目标检测的基础上，可以进行语义分割。这方面的经典算法是 FCN（Fully Convolutional Network），经典论文是加州大学伯克利分校的 Long 等人发表的 *Fully Convolutional Networks for Semantic Segmentation*。

微软研究院的代季峰、何恺明、孙剑等人一起将 FCN 用于目标检测，定义了 R-FCN 网络，发表了论文 *R-FCN – Object Detection via Region-based Fully Convolutional Networks*。

随着目标检测和语义分割的不断进步，研究人员又向更有挑战性的实例分割发起挑战。实例分割对于程序员来说易于理解，就是基于实例对象 (Object) 的识别，而不是针对类别 (Class) 的识别。我们举个例子，语义分割是要将猫或者狗识别出来，而实例分割不但要区分是猫还是狗，还要能将是哪只猫或哪只狗识别出来。这方面的顶级成果还是由何恺明和

Ross Grishick 与另外两位 Facebook 同事一起完成的 Mask R-CNN。

Mask R-CNN 使用 ResNeXt 网络，都是自家技术。

9.5 人脸识别

人脸识别系统的第一步是要做人脸检测。系统输入是一张可能含有人脸的图片，输出是人脸位置的矩形框。人脸检测应该正确检测出图片中存在的所有人脸，不能有遗漏，也不能有错检。

第二步要做人脸对齐 (Face Alignment)。原始图片中人脸的姿态、位置可能有较大的区别，为了之后统一处理，要把人脸“摆正”。为此，需要检测人脸中的关键点 (Landmark)，如眼睛的位置、嘴巴的位置、脸的轮廓点等。根据这些关键点可以使用仿射变换将人脸统一校准，以尽量消除姿势不同带来的误差。

采用神经网络可以同时完成人脸检测和人脸对齐两项任务，这种神经网络被称为 MTCNN。MT 是 Multi-Task 的简写，意思是这种方法可以同时完成人脸检测和人脸对齐两项任务。相较于传统方法，MTCNN 性能更好，可以更精确地定位人脸，此外还可以做到实时检测。

MTCNN 由 3 个神经网络组成，分别是 P-Net、R-Net 和 O-Net。在使用这些网络之前，首先要将原始图片缩放到不同尺度，形成一个“图像金字塔”。这样，就可以在统一的尺度下检测人脸。

9.5.1 P-Net

P-Net 的输入是一个宽和高皆为 12 像素，同时是 3 通道的 RGB 图像。该网络要判断这个 12×12 的图像中是否含有人脸，并且给出人脸框和关键点的位置。因此对应的输出由以下 3 部分组成。

第一部分要判断该图像是否为人脸，输出向量的形状为 1×1×2，也就是两个值，分别为该图像是人脸的概率，以及该图像不是人脸的概率。

第二部分给出框的精确位置，一般称为框回归。P-Net 输入的 12×12 的图像块可能并不是完美的人脸框的位置，因此需要输出当前框位置相对于完美的人脸框位置的偏移。这个偏移由 4 个变量组成：框左上角横坐标的相对偏移、框左上角纵坐标的相对偏移、框的宽度误差、框的高度误差。输出向量的形状为 1×1×4。

第三部分给出人脸的 5 个关键点的位置。5 个关键点分别为左眼的位置、右眼的位置、鼻子的位置、左嘴角的位置、右嘴角的位置。每个关键点都有两个坐标。

这么神奇的 P-Net，本质上也只是几个卷积网络的组合，代码如下：

```
class PNet(t.nn.Module):    # P-Net, 输入 12*12*3
  def __init__(self):
    super(PNet, self).__init__()
    self.conv1 = t.nn.Sequential(
      t.nn.Conv2d(3, 10, 3, 1), t.nn.PReLU(10),
      t.nn.MaxPool2d(2, 2, ceil_mode=True))
    self.conv2 = t.nn.Sequential(t.nn.Conv2d(10, 16, 3, 1), t.nn.PReLU(16))
    self.conv3 = t.nn.Sequential(t.nn.Conv2d(16, 32, 3, 1), t.nn.PReLU(32))
    self.conv4_1 = t.nn.Conv2d(32, 2, 1, 1)
    self.conv4_2 = t.nn.Conv2d(32, 4, 1, 1)
  def forward(self, x):
    x = self.conv1(x)
    x = self.conv2(x)
    x = self.conv3(x)
    a = self.conv4_1(x)
    b = self.conv4_2(x)
    a = t.nn.functional.softmax(a, dim=1)
    return b, a
```

9.5.2 R-Net

P-Net 的结果比较粗糙，所以接下来要用 R-Net 进一步调优。R-Net 的结构与 P-Net 非常相似，只不过输入的是 24×24×3 的图像，输出与 P-Net 完全一样。

在实际应用中，对每个 P-Net 的输出可能为人脸的区域都缩放到 24×24 的大小，再输入 R-Net 中，进行进一步判定。

P-Net 是个纯卷积网络，而 R-Net 是带有全连接网络的。我们在第 2 章介绍 5-4-6 模型时介绍过，卷积网络到全连接网络之间连接时需要一个 Flattern 层。Keras 框架中有定义好的 Flattern 类，而在 PyTorch 中我们需要自己简单实现一下。代码如下：

```
class RNet(t.nn.Module):
  def __init__(self):
    super(RNet, self).__init__()
    self.conv1 = t.nn.Sequential(
      t.nn.Conv2d(3,28,3,1),
      t.nn.PReLU(28),
```

```
            t.nn.MaxPool2d(3,2,ceil_mode=True)
        )
        self.conv2 = t.nn.Sequential(
            t.nn.Conv2d(28, 48, 3, 1),
            t.nn.PReLU(48),
            t.nn.MaxPool2d(3,2,ceil_mode=True)
        )
        self.conv3 = t.nn.Sequential(
            t.nn.Conv2d(48, 64, 2, 1),
            t.nn.PReLU(64)
        )
        self.dense4 = t.nn.Sequential(
            t.nn.Linear(576, 128),
            t.nn.PReLU(128)
        )
        self.conv5_1 = t.nn.Linear(128, 2)
        self.conv5_2 = t.nn.Linear(128, 4)
    def forward(self, x):
        x = self.conv1(x)
        x = self.conv2(x)
        x = self.conv3(x)
        # 卷积层与全连接层的过渡
        x = x.transpose(3, 2).contiguous().view(x.size(0), -1)
        x = self.dense4(x)

        a = self.conv5_1(x)
        b = self.conv5_2(x)
        a = t.nn.functional.softmax(a, 1)
        return b, a
```

9.5.3 O-Net

最后把 R-Net 的输出缩放成 48×48 的大小，输入最后的 O-Net 中。

从 P-Net 到 R-Net，最后再到 O-Net，网络输入的图片越来越大，卷积层的通道和内部的层数也越来越多，因此它们识别人脸的准确率越来越高。

下面来看一下 O-Net 的代码：

```
class ONet(t.nn.Module):
    def __init__(self):
        super(ONet, self).__init__()
        self.conv1 = t.nn.Sequential(
            t.nn.Conv2d(3, 32, 3, 1), t.nn.PReLU(32),
            t.nn.MaxPool2d(3, 2, ceil_mode=True))
        self.conv2 = t.nn.Sequential(
            t.nn.Conv2d(32, 64, 3, 1), t.nn.PReLU(64),
            t.nn.MaxPool2d(3, 2, ceil_mode=True))
        self.conv3 = t.nn.Sequential(
            t.nn.Conv2d(64, 64, 2, 1), t.nn.PReLU(64),
            t.nn.MaxPool2d(2, 2, ceil_mode=True))
        self.conv4 = t.nn.Sequential(
            t.nn.Conv2d(64, 128, 2, 1), t.nn.PReLU(128))
        self.dense5 = t.nn.Sequential(
            t.nn.Linear(1152, 256), t.nn.Dropout(0.25), t.nn.PReLU(256))
        self.conv6_1 = t.nn.Linear(256, 2)
        self.conv6_2 = t.nn.Linear(256, 4)
        self.conv6_3 = t.nn.Linear(256, 10)
    def forward(self, x):
        x = self.conv1(x)
        x = self.conv2(x)
        x = self.conv3(x)
        x = self.conv4(x)
        # 卷积层与全连接层的过渡
        x = x.transpose(3, 2).contiguous().view(x.size(0), -1)
        x = self.dense5(x)
        a = self.conv6_1(x)
        b = self.conv6_2(x)
        c = self.conv6_3(x)
        a = t.nn.functional.softmax(a, 1)
        return c, b, a
```

P-Net 的运行速度是最快的（可以理解，4 层卷积，无全连接），R-Net 的速度其次，O-Net 的运行速度最慢。之所以要使用 3 个网络，是因为如果一开始直接对图中的每个区域使用 O-Net，速度会非常慢。实际上 P-Net 先做一遍过滤，将过滤后的结果再交给 R-Net 进行过滤，最后将两次过滤后的结果交给效果最好但速度较慢的 O-Net 进行判别。这样在第一步就提前减少了需要判别的数量，有效降低了处理时间。

相关内容请阅读论文原文 *Joint Face Detection and Alignment Using Multi-task Cascaded Convolutional Networks*。

第 10 章 基础网络结构：循环神经网络

学习完适用于表格式数据处理的卷积网络，下面开始学习深度学习三大利器之一的循环神经网络。循环神经网络的产生是为了解决序列化数据的问题。

前面 CNN 处理的主要是表格型数据。例如，MNIST 的数据集是 28×28×1 字节的三维表格数据。这些数据不管是用全连接神经网络，还是用卷积网络，都是一次性地将 [28,28,1] 结构数据输入，然后一层一层地处理。

虽然前面详细介绍过 CNN 根据卷积核的大小，可以学习到少量的序列相关性。但是，CNN 并不擅长处理语音、文字等类型的序列数据。

本章将介绍以下内容

- 循环神经网络原理
- 实用循环神经网络：LSTM
- LSTM 案例教程
- 实用循环神经网络：GRU
- 双向循环神经网络
- 将隐藏状态串联起来

10.1 循环神经网络原理

如果重新设计一种网络结构来处理序列数据，最简单的思路就是除了正常的前向神经网络外，加上若干记忆性的单元，这样就可以保存之前的状态。这个比起 CNN 来，更符合程序员的思维习惯。

10.1.1 循环神经网络的结构

我们令循环神经网络的输入为 x_1，x_2，x_3，…。如果没有记忆单元，输出则为 $o_t=\boldsymbol{U}x_t+b$。其中，$\boldsymbol{U}$ 为参数矩阵，b 为偏移量。

现在增加一个隐藏单元，取 tanh 作为激活函数。输出参数矩阵设为 $\boldsymbol{V}$，偏移量为 c。从上次记忆到本次输入的参数矩阵为 $\boldsymbol{W}$，则本次进入记忆单元的值为 $h_t=\tanh(\boldsymbol{U}x_t+\boldsymbol{W}h_{t-1}+b)$，而输出值为 $o_t=\boldsymbol{V}h_t+c$。

注 意

针对序列中的每一步，$\boldsymbol{U}$、$\boldsymbol{V}$、$\boldsymbol{W}$ 参数都一样，这样对于处理词序变化等有很好的效果，也避免让模型变得过于复杂。

如果这个循环神经网络用于处理非线性问题，要避免梯度消失，也可以将激活函数换成 relu。

循环神经网络与全连接网络和卷积网络最重要的不同点是，循环神经网络的组网方式非常灵活，可以是单输入单输出、单输入多输出、多输入单输出、多输入多输出和同步的多输入多输出。

单输入单输出类似于 CNN 结构。但并不是说只可以有一个标量，也可以是一个复杂的张量。只不过是从 RNN 的角度来看，它的输入是一个单元 x_i，输出也是一个单元 o_i，相应地，隐藏单元 h_i 也是一个元素。当然隐藏层可以不只一层。用途可以是文章分类，输入一篇文章，然后输出可能属于一些分类的概率。

单输入多输出，可以用于名词解释。一个词对应一句话或更多的解释。

多输入单输出，可以用于一系列文章或段落的分类或者判断。例如，最常见的应用是情感分析，通过若干段的文字或提取关键字来判断作者的情感是积极的还是消极的。

多输入多输出，就是典型的文本翻译所对应的场景。首先源文本经过编码器对应到一种内部表示，然后通过解码器生成这种内部表示对应的另一种文本。后面还会专门讲生成模型及其扩展——生成对抗网络。这种模型也称为 seq2seq 网络模型。

最后是同步的多输入多输出，虽然是多输入和多输出，但它们每个元素位置都是一一对应的，比上一个要用到 Encoder-Decoder 模型的多输入多输出要容易得多。

为了训练方便，将上面隐藏状态的公式改写一下，将 b 偏移量分为两部分：一个是输入偏移量 input hidden bias − b_{ih}，另一个是状态隐藏层的偏移量 hidden hidden bias − b_{hh}。同样，U 为 input hidden weight − w_{ih}，W 为 hidden hidden weight − w_{hh}。

改写后的公式为：

$$h_t=\tanh(w_{\text{ih}}\,x_t+b_{\text{ih}}+w_{\text{hh}}\,h_{t-1}+b_{\text{hh}})$$

下面对 RNN 的用法进行实操，首先以 PyTorch 为例。

首先来个单输入单输出、只有一个隐藏层，代码如下：

```
rnn1 = t.nn.RNN(1,1,1)
```

然后给一个 x0 的值和 h0 的值。按照 PyTorch 的要求，形状为“（长度，批次，维度）”这样的三维数组。虽然只有一个值，也要重新修改下形状，代码如下：

```
>>> x0 = t.tensor(1.0)
>>> x0 = x0.view(1,1,1)
>>> h0 = t.tensor(0.0)
>>> h0 = h0.view(1,1,1)
```

将 x0,h0 作为参数传给 rnn1，获得的输出为 o1 和 h1：

```
>>> o1, h1 = rnn1(x0,h0)
>>> o1
tensor([[[0.6258]]], grad_fn=<CatBackward>)
>>> h1
tensor([[[0.6258]]], grad_fn=<ViewBackward>)
```

注 意

torch.nn.RNN 要求计算的类型为浮点数，整型会报错。

下面再来看多个输入序列的例子，假设输入是 100 个数字，代码如下：

```
>>> x0_2 = t.linspace(1,100,100)
>>> x0_2
tensor([ 1.,  2.,  3.,  4.,  5.,  6.,  7.,  8.,  9., 10., 11., 12.,
        13., 14., 15., 16., 17., 18., 19., 20., 21., 22., 23., 24.,
        25., 26., 27., 28., 29., 30., 31., 32., 33., 34., 35., 36.,
        37., 38., 39., 40., 41., 42., 43., 44., 45., 46., 47., 48.,
        49., 50., 51., 52., 53., 54., 55., 56., 57., 58., 59., 60.,
```

```
          61., 62., 63., 64., 65., 66., 67., 68., 69., 70., 71., 72.,
          73., 74., 75., 76., 77., 78., 79., 80., 81., 82., 83., 84.,
          85., 86., 87., 88., 89., 90., 91., 92., 93., 94., 95., 96.,
          97., 98., 99., 100.])
>>> x0_2 = x0_2.view(-1,1,1)
```

还是调用之前的 rnn1：

```
>>> o_2, h_2 = rnn1(x0_2, h0)
```

结果 reshape 一下便于打印：

```
>>> o_2_reshape = o_2.view(-1)
>>> o_2_reshape
tensor([0.6258, 0.7889, 0.8817, 0.9348, 0.9644, 0.9806, 0.9895, 0.9943, 0.9969,
        0.9983, 0.9991, 0.9995, 0.9997, 0.9999, 0.9999, 1.0000, 1.0000, 1.0000,
        1.0000, 1.0000, 1.0000, 1.0000, 1.0000, 1.0000, 1.0000, 1.0000, 1.0000,
        1.0000, 1.0000, 1.0000, 1.0000, 1.0000, 1.0000, 1.0000, 1.0000, 1.0000,
        1.0000, 1.0000, 1.0000, 1.0000, 1.0000, 1.0000, 1.0000, 1.0000, 1.0000,
        1.0000, 1.0000, 1.0000, 1.0000, 1.0000, 1.0000, 1.0000, 1.0000, 1.0000,
        1.0000, 1.0000, 1.0000, 1.0000, 1.0000, 1.0000, 1.0000, 1.0000, 1.0000,
        1.0000, 1.0000, 1.0000, 1.0000, 1.0000, 1.0000, 1.0000, 1.0000, 1.0000,
        1.0000, 1.0000, 1.0000, 1.0000, 1.0000, 1.0000, 1.0000, 1.0000, 1.0000,
        1.0000, 1.0000, 1.0000, 1.0000, 1.0000, 1.0000, 1.0000, 1.0000, 1.0000,
        1.0000, 1.0000, 1.0000, 1.0000, 1.0000, 1.0000, 1.0000, 1.0000, 1.0000,
        1.0000], grad_fn=<ViewBackward>)
```

最后一个问题是，如何去读取或修改权值和偏置量。在生成的 rnn1 对象中，已经包含对这 4 个值的引用。输入权值为 rnn1.weight_ih_l0，输入偏置量为 rnn1.bias_ih_l0。状态隐藏权值为 rnn1.weight_hh_l0，状态隐藏偏置量为 rnn1.bias_hh_l0。通过代码来读取它们：

```
>>> rnn1.weight_ih_l0
Parameter containing:
tensor([[0.3079]], requires_grad=True)
>>> rnn1.bias_ih_l0
Parameter containing:
tensor([0.0150], requires_grad=True)
>>> rnn1.weight_hh_l0
Parameter containing:
tensor([[0.0418]], requires_grad=True)
>>> rnn1.bias_hh_l0
```

```
Parameter containing:
tensor([0.4115], requires_grad=True)
```

如何更新这几个参数？有专门的 BPTT 算法来进行训练。

最后讲一下在 TensorFlow 中对于标准 RNN 的实现。TensorFlow 中，标准 RNN 单元的实现为 tf.nn.rnn_cell.BasicRNNCell。在默认情况下，只要指定隐藏单元个数即可。例如：

```
rnn1 = tf.nn.BasicRNNCell(num_units=1)
```

10.1.2 BPTT 算法及其挑战

前面我们花大量篇幅讲了反向传播（Back Propagation，BP）算法对于循环神经网络需要做一些变化。因为循环神经网络要依赖之前每一步的值，才能推导出当前这一步所需要更新的值。

通俗地讲，假如要计算第 5 步的梯度，就需要用到第 4 步、第 3 步、第 2 步、第 1 步的梯度。当这条链变得越来越长时，计算量可想而知，而且还会不断累积。

这种链式求梯度的过程，称为 BPTT（Back Propagation Through Time）算法。

将 RNN 的模型简化，不考虑激活函数和输入函数，则每个记忆节点 h 的状态可以表示为 $h_t=\boldsymbol{W}h_{t-1}=\boldsymbol{W}^2h_{t-2}=\cdots=\boldsymbol{W}^th_0$。

$\boldsymbol{W}$ 和 t 次方的趋势不容易看懂，我们用前面学过的特征分解的方式来看看。

将 $\boldsymbol{W}$ 特征分解为 $\boldsymbol{W}=\boldsymbol{Q\Lambda Q}^{-1}$。$\boldsymbol{Q}$ 的第 i 列为 $\boldsymbol{W}$ 的特征向量 $\boldsymbol{q}_i$。$\boldsymbol{\Lambda}$ 是对角矩阵，其对角线上的元素为对应的特征值。

于是经特征分解之后的状态公式为：

$$h_t=\boldsymbol{Q}^{-1}\boldsymbol{\Lambda Q}h_{t-1}=\cdots=\boldsymbol{Q}^{-1}\boldsymbol{\Lambda}^t\boldsymbol{Q}h_0$$

所以，计算的结果取决于特征值。如果特征值大于 1，则这个序列是发散的，最终会溢出而无法计算。如果特征值小于 1，则这个序列最终结果是 0。

也就是说采用 BPTT 算法，不管 $\boldsymbol{W}$ 矩阵权值调整成什么值，要么溢出，要么在计算中被误差累积变成 0。

我们不妨在此刻停下来，思考一下，如果是你来做，如何解决这个问题？

10.2 实用循环神经网络：LSTM

10.1.2 小节末之所以思考如何解决 BPTT 长期状态丢失的问题，是因为这与通过数学推导来改进算法不同，这种改进很符合程序员的思维。本节要讲的是第一种改进方式——LSTM 网络。另一种改进方式我们将在 10.4 节讲解。

10.2.1 LSTM 的原理

一种改进的思路就是，针对长期记忆，再增加一个记忆存储单元 c，与之前的记忆单元 h 一起构成状态的记忆。

另外，针对多大比例可以进入 c 和 h，c 和 h 中需要遗忘掉多少，需要加控制开关。我们可以定义：f 是遗忘控制开关，g 是长期记忆控制开关，i 是输入，o 是输出。

下面开始介绍一系列逻辑很清晰的公式。

首先是原有的 h：$h_t=o_t\tanh(c_t)$，输出乘以长时记忆。比标准的 RNN 公式中 h_t 同时与输入值和记忆值相关变得更简单了，复习一下标准 RNN 的公式：

$$h_t=\tanh(w_{ih}x_t+b_{ih}+w_{hh}h_{t-1}+b_{hh})$$

长时记忆 c 的公式：$c_t=f_t c_{t-1}+i_t g_t$。输入 i 通过控制门 g 来控制写入到长时记忆 c 的时机，而 f 控制上一个状态 c 遗忘的机制。

输入 i 还是从 h 中取得之前的记忆，并不直接与长时记忆 c 打交道：

$$i_t=\text{sigmoid}(w_{ii}x_t+b_{ii}+w_{hi}h_{t-1}+b_{hi})$$

遗忘控制门 f 与 i 相似，也是受输入和 h 的上一个状态控制：

$$f_t=\text{sigmoid}(w_{if}x_t+b_{if}+w_{hf}h_{t-1}+b_{hf})$$

长期记忆控制门 g 与 f 的区别只是从 sigmoid 函数换成了 tanh：

$$g_t=\tanh(w_{ig}x_t+b_{ig}+w_{hg}h_{t-1}+b_{hg})$$

最后是输出 o，还是只与输入 x 和上次的 h 状态有关：

$$o_t=\text{sigmoid}(w_{io}x_t+b_{io}+w_{ho}h_{t-1})$$

基于上面设计的神经网络，就称为长短时记忆网络（Long Short-Term Memory，LSTM）。

10.2.2 LSTM 编程

LSTM 的用法和普通的 RNN 单元基本一致。

其参数顺序是 input_size 输出元素个数、hidden_size 隐藏层元素个数和 num_layers 隐藏层数。

下面用最简单的例子说明一下，还是用单输入单输出、一个隐藏层（也就是一个 c 单元和一个 h 单元），代码如下：

```
lstm1 = t.nn.LSTM(1,1,1)
```

LSTM 比起普通 RNN 单元要多给一个 c0 的初值，这里还都是用 0，代码如下：

```
>>> c0 = t.tensor(0.0)
```

```
>>> c0 = c0.view(1,1,1)
>>> c0
tensor([[[0.]]])
>>> h0
tensor([[[0.]]])
>>> x0
tensor([[[1.]]])
```

然后调用 lstm1，返回 o1, h1, c1，代码如下：

```
>>> o1, (h1, c1) = lstm1(x0, (h0, c0))
>>> o1
tensor([[[0.1101]]], grad_fn=<CatBackward>)
>>> h1
tensor([[[0.1101]]], grad_fn=<ViewBackward>)
>>> c1
tensor([[[0.3215]]], grad_fn=<ViewBackward>)
```

最后看看参数。虽然模型变了，但是名称还是与 RNN 一样，只不过原来只有一个值，现在变成 4 个，代码如下：

```
>>> lstm1.weight_ih_l0
Parameter containing:
tensor([[-0.7380],
        [ 0.6598],
        [ 0.5367],
        [-0.4286]], requires_grad=True)
>>> lstm1.weight_hh_l0
Parameter containing:
tensor([[-0.7105],
        [-0.5339],
        [-0.9175],
        [-0.6124]], requires_grad=True)
>>> lstm1.bias_ih_l0
Parameter containing:
tensor([ 0.7175,  0.9958, -0.4081, -0.0193], requires_grad=True)
>>> lstm1.bias_hh_l0
Parameter containing:
tensor([ 0.5586,  0.1967,  0.4330, -0.1524], requires_grad=True)
```

4 个值的顺序是按 ifgo 的顺序。例如，weight_ih_l0 的 4 个值分别对应 w_{ii}、w_{if}、w_{ig}、w_{io}。对应的是 i、f、g、o 这 4 个函数的第一项。

10.3 LSTM 案例教程

学习了 LSTM 之后，要学以致用，下面用 LSTM 来解决具体问题。RNN 虽然主要长处是用于处理文本，但是它同样可以用来处理其他神经网络处理的问题。

10.3.1 用 LSTM 来处理 MNIST 图像识别

温故而知新，这里还是用 LSTM 来处理第 2 章学习的 MNIST 手写识别问题。

模型代码如下：

```
# Lstm 网络
class LstmNet(t.nn.Module):
  def __init__(self, input_size, hidden_size, num_layers, num_classes):
    super(LstmNet, self).__init__()
    # 隐藏单元数
    self.hidden_size = hidden_size
    # 隐藏层数
    self.num_layers = num_layers
    self.lstm = t.nn.LSTM(input_size, hidden_size, num_layers, batch_first=True)
    # 输出的全连接网络
    self.fc = t.nn.Linear(hidden_size, num_classes)
  def forward(self, x):
    # 通过 x.size(0) 获取 batch 中的元素个数
    # h0 和 c0 的格式为：（层数 * 方向数，批次数，隐藏层数）
    b_size = x.size(0)
    h0 = t.zeros(self.num_layers, b_size, self.hidden_size)
    c0 = t.zeros(self.num_layers, b_size, self.hidden_size)
    lstm_out, _ = self.lstm(x, (h0, c0))
    fc_out = self.fc(lstm_out[:, -1, :])
    return fc_out
```

有了本章第 2 节的基础，上面的代码对于读者阅读来说应该没有问题。如果还是不清楚，我们刚好可借此机会复习第 2 节。

需要解释的是这一句：

```
batch_first=True
```

这个主要决定几个参数的顺序。如果 batch_first 为 True，后面提供数据时，就要把 batch 放在第一个参数，代码如下：

```
for epoch in range(num_epochs):
  # 打印轮次：
  print('Epoch:', epoch)
  X = t.autograd.Variable(t.from_NumPy(X_train))
  y = t.autograd.Variable(t.from_NumPy(y_train))
  i = 0
  while i < X_train_size:
    # 取一个新批次的数据
    X0 = X[i:i + batch_size]
    # LSTM 要求的格式为：batch_size,seq, input_size
    X0 = X0.view(batch_size, -1, 28 * 28)
    y0 = y[i:i + batch_size]
    i += batch_size
    # 正向传播
    ## 用神经网络计算 10 类输出结果
    out = model(X0)
    ## 计算神经网络结果与实际标签结果的差值
    loss = t.nn.CrossEntropyLoss()(out, y0)
    # 反向梯度下降
    ## 清空梯度
    optimizer.zero_grad()
    ## 根据误差函数求导
    loss.backward()
    ## 进行一轮梯度下降计算
    optimizer.step()
  print(loss.item())
```

其他部分，如优化方法，我们还使用 Adam。

10.3.2　用 LSTM 处理 MNIST 的完整代码

按照本书的惯例，这里还是把用 LSTM 处理 MNIST 的完整代码列一下，方便读者学习，代码如下：

```
import NumPy as np
```

```
import torch as t
# 读取图片对应的数字
def read_labels(filename, items):
    file_labels = open(filename, 'rb')
    file_labels.seek(8)
    data = file_labels.read(items)
    y = np.zeros(items, dtype=np.int64)
    for i in range(items):
        y[i] = data[i]
    file_labels.close()
    return y
y_train = read_labels('./train-labels-idx1-ubyte', 60000)
y_test = read_labels('./t10k-labels-idx1-ubyte', 10000)
# 读取图像
def read_images(filename, items):
    file_image = open(filename, 'rb')
    file_image.seek(16)
    data = file_image.read(items * 28 * 28)
    X = np.zeros(items * 28 * 28, dtype=np.float32)
    for i in range(items * 28 * 28):
        X[i] = data[i] / 255
    file_image.close()
    return X.reshape(-1, 28 * 28)
X_train = read_images('./train-images-idx3-ubyte', 60000)
X_test = read_images('./t10k-images-idx3-ubyte', 10000)
# 超参数
num_epochs = 30    # 训练轮数
learning_rate = 1e-3    # 学习率
batch_size = 100    # 批量大小
class LstmNet(t.nn.Module):    # Lstm 网络
    def __init__(self, input_size, hidden_size, num_layers, num_classes):
        super(LstmNet, self).__init__()
        self.hidden_size = hidden_size    # 隐藏单元数
        self.num_layers = num_layers    # 隐藏层数
        self.lstm = t.nn.LSTM(input_size, hidden_size, num_layers, batch_first=True)    # Lstm 层
```

```
        self.fc = t.nn.Linear(hidden_size, num_classes)   # 输出的全连接网络
    def forward(self, x):
        # 通过 x.size(0) 获取 batch 中的元素个数
        b_size = x.size(0)   # h0 和 c0 的格式为:（层数 * 方向数 , 批次数 , 隐藏层数 ）
        h0 = t.zeros(self.num_layers, b_size, self.hidden_size)
        c0 = t.zeros(self.num_layers, b_size, self.hidden_size)
        lstm_out, _ = self.lstm(x, (h0, c0))   # lstm 输出
        fc_out = self.fc(lstm_out[:, -1, :])   # 分类输出
        return fc_out
model = LstmNet(28 * 28, 128, 1, 10)   # 输入 28*28，隐藏元素 128，隐藏层 1 个，输出 10 类
optimizer = t.optim.Adam(model.parameters(), lr=learning_rate)   # 优化器仍然选随机梯度下降
X_train_size = len(X_train)
for epoch in range(num_epochs):
    print('Epoch:', epoch)   # 打印轮次
    X = t.autograd.Variable(t.from_NumPy(X_train))
    y = t.autograd.Variable(t.from_NumPy(y_train))
    i = 0
    while i < X_train_size:
        X0 = X[i:i + batch_size]   # 取一个新批次的数据
        X0 = X0.view(batch_size, -1, 28 * 28)   # LSTM 要求的格式为：batch_size,seq, input_size
        y0 = y[i:i + batch_size]
        i += batch_size
        # 正向传播
        out = model(X0)   # 用神经网络计算 10 类输出结果
        loss = t.nn.CrossEntropyLoss()(out, y0)   # 计算神经网络结果与实际标签结果的差值
        # 反向梯度下降
        optimizer.zero_grad()   # 清空梯度
        loss.backward()   # 根据误差函数求导
        optimizer.step()   # 进行一轮梯度下降计算
    print(loss.item())
# 验证部分
model.eval()   # 将模型设为验证模式
X_val = t.autograd.Variable(t.from_NumPy(X_test))
y_val = t.autograd.Variable(t.from_NumPy(y_test))
X_val = X_val.view(10000, -1, 28 * 28)   # 整形成 CNN 要求的格式
out_val = model(X_val)   # 用训练好的模型计算结果
```

```
loss_val = t.nn.CrossEntropyLoss()(out_val, y_val)   # 验证交叉熵
print(loss_val.item())
_, pred = t.max(out_val, 1)   # 求出最大的元素的位置
num_correct = (pred == y_val).sum()   # 将预测值与标注值进行对比
print(num_correct.data.NumPy() / len(y_test))
```

10.4 实用循环神经网络：GRU

LSTM 长短时记忆网络，虽然实际上并不复杂，但是看起来参数还是比较多。所以 K.Cho 等人提出了不用 C 这样一个新存储，只在控制门上想办法的新结构，这种结构称为门控循环单元（Gated Recurrent Unit，GRU）。

10.4.1 GRU 原理

如同电子元器件一样，GRU 有两种门操作：一种是更新门，类似于元器件的写操作；另一种是重置门，类似于元器件的擦除操作。

首先是重置门：

$$r_t=\text{sigmoid}(W_{\text{ir}}\, x_t+b_{\text{ir}}+W_{\text{hr}}\, h_{t-1}+b_{\text{hr}})$$

更新门也是完全相同的模式：

$$z_t=\text{sigmoid}(W_{\text{iz}}\, x_t+b_{\text{iz}}+W_{\text{hz}}\, h_{t-1}+b_{\text{hz}})$$

最终公式中对重置门的用法比较复杂，可以单提出来做一个新变量：

$$n_t=\tanh(W_{\text{in}}\, x_t+b_{\text{in}}+r_t\,(W_{\text{hn}}\, h_{t-1}+b_{\text{hn}}))$$

最后将 z 和 r 组合起来：

$$h_t=(1-z_t)\, n_t+z_t\, h_{t-1}$$

10.4.2 GRU 编程

GRU 编程的好处是接口兼容普通的 RNN。但是要注意隐藏状态的计算方法与普通的 RNN 已经不同了。

下面以最简单的例子来看 GRU 的使用方法，代码如下：

```
>>> gru1 = t.nn.GRU(1,1,1)
>>> h0
tensor([[[0.]]])
>>> x0
tensor([[[1.]]])
```

```
>>> x1, h1 = gru1(x0,h0)
>>> x1
tensor([[[0.2416]]], grad_fn=<CatBackward>)
>>> h1
tensor([[[0.2416]]], grad_fn=<ViewBackward>)
```

不过，当深入 GRU 的参数中，就会发现参数从 RNN 的 1 个变为 3 个。分别是前面学过的 r、z、n，代码如下：

```
>>> gru1.weight_ih_l0
Parameter containing:
tensor([[0.0983],
        [0.8181],
        [0.5335]], requires_grad=True)
>>> gru1.bias_ih_l0
Parameter containing:
tensor([-0.0608,  0.5318,  0.3831], requires_grad=True)
>>> gru1.weight_hh_l0
Parameter containing:
tensor([[ 0.7473],
        [-0.3860],
        [ 0.1639]], requires_grad=True)
>>> gru1.bias_hh_l0
Parameter containing:
tensor([ 0.5190, -0.3588,  0.8140], requires_grad=True)
```

在实际应用中，LSTM 与 GRU 较量互有胜负。如果数据量较小，建议用参数更少的 GRU。如果数据量较大，一般可以使用 LSTM。

10.5 双向循环神经网络

RNN 网络不但有一对多、多对一、一对一、多对多等组网方式，而且还可以像链表一样，做成双向链表。

对于 OCR、机器翻译和语音识别等领域，虽然双向循环神经网络比单向的要多花一倍的时间，但是取得的效果相对不错。

10.5.1 双向循环神经网络的搭建

双向链表的实现方法也非常容易，在 PyTorch 中，只需要创建 LSTM 时加一个参数即可，bidirectional=True。例如：

```
self.lstm = t.nn.LSTM(input_size, hidden_size, num_layers, batch_first=True, bidirectional=True)
```

另外，因为是双向的，所以输出到全连接网络时元素数要乘以 2，代码如下：

```
# 双向 LSTM 网络
class BiLstmNet(t.nn.Module):
    def __init__(self, input_size, hidden_size, num_layers, num_classes):
        super(BiLstmNet, self).__init__()
        # 隐藏单元数
        self.hidden_size = hidden_size
        # 隐藏层数
        self.num_layers = num_layers
        self.lstm = t.nn.LSTM(input_size, hidden_size, num_layers, batch_first=True, bidirectional=True)
        # 输出的全连接网络
        self.fc = t.nn.Linear(hidden_size*2, num_classes)
```

再者，h0 和 c0 的状态也要乘以 2。对代码进行如下修改：

```
def forward(self, x):
    # 通过 x.size(0) 获取 batch 中的元素个数
    # h0 和 c0 的格式为：( 层数 * 方向数 , 批次数 , 隐藏层数 )
    b_size = x.size(0)
    h0 = t.zeros(self.num_layers*2, b_size, self.hidden_size)
    c0 = t.zeros(self.num_layers*2, b_size, self.hidden_size)
    lstm_out, _ = self.lstm(x, (h0, c0))
    fc_out = self.fc(lstm_out[:, -1, :])
    return fc_out
```

现在输出的网络结构如下：

```
BiLstmNet(
  (lstm): LSTM(784, 128, batch_first=True, bidirectional=True)
  (fc): Linear(in_features=256, out_features=10, bias=True)
)
```

10.5.2 双向神经网络的完整例程

下面是完整的例程，大家可以对比一下与普通 LSTM 网络的不同。篇幅所限，以下内容省略了读取数据的部分，代码如下：

```
import NumPy as np
import torch as t
# 注：读取数字部分省略，请参考前面的代码
# 超参数
num_epochs = 30   # 训练轮数
learning_rate = 1e-3   # 学习率
batch_size = 100   # 批量大小
# 双向 LSTM 网络
class BiLstmNet(t.nn.Module):
  def __init__(self, input_size, hidden_size, num_layers, num_classes):
    super(BiLstmNet, self).__init__()
    self.hidden_size = hidden_size   # 隐藏单元数
    self.num_layers = num_layers   # 隐藏层数
      self.lstm = t.nn.LSTM(input_size, hidden_size, num_layers, batch_first=True,
bidirectional=True)   # 双向 LSTM
    self.fc = t.nn.Linear(hidden_size*2, num_classes)   # 输出的全连接网络
  def forward(self, x):
      # 通过 x.size(0) 获取 batch 中的元素个数
    b_size = x.size(0)# h0 和 c0 的格式为：( 层数 * 方向数 , 批次数 , 隐藏层数 )
    h0 = t.zeros(self.num_layers*2, b_size, self.hidden_size)
    c0 = t.zeros(self.num_layers*2, b_size, self.hidden_size)
    lstm_out, _ = self.lstm(x, (h0, c0))   # 双向 lstm 输出
    fc_out = self.fc(lstm_out[:, -1, :])   # 分类输出
    return fc_out
model = BiLstmNet(28 * 28, 128, 1, 10)   # 输入 28*28，隐藏元素 128，隐藏层 1 个，输出 10 类
optimizer = t.optim.Adam(model.parameters(), lr=learning_rate)   # 优化器仍然选随机梯度下降
X_train_size = len(X_train)
for epoch in range(num_epochs):
  print('Epoch:', epoch)   # 打印轮次
  X = t.autograd.Variable(t.from_NumPy(X_train))
  y = t.autograd.Variable(t.from_NumPy(y_train))
```

```
    i = 0
    while i < X_train_size:
        X0 = X[i:i + batch_size]    # 取一个新批次的数据
        X0 = X0.view(batch_size, -1, 28 * 28)    # LSTM 要求的格式为：batch_size,seq, input_size
        y0 = y[i:i + batch_size]
        i += batch_size
        # 正向传播
        out = model(X0)    # 用神经网络计算 10 类输出结果
        loss = t.nn.CrossEntropyLoss()(out, y0)    # 计算神经网络结果与实际标签结果的差值
        # 反向梯度下降
        optimizer.zero_grad()    # 清空梯度
        loss.backward()    # 根据误差函数求导
        optimizer.step()    # 进行一轮梯度下降计算
    print(loss.item())
# 验证部分
model.eval()    # 将模型设为验证模式
X_val = t.autograd.Variable(t.from_NumPy(X_test))
y_val = t.autograd.Variable(t.from_NumPy(y_test))
X_val = X_val.view(10000, -1, 28 * 28)    # 整形成 CNN 需要的结果
out_val = model(X_val)    # 用训练好的模型计算结果
loss_val = t.nn.CrossEntropyLoss()(out_val, y_val)
print(loss_val.item())
_, pred = t.max(out_val, 1)    # 求出最大的元素的位置
num_correct = (pred == y_val).sum()    # 将预测值与标注值进行对比
print(num_correct.data.NumPy() / len(y_test))
```

10.6 将隐藏状态串联起来

上面我们学习了使用 LSTM 和 GRU，但并没有体会到状态记忆的作用。本节将隐藏状态串联到 RNN 网络中，请细心体会一下带状态之后 RNN 网络与没有状态的 CNN 的不同。

10.6.1 带状态输入的模型

我们将上面的例子重新改写一下，使之能使用隐藏状态。首先，输入就要增加隐藏状态:

```
def forward(self, x, hidden_state):
    # 调用模型时需要指定隐藏状态
```

```
    lstm_out, (h2, c2) = self.lstm(x, hidden_state)
    # 通过 detach 清理旧状态
    c2 = c2.detach()
    h2 = h2.detach()
    hidden_state2 = (h2, c2)
    fc_out = self.fc(lstm_out[:, -1, :])
    return fc_out, hidden_state2
```

既然每次调用模型时都要输入状态，那么就需要一个函数来生成 h0,c0 的状态：

```
  def forward(self, x, hidden_state):
    # 调用模型时需要指定隐藏状态
    lstm_out, (h2, c2) = self.lstm(x, hidden_state)
    # 通过 detach 清理旧状态
    c2 = c2.detach()
    h2 = h2.detach()
    hidden_state2 = (h2, c2)
    fc_out = self.fc(lstm_out[:, -1, :])
    return fc_out, hidden_state2
```

完整的带状态输入的模型代码如下：

```
# Lstm 网络
class LstmNet(t.nn.Module):
  def __init__(self, input_size, hidden_size, num_layers, num_classes):
    super(LstmNet, self).__init__()
    # 隐藏单元数
    self.hidden_size = hidden_size
    # 隐藏层数
    self.num_layers = num_layers
    self.lstm = t.nn.LSTM(
      input_size, hidden_size, num_layers, batch_first=True)
    # 输出的全连接网络
    self.fc = t.nn.Linear(hidden_size, num_classes)
  def forward(self, x, hidden_state):
    # 调用模型时需要指定隐藏状态
    lstm_out, (h2, c2) = self.lstm(x, hidden_state)
    # 通过 detach 清理旧状态
    c2 = c2.detach()
```

```
        h2 = h2.detach()
        hidden_state2 = (h2, c2)
        fc_out = self.fc(lstm_out[:, -1, :])
        return fc_out, hidden_state2
    def init_hidden(self, bch_size):
        # 初始化 h0 , c0. 格式为：( 层数 * 方向数 , 批次数 , 隐藏层数 )
        return t.zeros(self.num_layers, bch_size, self.hidden_size), t.zeros(
            self.num_layers, bch_size, self.hidden_size)
```

训练部分也要稍微修改一下：

```
# 输入 28*28，隐藏元素 128，隐藏层 1 个，输出 10 类
model = LstmNet(28 * 28, 128, 1, 10)
print(model)
# 优化器仍然选随机梯度下降
optimizer = t.optim.Adam(model.parameters(), lr=learning_rate)
X_train_size = len(X_train)
for epoch in range(num_epochs):
    # 打印轮次：
    print('Epoch:', epoch)
    hidden = model.init_hidden(batch_size)
    X = t.autograd.Variable(t.from_NumPy(X_train))
    y = t.autograd.Variable(t.from_NumPy(y_train))
    i = 0
    while i < X_train_size:
        # 取一个新批次的数据
        X0 = X[i:i + batch_size]
        # LSTM 要求的格式为：batch_size,seq, input_size
        X0 = X0.view(batch_size, -1, 28 * 28)
        y0 = y[i:i + batch_size]
        i += batch_size
        # 正向传播
        # 用神经网络计算 10 类输出结果
        out, hidden = model(X0, hidden)
        # 计算神经网络结果与实际标签结果的差值
        loss = t.nn.CrossEntropyLoss()(out, y0)
        # 反向梯度下降
```

```
    # 清空梯度
    optimizer.zero_grad()
    # 根据误差函数求导
    loss.backward()
    # 进行一轮梯度下降计算
    optimizer.step()
```

10.6.2 带状态输入的 MNIST 完整代码

下面给大家看一下完整的带状态处理 MNIST 的代码：

```
import NumPy as np
import torch as t
# 读取数据部分略，请参考上一节的代码
# 超参数
num_epochs = 30    # 训练轮数
learning_rate = 1e-3    # 学习率
batch_size = 100    # 批量大小
# Lstm 网络
class LstmNet(t.nn.Module):
    def __init__(self, input_size, hidden_size, num_layers, num_classes):
        super(LstmNet, self).__init__()
        self.hidden_size = hidden_size    # 隐藏单元数
        self.num_layers = num_layers    # 隐藏层数
        self.lstm = t.nn.LSTM(
            input_size, hidden_size, num_layers, batch_first=True)
        self.fc = t.nn.Linear(hidden_size, num_classes)    # 输出的全连接网络
    def forward(self, x, hidden_state):
        lstm_out, (h2, c2) = self.lstm(x, hidden_state)    # 调用模型时需要指定隐藏状态
        c2 = c2.detach()    # 通过 detach 清理旧状态
        h2 = h2.detach()    # 通过 detach 清理旧状态
        hidden_state2 = (h2, c2)
        fc_out = self.fc(lstm_out[:, -1, :])
        return fc_out, hidden_state2
    def init_hidden(self, bch_size):    # 初始化 h0 , c0. 格式为：（层数 * 方向数 , 批次数 , 隐藏层数 ）
        return t.zeros(self.num_layers, bch_size, self.hidden_size), t.zeros(
            self.num_layers, bch_size, self.hidden_size)
model = LstmNet(28 * 28, 128, 1, 10)    # 输入 28*28，隐藏元素 128，隐藏层 1 个，输出 10 类
```

```
optimizer = t.optim.Adam(model.parameters(), lr=learning_rate)    # 优化器 Adam
X_train_size = len(X_train)
for epoch in range(num_epochs):
    print('Epoch:', epoch)    # 打印轮次
    hidden = model.init_hidden(batch_size)    # 初始化隐藏状态
    X = t.autograd.Variable(t.from_NumPy(X_train))
    y = t.autograd.Variable(t.from_NumPy(y_train))
    i = 0
    while i < X_train_size:
        X0 = X[i:i + batch_size]    # 取一个新批次的数据
        X0 = X0.view(batch_size, -1, 28 * 28)    # LSTM 要求的格式为：batch_size,seq, input_size
        y0 = y[i:i + batch_size]
        i += batch_size
        # 正向传播
        out, hidden = model(X0, hidden)    # 用神经网络计算 10 类输出结果
        loss = t.nn.CrossEntropyLoss()(out, y0)    # 计算神经网络结果与实际标签结果的差值
        # 反向梯度下降
        optimizer.zero_grad()    # 清空梯度
        loss.backward()    # 根据误差函数求导
        optimizer.step()    # 进行一轮梯度下降计算
    print(loss.item())
# 验证部分
model.eval()    # 将模型设为验证模式
X_val = t.autograd.Variable(t.from_NumPy(X_test))
y_val = t.autograd.Variable(t.from_NumPy(y_test))
X_val = X_val.view(10000, -1, 28 * 28)
hidden0 = model.init_hidden(10000)    # 验证部分也要初始化状态
# 用训练好的模型计算结果
out_val, _ = model(X_val, hidden0)
loss_val = t.nn.CrossEntropyLoss()(out_val, y_val)
print(loss_val.item())
_, pred = t.max(out_val, 1)    # 求出最大的元素的位置
num_correct = (pred == y_val).sum()    # 将预测值与标注值进行对比
print(num_correct.data.NumPy() / len(y_test))
```

第 11 章 RNN 在自然语言处理中的应用

前面介绍了 RNN、LSTM 和 GRU 的原理，并且展示了带记忆的 RNN 一样可以用于处理通用的深度学习问题。但这并不是 RNN 的特长，其长处在于文本处理。本章介绍在自然语言处理中 RNN 的实际应用。

本章将介绍以下内容

- 文本编码：从独热编码到词向量
- Char-RNN 算法
- Char-RNN 的训练
- Char-RNN 的预测推理
- Char-RNN 完整模型

11.1 文本编码：从独热编码到词向量

RNN，尤其是LSTM，为处理文本提供了很好的工具。但是，学会了RNN的基本原理，并不能直接应用到文本上。RNN毕竟只是神经网络，不能输入一串文本内码就进行工作，它首先遇到的“拦路虎”就是如何编码。

采用字词的内码显然行不通，因为文本本质上是不同的数据。假如对英文采用ASCII码，如字母A编码是65，B是66，a是97，观察数据，我们完全看不出编码与数字间有什么关系。例如，@是64，空格是32，这@和空格之间有2倍的关系吗？

前面学习了用独热编码的方式来解决这个问题。这对于英文字母来说，是很好的办法。但是对于汉字来说就不好处理了。因为汉字的字数太多，常用的有2万字左右。如果将这些汉字组成词语，就更夸张了。

所以在深度学习中，使用词向量Word Vector，或者是Word Embedding技术来将几十万维量级的独热编码映射成低维的连续向量空间，如降低到128维或256维。

在PyTorch中，使用torch.nn.Embedding来封装词向量功能。可以这样调用，代码如下：

```
self.encoder = t.nn.Embedding(input_size, h_size)
```

有了词嵌入之后，LSTM网络终于可以通过这个桥梁来处理自然语言的问题了。

初始化时，需要把词嵌入层增加进去，代码如下：

```
def __init__(self, input_size, h_size, n_layers, num_classes):
    super(LstmNet, self).__init__()
    # 隐藏单元数
    self.hidden_size = h_size
    # 隐藏层数
    self.num_layers = n_layers
    self.encoder = t.nn.Embedding(input_size, h_size)
    self.lstm = t.nn.LSTM(h_size, h_size, n_layers, batch_first=True)
    # 输出的全连接网络
    self.fc = t.nn.Linear(h_size, num_classes)
```

网络输入时，第一步要调用词嵌入层，代码如下：

```
def forward(self, x, hidden_state):
    # 调用模型时需要指定隐藏状态
    # 首先将输入映射成词向量
    encoded = self.encoder(x)
    bch_size = x.size(0)
```

```
lstm_out, (h2, c2) = self.lstm(
    encoded.view(bch_size, 1, -1), hidden_state)
# 通过 detach 清理旧状态
c2 = c2.detach()
h2 = h2.detach()
hidden_state2 = (h2, c2)
fc_out = self.fc(lstm_out.view(bch_size, -1))
return fc_out, hidden_state2
```

11.2 Char-RNN 算法

Char-RNN 是基于字符的序列算法，也就是说，它并不考虑单词和句子等更高一级的语言单位，只是基于字符来生成文本。文本的含义是，不仅生成单词，而且这些单词可以组成句子。而在这个过程中，并没有指定任何语法或句法上的先验知识，只靠循环神经网络训练的结果来进行预测。

11.2.1 Char-RNN 的概念

下面首先看一段句子：

```
The let's an entage and which, and God's rob heavy
Thy chaird in my son thou have a will your can't my
What face, ho!
How my due not, but was sight the wrief, this death, and that in the stock's for the worl
```

这段句子就是用 Char-RNN 算法学习将莎士比亚戏剧全集写出来的。

戏剧文本的例子如下：

```
First Citizen:
Before we proceed any further, hear me speak.
All:
Speak, speak.
First Citizen:
You are all resolved rather to die than to famish?
All:
Resolved. resolved.
First Citizen:
First, you know Caius Marcius is chief enemy to the people.
```

```
All:
We know't, we know't.
```

上面这种不需要学习任何先验语法知识，只利用已有的文本去训练生成全新的文章的算法，就称为 Char-RNN 算法。

11.2.2 Char-RNN 的原理

下面以第一个单词 First 为例，说明 Char-RNN 的原理。

$x[0]$ 是字母 F，此时，对应的输出 $y[0]$ 是 i，就是 $x[0]$=F 时预测的下一个字母。$x[0]$ 是 F，$x[1]$=i，此时 $y[1]$=r。以此类推，$x[0]$=F，$x[1]$=i，$x[2]$=r 时，$y[2]$ 为 s。

然后用这个训练数据计算交叉熵来更新网络参数。经过几百万次训练之后，再取一段初始字符种子，如“The”。把 T、h、e 这 3 个字母输入 RNN 网络中，然后判断第 4 个字母是哪个的概率最大，本质上还是分类问题。

下面来用一小段代码说明训练数据生成的部分，假设要生成 10 个字符和训练数据，代码如下：

```
# 输入文本文件
filename = './input.txt'
# 读取文件
input_file = open(filename).read()
chunk0 = input_file[0:10+1]
x0 = chunk0[:-1]
y0 = chunk0[1:]
print(chunk0)
print(x0)
print(y0)
```

结果为：

```
First Citiz
First Citi
irst Citiz
```

11.2.3 向量编码

下面需要对字符进行编码，因为最终做的是分类问题，对于不能显示的字符分类并没有任何意义。于是使用可打印字符作为字典，对字符进行编码，其代码如下：

```
# 所有可打印的字符
```

```
all_printable = string.printable
# 将字符串转化成向量
def char_to_tensor(chars):
    c_length = len(chars)
    c_tensor = t.zeros(c_length, dtype=t.int64)
    for ch in range(c_length):
        try:
            c_tensor[ch] = all_printable.index(chars[ch])
        except ValueError:
            continue
    return c_tensor
```

下面将所有字符遍历一遍：

```
print(all_printable)
print(char_to_tensor(all_printable))
```

输出结果如下：

```
0123456789abcdefghijklmnopqrstuvwxyzABCDEFGHIJKLMNOPQRSTUVWXYZ!"#$%&'
()*+,-./:;<=>?@[\]^_`{|}~
tensor([ 0,  1,  2,  3,  4,  5,  6,  7,  8,  9, 10, 11, 12, 13, 14, 15, 16, 17,
        18, 19, 20, 21, 22, 23, 24, 25, 26, 27, 28, 29, 30, 31, 32, 33, 34, 35,
        36, 37, 38, 39, 40, 41, 42, 43, 44, 45, 46, 47, 48, 49, 50, 51, 52, 53,
        54, 55, 56, 57, 58, 59, 60, 61, 62, 63, 64, 65, 66, 67, 68, 69, 70, 71,
        72, 73, 74, 75, 76, 77, 78, 79, 80, 81, 82, 83, 84, 85, 86, 87, 88, 89,
        90, 91, 92, 93, 94, 95, 96, 97, 98, 99])
```

0~9 就是数字 0~9，a 是 10，以此类推。

11.2.4 随机选取一段测试文本

有了上面的基础之后，就可以写一段代码了，从长达 111 万字符的《莎士比亚戏剧全集》中选取一段进行训练，代码如下：

```
# 从文本中随机选取一段进行训练
def get_training_set(c_len, bch_size):
    # 输入向量
    x = t.zeros(bch_size, c_len, dtype=t.int64)
    # 标签向量
    y = t.zeros(bch_size, c_len, dtype=t.int64)
```

```
for bi in range(bch_size):
  # 随机生成一个起始位置
  start_index = random.randint(0, file_len - c_len - 1)
  # 长度为 c_len + 1。因为 y[start_index + c_len] 的值实际上是 start_index+ c_len+1
  end_index = start_index + c_len + 1
  # chunk 取得的长度是 c_len + 1，比 x[bi] 和 y[bi] 都多 1
  chunk = input_file[start_index:end_index]
  # x 不需要 c_len 位置的字符
  x_i = chunk[:-1]
  # y 的第一个是 x 的第 2 个，所以不需要 0 位置的字符
  y_i = chunk[1:]
  # 转换成编码后的向量
  x[bi] = char_to_tensor(x_i)
  y[bi] = char_to_tensor(y_i)
# 返回变量
x = t.autograd.Variable(x)
y = t.autograd.Variable(y)
return x, y
```

11.3 Char-RNN 的训练

Char-RNN 的建模没有什么神秘的地方，还是使用前面的 LSTM 网络来实现。

11.3.1 用于 Char-RNN 的 LSTM 网络

用于 Char-RNN 的网络，与前面所学的 LSTM 网络没有任何区别。经过编码的向量可以直接用前面定义好的 LSTM 网络直接训练，代码如下：

```
# Lstm 网络
class LstmNet(t.nn.Module):
  def __init__(self, input_size, h_size, n_layers, num_classes):
    super(LstmNet, self).__init__()
    # 隐藏单元数
    self.hidden_size = h_size
    # 隐藏层数
    self.num_layers = n_layers
    self.encoder = t.nn.Embedding(input_size, h_size)
```

```
        self.lstm = t.nn.LSTM(h_size, h_size, n_layers, batch_first=True)
        # 输出的全连接网络
        self.fc = t.nn.Linear(h_size, num_classes)
    def forward(self, x, hidden_state):
        # 调用模型时需要指定隐藏状态
        # 首先将输入映射成词向量
        encoded = self.encoder(x)
        bch_size = x.size(0)
        lstm_out, (h2, c2) = self.lstm(
            encoded.view(bch_size, 1, -1), hidden_state)
        # 通过 detach 清理旧状态
        c2 = c2.detach()
        h2 = h2.detach()
        hidden_state2 = (h2, c2)
        fc_out = self.fc(lstm_out.view(bch_size, -1))
        return fc_out, hidden_state2
    def init_hidden(self, bch_size):
        # 初始化 h0 , c0. 格式为:( 层数 * 方向数 , 批次数 , 隐藏层数 )
        return t.zeros(self.num_layers, bch_size, self.hidden_size), t.zeros(
            self.num_layers, bch_size, self.hidden_size)
```

11.3.2 训练过程

模型学过，训练过程也同样熟悉，代码如下：

```
# 模型、优化器和损失函数
model = LstmNet(num_printable, hidden_size, num_layers, num_printable)
optimizer = t.optim.Adam(model.parameters(), lr=learning_rate)
criterion = t.nn.CrossEntropyLoss()
```

下面是训练的过程：

```
for epoch in range(1, num_epochs + 1):
    hidden_train = model.init_hidden(batch_size)
    model.zero_grad()
    loss = 0
    x_tensor, y_tensor = get_training_set(sentence_length, batch_size)
    for c in range(sentence_length):
        output, hidden_train = model(x_tensor[:, c], hidden_train)
```

```
        loss += criterion(output.view(batch_size, -1), y_tensor[:, c])
    loss.backward()
    optimizer.step()
    loss = loss.item() / sentence_length
t.save(model, "input.pt")
```

11.4 Char-RNN 的预测推理

在学习卷积网络时，训练和推理这两部分基本是一样的。但是对于 RNN 来说，推理需要一些额外的技术。因为 CNN 处理的工作是事务性的，分类的确认越准确越好。但是 RNN 有所不同，生成诗歌乐曲之类的是个创造性的工作，需要将随机性引入 RNN 的推理过程中来。

这种随机性的工具，在 Char-RNN 中称为"温度"。

11.4.1 温度的作用

介绍温度之前，首先来看没有温度时是什么情况。按照前面介绍的原理，网络训练好之后，就可以用来预测。写出来的代码如下：

```
for p in range(generate_len):
    out, hidden = decoder(inp, hidden)
    _, pred = t.max(out, 1)
    pred = tensor_to_char(pred)
    predicted += pred
    # 下一次循环的输入
    inp = t.autograd.Variable(char_to_tensor(pred).unsqueeze(0))
```

decoder 是 LSTM 模型，通过 t.max 求出最大概率的位置，再通过 tensor_to_char 来转换成字符，代码如下：

```
# 向量转成字符
def tensor_to_char(tensor):
    value = tensor.item()
    return all_printable[value]
```

这样生成的句子会是什么效果？例如：

```
The shall the sere the sere the sere the sere the sere the sere the sere the sere the sere the sere the
sere the
```

再如：

```
Whath the shall the shall the shall the shall the shall the shall the shall the shall the shall the shal
```

因为每次都取最大概率，就变得没有变化。所以要引入随机的变化，这就是温度的作用。

11.4.2 温度的计算

温度越高越稳定，温度越低越发散。用法如下：

```
# 进行温度值计算
output_dist = out.data.view(-1).div(temperature).exp()
```

将计算出来的每个字符的概率除以温度再进行 e 指数运算。加入温度后，再加上一个随机值，用多项分布对结果进行采样。下面可以试验一下，每次的结果都有所不同，代码如下：

```
out, hidden = decoder(inp, hidden)
print('out:',out)
# 进行温度值计算
output_dist = out.data.view(-1).div(temperature).exp()
print('output_dist:',output_dist)
print('top:',t.multinomial(output_dist, 100))
print('top2:',t.multinomial(output_dist, 100))
print('top3:',t.multinomial(output_dist, 100))
```

下面来看一组结果：

```
out: tensor([[-0.2868, 0.0056, -0.0696, -0.2240, -0.1626, -0.1734, -0.1029, -0.2239,
         -0.2543, -0.2794, 0.2874, 0.0401, 0.0741, 0.2282, 0.2628, 0.2476,
         0.0273, 0.3674, 0.2933, -0.0340, -0.0214, 0.3277, 0.0995, 0.3339,
         0.1649, -0.0183, -0.0953, 0.0852, 0.1839, -0.0217, -0.0055, -0.1589,
         0.1066, -0.2553, 0.0660, -0.2911, -0.1168, -0.2993, -0.1427, 0.0312,
         -0.2559, -0.1151, -0.1561, -0.0520, 0.0087, -0.1789, -0.0571, -0.2751,
         -0.1694, -0.0188, -0.0504, -0.2290, -0.3939, -0.0291, 0.0047, -0.0168,
         -0.0303, -0.0522, 0.0961, -0.3253, 0.0936, -0.2806, -0.2145, -0.1738,
         -0.1800, -0.0293, -0.3371, -0.0409, -0.2813, -0.2045, 0.0364, -0.1128,
         -0.1864, 0.2182, -0.1595, -0.1724, -0.1548, -0.1622, -0.0217, -0.0552,
         -0.2478, 0.1398, -0.1722, -0.0335, -0.1225, -0.0080, -0.1452, -0.0242,
         -0.1762, -0.0261, 0.0279, -0.2544, -0.1215, -0.0672, 0.0133, -0.2310,
         -0.2008, -0.2035, -0.0180, -0.2704]], grad_fn=<ThAddmmBackward>)
output_dist: tensor([0.9971, 1.0001, 0.9993, 0.9978, 0.9984, 0.9983, 0.9990, 0.9978, 0.9975,
```

```
                0.9972, 1.0029, 1.0004, 1.0007, 1.0023, 1.0026, 1.0025, 1.0003, 1.0037,
                1.0029, 0.9997, 0.9998, 1.0033, 1.0010, 1.0033, 1.0017, 0.9998, 0.9990,
                1.0009, 1.0018, 0.9998, 0.9999, 0.9984, 1.0011, 0.9975, 1.0007, 0.9971,
                0.9988, 0.9970, 0.9986, 1.0003, 0.9974, 0.9988, 0.9984, 0.9995, 1.0001,
                0.9982, 0.9994, 0.9973, 0.9983, 0.9998, 0.9995, 0.9977, 0.9961, 0.9997,
                1.0000, 0.9998, 0.9997, 0.9995, 1.0010, 0.9968, 0.9991, 0.9972, 0.9979,
                0.9983, 0.9982, 0.9997, 0.9966, 0.9996, 0.9972, 0.9980, 1.0004, 0.9989,
                0.9981, 1.0022, 0.9984, 0.9983, 0.9985, 0.9984, 0.9998, 0.9994, 0.9975,
                1.0014, 0.9983, 0.9997, 0.9988, 0.9999, 0.9985, 0.9998, 0.9982, 0.9997,
                1.0003, 0.9975, 0.9988, 0.9993, 1.0001, 0.9977, 0.9980, 0.9980, 0.9998,
                0.9973])
top: tensor([87, 89, 37, 36, 57, 40, 74, 47, 85, 90, 71, 13, 99, 33, 72, 14,  0, 69,
        31, 78, 88, 80, 96, 28, 26, 94,  2, 17, 12, 42, 95, 20, 84, 59, 22, 53,
         7,  6, 38, 93, 50, 56, 23, 82, 15,  1, 76, 46, 62, 66,  5, 73, 65, 70,
        68, 77, 34, 35,  9, 43, 83, 52, 30, 51, 10, 92, 44, 18, 75, 29, 32,  8,
        21, 97, 86, 48, 27, 60, 61, 45, 11, 55,  3, 49, 39, 98, 19, 81, 54, 63,
         4, 24, 58, 64, 25, 79, 41, 16, 67, 91])
top2: tensor([28, 30, 81, 94, 55, 82, 17, 24, 13, 10, 42, 60, 70,  5, 37, 39, 61, 64,
         0, 68, 36, 56, 62, 72, 57,  2, 53, 92, 49,  9, 86, 63, 44,  1, 74, 26,
        31, 43, 73, 79, 75, 69, 15, 32,  3, 12, 29, 41, 97, 33, 77, 83, 35, 46,
        59, 27, 96, 80,  6, 20, 25, 11, 40, 93, 65, 71, 78, 90, 84, 38,  7, 54,
        89, 52, 18, 87, 47, 91, 76, 95, 85, 34, 21, 99, 48,  4, 67, 23, 19, 58,
         8, 16, 66, 98, 51, 50, 22, 45, 88, 14])
top3: tensor([ 5, 19, 76, 35, 53, 11, 86, 34, 83, 84, 94, 18, 48, 63, 50, 16,  7, 24,
        70, 52, 22, 92, 15, 88, 73, 99, 74, 17,  0, 49, 79, 29, 59, 69, 55, 43,
        30, 58,  1,  8, 61, 37, 10, 60, 80, 36, 62, 27, 13, 28, 65, 44, 20, 46,
        93,  2, 40, 47, 78, 54, 25, 41, 56, 91, 21, 81, 57, 75, 77, 39, 14, 97,
        72, 85, 82, 64, 12, 23, 96,  4, 90, 33, 67, 89,  6, 51, 26, 31, 32, 45,
        98, 66,  9, 71,  3, 87, 95, 42, 38, 68])
```

从代码中可以看到，这里进行了 3 次采样，每次的值差别都很大。这样，就成功解决了缺少随机性的问题。

11.4.3 生成部分的完整代码

熟悉了上面的原理之后，下面来完整实现基于温度生成文本的代码。

```
# 生成序列的函数
```

```
def generate(decoder,
            all_characters,
            seed_string,
            generate_len=100,
            temperature=0.8):
    # 初始化 1 字符大小的 LSTM 网络
    hidden = decoder.init_hidden(1)
    input_seed = t.autograd.Variable(char_to_tensor(seed_string).unsqueeze(0))
    # 返回值的头部是输入的种子
    predicted = seed_string
    # 使用输入的种子字符串来构建隐藏状态
    for p in range(len(seed_string) - 1):
        _, hidden = decoder(input_seed[:, p], hidden)
    inp = input_seed[:, -1]
    for p in range(generate_len):
        out, hidden = decoder(inp, hidden)
        # 进行温度值计算
        output_dist = out.data.view(-1).div(temperature).exp()
        # 取多项分布采样的第 1 个值
        top_i = t.multinomial(output_dist, 1).item()
        # 拼接完整预测字符串
        predicted_char = all_characters[top_i]
        predicted += predicted_char
        # 更新预测输入值
        inp = t.autograd.Variable(char_to_tensor(predicted_char).unsqueeze(0))
    return predicted
```

11.5 Char-RNN 完整模型

下面把文本预处理部分、模型部分、训练部分、文本生成部分等模块都组合在一起，完成一个真正可以进行自动写诗的程序。

```
import torch as t
import string
import random
# 输入文本文件
```

```
filename = './input.txt'
# 超参数
num_epochs = 20000   # 轮数
hidden_size = 100    # 隐藏层大小
num_layers = 2    # 隐藏层层数
learning_rate = 1e-2    # 学习率
sentence_length = 200    # 句子长度
batch_size = 100    # 批量大小
all_printable = string.printable    # 所有可打印的字符
num_printable = len(all_printable)    # 所有可打印字符数
progress_every = 100    # 输出间隔
def tensor_to_char(tensor):    # 向量转成字符
  value = tensor.item()
  return all_printable[value]
def char_to_tensor(chars):    # 将字符串转化成向量
  c_length = len(chars)
  c_tensor = t.zeros(c_length, dtype=t.int64)
  for ch in range(c_length):
    try:
      c_tensor[ch] = all_printable.index(chars[ch])
    except ValueError:
      continue
  return c_tensor
def get_training_set(c_len, bch_size):    # 从文本中随机选取一段进行训练
  x = t.zeros(bch_size, c_len, dtype=t.int64)    # 输入向量
  y = t.zeros(bch_size, c_len, dtype=t.int64)    # 标签向量
  for bi in range(bch_size):
    start_index = random.randint(0, file_len - c_len - 1)    # 随机生成一个起始位置
     end_index = start_index + c_len + 1    # 长度为 c_len + 1。因为 y[start_index + c_len]
的值实际上是 start_index+ c_len+1
    chunk = input_file[start_index:end_index]    # chunk 取得的长度是 c_len + 1，比 x[bi] 和
y[bi] 都多 1
    x_i = chunk[:-1]    # x 不需要 c_len 位置的字符
    y_i = chunk[1:]    # y 的第一个是 x 的第 2 个，所以不需要 0 位置的字符
    x[bi] = char_to_tensor(x_i)    # 转换成编码后的向量
    y[bi] = char_to_tensor(y_i)    # 转换成编码后的向量
```

```
    x = t.autograd.Variable(x)    # 返回变量
    y = t.autograd.Variable(y)
    return x, y
class LstmNet(t.nn.Module):    # Lstm 网络
    def __init__(self, input_size, h_size, n_layers, num_classes):
        super(LstmNet, self).__init__()
        self.hidden_size = h_size    # 隐藏单元数
        self.num_layers = n_layers    # 隐藏层数
        self.encoder = t.nn.Embedding(input_size, h_size)    # 嵌入层
        self.lstm = t.nn.LSTM(h_size, h_size, n_layers, batch_first=True)    # LSTM 层
        self.fc = t.nn.Linear(h_size, num_classes)    # 输出的全连接网络
    def forward(self, x, hidden_state):
        # 调用模型时需要指定隐藏状态
        encoded = self.encoder(x)    # 首先将输入映射成词向量
        bch_size = x.size(0)
        lstm_out, (h2, c2) = self.lstm(
            encoded.view(bch_size, 1, -1), hidden_state)    # 计算 lstm 输出

        c2 = c2.detach()    # 通过 detach 清理旧状态
        h2 = h2.detach()
        hidden_state2 = (h2, c2)    # 保存隐藏状态
        fc_out = self.fc(lstm_out.view(bch_size, -1))
        return fc_out, hidden_state2
    def init_hidden(self, bch_size):    # 初始化 h0，c0. 格式为：（层数 * 方向数，批次数，隐藏层数）

        return t.zeros(self.num_layers, bch_size, self.hidden_size), t.zeros(
            self.num_layers, bch_size, self.hidden_size)
def generate(decoder,
            all_characters,
            seed_string,
            generate_len=100,
            temperature=0.8):    # 生成序列的函数
    hidden = decoder.init_hidden(1)    # 初始化 1 字符大小的 LSTM 网络
    input_seed = t.autograd.Variable(char_to_tensor(seed_string).unsqueeze(0))
    predicted = seed_string    # 返回值的头部是输入的种子
```

```
    for p in range(len(seed_string) - 1):   # 使用输入的种子字符串来构建隐藏状态
        _, hidden = decoder(input_seed[:, p], hidden)
    inp = input_seed[:, -1]   # 输入向量
    for p in range(generate_len):
        out, hidden = decoder(inp, hidden)
        output_dist = out.data.view(-1).div(temperature).exp()   # 进行温度值计算
        top_i = t.multinomial(output_dist, 1).item()   # 取多项分布采样的第 1 个值
        predicted_char = all_characters[top_i]   # 拼接完整预测字符串
        predicted += predicted_char
        inp = t.autograd.Variable(char_to_tensor(predicted_char).unsqueeze(0))   # 更新预测输入值
    return predicted
input_file = open(filename).read()   # 读取文件
file_len = len(input_file)
# 模型、优化器和损失函数
model = LstmNet(num_printable, hidden_size, num_layers, num_printable)   # LSTM 模型
optimizer = t.optim.Adam(model.parameters(), lr=learning_rate)   # 优化方法选 Adam
criterion = t.nn.CrossEntropyLoss()   # 交叉熵
for epoch in range(1, num_epochs + 1):
    hidden_train = model.init_hidden(batch_size)   # 初始化隐藏值
    model.zero_grad()   # 清 0 梯度
    loss = 0
    x_tensor, y_tensor = get_training_set(sentence_length, batch_size)   # 获取随机文本进行训练
    for c in range(sentence_length):
        output, hidden_train = model(x_tensor[:, c], hidden_train)   # 计算模型
        loss += criterion(output.view(batch_size, -1), y_tensor[:, c])
    loss.backward()   # 梯度求导
    optimizer.step()   # 梯度计算
    loss = loss.item() / sentence_length
    if epoch % progress_every == 0:
        print(' 轮次 :', epoch, " 总轮次 ", num_epochs)
        print(' 损失值 :', loss)
        print(' 生成的句子为 :')
        print(
            generate(model, all_printable, seed_string='The', generate_len=100))
t.save(model, "input.pt")   # 保存模型参数
print(generate(model, all_printable, seed_string='What', generate_len=100))
```

第 12 章 用 JavaScript 进行 TensorFlow 编程

前面我们介绍在 TensorFlow 的优势时曾经提到过，TensorFlow 对于多语言的支持是一个重要的功能。在多语言支持中，TensorFlow.js 是 2018 年 TensorFlow 的主打功能。所以我们针对 TensorFlow.js 专辟一章，本章跳出 Python 的视角，从更全面的视野理解深度学习开发。

本章将介绍以下内容

- TensorFlow.js 的简介和安装
- TensorFlow.js 的张量操作
- TensorFlow.js 的常用运算
- 激活函数
- TensorFlow.js 变量
- TensorFlow.js 神经网络编程
- TensorFlow.js 实现完整模型
- TensorFlow.js 的后端接口

12.1 TensorFlow.js 的简介和安装

TensorFlow.js 的最大特点就是与 TensorFlow 相比，更像是 PyTorch。首先，TensorFlow 中的静态图、会话机制，在 TensorFlow.js 中感受不到，反而是像 PyTorch 一样动态执行；其次，比起非常庞大的 TensorFlow，TensorFlow.js 提供的 API 少而精。

12.1.1 TensorFlow.js 的安装

TensorFlow.js 需要 Node.js 的支持，不管是在浏览器里运行还是在 Node.js 里运行，都需要 Node.js 提供的一些工具。所以我们首先要安装 Node。

1. 安装 npm 和 yarn

如果没有安装 Node.js，可以到 Node.js 官方网站下载安装。

对于 Linux 系统，也可以通过 nodesource.com 提供的安装包来安装，如针对 Ubuntu 和 Debian 系统，可以用下面的命令安装 Node：

```
wget -qO- https://deb.nodesource.com/setup_10.x | sudo bash -
sudo apt-get install nodejs
```

其他的 Linux 系统可以参考这个网站上的说明。请参见 https://github.com/nodesource/distributions。

下载的官方包中已经包含了对 npm 工具的支持，然后就可以通过 npm 工具安装 yarn 工具，命令如下：

```
npm i -g yarn
```

如果是 Ubuntu Linux 操作系统，则可以通过下面的命令来安装 Node：

```
curl -sL https://deb.nodesource.com/setup_11.x | sudo -E bash -
sudo apt-get install -y nodejs
```

然后通过下面的命令安装 yarn：

```
    curl -sL https://dl.yarnpkg.com/debian/pubkey.gpg | sudo apt-key add -
    echo "deb https://dl.yarnpkg.com/debian/ stable main" | sudo tee /etc/apt/sources.list.
d/yarn.list
    sudo apt-get update && sudo apt-get install yarn
```

2. 通过 Node 安装 TensorFlow.js

可以通过 npm 工具进行安装，既可以全局安装，也可以本地安装。例如，使用 npm 进行全局安装：

```
npm install -g @tensorflow/tfjs-node
```

也可以通过 yarn 工具来安装，也有全局和本地两种方式：

```
yarn global add @tensorflow/tfjs-node
```

3. 通过 nvm 管理 Node 版本

在第 1 章曾经介绍过多 Python 版本的管理工具 virtualenv。在 Node 领域也有同样的工具称为 nvm。可以参考 nvm 的 GitHub 文档来安装：https://github.com/creationix/nvm。

这里以 Ubuntu 系统为例介绍 nvm 的用法。

（1）安装 nvm：

```
wget -qO- https://raw.githubusercontent.com/creationix/nvm/v0.33.11/install.sh | bash
```

（2）安装 Node 新版本，如 10.x，nvm install。

```
nvm install 10
```

（3）切换版本：nvm use 另一版本号。例如：

```
nvm use 11
```

下面来个小案例教程，在 node 10.x 版本下安装 typescript，然后切换到 node 11.x 再安装一次：

```
# node -v
v10.15.0
# npm i -g typescript
/root/.nvm/versions/node/v10.15.0/bin/tsc -> /root/.nvm/versions/node/v10.15.0/lib/node_modules/typescript/bin/tsc
/root/.nvm/versions/node/v10.15.0/bin/tsserver -> /root/.nvm/versions/node/v10.15.0/lib/node_modules/typescript/bin/tsserver
+ typescript@3.2.2
added 1 package from 1 contributor in 2.62s
# nvm use 11
Now using node v11.6.0 (npm v6.5.0-next.0)
# npm i -g typescript
/root/.nvm/versions/node/v11.6.0/bin/tsc -> /root/.nvm/versions/node/v11.6.0/lib/node_modules/typescript/bin/tsc
/root/.nvm/versions/node/v11.6.0/bin/tsserver -> /root/.nvm/versions/node/v11.6.0/lib/node_modules/typescript/bin/tsserver
+ typescript@3.2.2
added 1 package from 1 contributor in 0.655s
```

12.1.2 编译 TensorFlow.js 源代码

先从 GitHub 上下载 tfjs-node 的源代码：

```
git clone https://github.com/tensorflow/tfjs-node
```

下面通过 yarn 命令来运行编译：

```
yarn
```

运行结果如下：

```
yarn install v1.12.3
[1/5] ? Validating package.json...
[2/5] ? Resolving packages...
success Already up-to-date.
$ node scripts/install.js
* Building TensorFlow Node.js bindings
? Done in 10.21s.
```

为了保证编译的版本正常，还需要通过 yarn test 命令来测试一下，命令如下：

```
yarn test
```

测试过程如下：

```
yarn run v1.12.3
$ ts-node src/run_tests.ts
Running tests against TensorFlow: 1.11.0
Started
```

为节约篇幅，中间的具体测试项略过，测试成功后的结果如下：

```
Ran 2740 of 2778 specs
2740 specs, 0 failures
Finished in 3.747 seconds
? Done in 5.99s.
```

TensorFlow.js 使用的 libtensorFlow.so，我们需要下载 TensorFlow 的源代码进行编译。下载源代码和安装 Bazel 工具等操作在第 1 章已经介绍过，这里不再重复。

与编译 TensorFlow 的可执行包一样，编译成 so 库的第一步也是要通过 configuration 命令去配置环境，主要是配置好 Python 执行环境的路径。

配置完成之后，就可以通过下面的命令去编译成 so 库：

```
bazel build --config=monolithic //tensorflow/tools/lib_package:libtensorflow
```

编译过程此处省略，当看到下面这些输出的时候，就说明编译成功了。

```
Target //tensorflow/tools/lib_package:libtensorflow up-to-date:
```

```
 bazel-bin/tensorflow/tools/lib_package/libtensorflow.tar.gz
INFO: Elapsed time: 1438.185s, Critical Path: 676.47s
INFO: 5440 processes: 5440 local.
INFO: Build completed successfully, 5464 total actions
```

输出的路径在 bazel-bin/tensorflow/tools/lib_package/ 目录下的 libtensorflow.tar.gz。这个 tar.gz 包里面包含下面的文件内容。

- ./include/tensorflow/c/c_api.h。
- ./include/tensorflow/c/c_api_experimental.h。
- ./lib/libtensorflow.so。
- ./include/tensorflow/c/LICENSE。
- ./include/tensorflow/c/eager/c_api.h。

不但有 libtensorFlow.so 库，还有开发用的头文件。大家也可以基于这个库用别的语言进行开发。

12.1.3 运行第一个 TensorFlow.js 程序

首先用 npm init 生成一个 package.json：

```
npm init
```

然后安装 tfjs-node 到本地：

```
npm install @tensorflow/tfjs-node -save-prod
```

生成的 package.json 文件大致如下：

```
{
 "name": "tfjs",
 "version": "1.0.0",
 "description": "",
 "main": "test.js",
 "scripts": {
  "test": "echo \"Error: no test specified\" && exit 1"
 },
 "repository": {
  "type": "git",
  "url": "git@code.aliyun.com:lusinga/tfjs.git"
 },
 "author": "",
```

```
  "license": "ISC",
  "dependencies": {
"@tensorflow/tfjs-node": "^0.1.21"
},
  "devDependencies": {
  }
}
```

下面来运行一段生成和打印一个简单张量的程序，保存为 hello.js，命令如下：

```
const tf = require('@tensorflow/tfjs');
// Load the binding:
require('@tensorflow/tfjs-node');    // Use '@tensorflow/tfjs-node-gpu' if running with GPU.
const int1 = tf.ones([10, 10], 'int32');
int1.print();
```

然后运行一下：

```
Node hello.js
```

运行结果如下：

```
Tensor
    [[1, 1, 1, 1, 1, 1, 1, 1, 1, 1],
     [1, 1, 1, 1, 1, 1, 1, 1, 1, 1],
     [1, 1, 1, 1, 1, 1, 1, 1, 1, 1],
     [1, 1, 1, 1, 1, 1, 1, 1, 1, 1],
     [1, 1, 1, 1, 1, 1, 1, 1, 1, 1],
     [1, 1, 1, 1, 1, 1, 1, 1, 1, 1],
     [1, 1, 1, 1, 1, 1, 1, 1, 1, 1],
     [1, 1, 1, 1, 1, 1, 1, 1, 1, 1],
     [1, 1, 1, 1, 1, 1, 1, 1, 1, 1],
     [1, 1, 1, 1, 1, 1, 1, 1, 1, 1]]
```

12.1.4 TensorFlow.js 用 TypeScript 写成

例如，tf.layers.Layer 的定义是在 https://github.com/tensorflow/tfjs-layers/blob/v0.8.3/src/engine/topology.ts#L401-L1513 中定义的。这就是一个 TypeScript 文件。

事实上，TensorFlow.js 的代码主体都是用 TypeScript 写成的。不过我们也可以用 JavaScript 代码来调用。但是如果想深入了解 TensorFlow.js 的原理，建议大家还是要学习一下 TypeScript。

12.2 TensorFlow.js 的张量操作

我们之前不管是学习 Keras、TensorFlow，还是 PyTorch，张量操作用的都是 Python 语言。现在我们开始学习如何用 JavaScript 来进行向量的操作。在学习过程中请注意跟之前学过的 Python 的方式做比较，在讲解过程中，我们也会适时复习下 Python 版 TensorFlow 的调用方法。

12.2.1 TensorFlow.js 的数据类型

TensorFlow.js 支持 4 种数据类型：int32、float32、bool、complex64。

首先，生成一个 10×10 的全 1 向量来熟悉。JavaScript 不使用“dtype=”这种语法，所以也不用给 tf.float32 这样的常量，直接给字符串作为第二个参数，命令如下：

```
> int1 = tf.ones([10,10],'int32')
Tensor {
 isDisposedInternal: false,
 shape: [ 10, 10 ],
 dtype: 'int32',
 size: 100,
 strides: [ 10 ],
 dataId: {},
 id: 2,
 rankType: '2' }
```

其次，通过 print() 函数将 int1 打印出来查看：

```
> int1.print()
Tensor
    [[1, 1, 1, 1, 1, 1, 1, 1, 1, 1],
     [1, 1, 1, 1, 1, 1, 1, 1, 1, 1],
     [1, 1, 1, 1, 1, 1, 1, 1, 1, 1],
     [1, 1, 1, 1, 1, 1, 1, 1, 1, 1],
     [1, 1, 1, 1, 1, 1, 1, 1, 1, 1],
     [1, 1, 1, 1, 1, 1, 1, 1, 1, 1],
     [1, 1, 1, 1, 1, 1, 1, 1, 1, 1],
     [1, 1, 1, 1, 1, 1, 1, 1, 1, 1],
     [1, 1, 1, 1, 1, 1, 1, 1, 1, 1],
     [1, 1, 1, 1, 1, 1, 1, 1, 1, 1]]
```

再次，将其换成浮点型 float32：

```
> float1 = tf.ones([3,3,3], 'float32')
Tensor {
 isDisposedInternal: false,
 shape: [ 3, 3, 3 ],
 dtype: 'float32',
 size: 27,
 strides: [ 9, 3 ],
 dataId: {},
 id: 3,
 rankType: '3' }
```

同样，使用 print 打印出来查看：

```
> float1.print()
Tensor
   [[[1, 1, 1],
     [1, 1, 1],
     [1, 1, 1]],
    [[1, 1, 1],
     [1, 1, 1],
     [1, 1, 1]],
    [[1, 1, 1],
     [1, 1, 1],
     [1, 1, 1]]]
```

最后，使用 complex64 型试验一下。需要注意的是，ones 应用于 complex64 上，并不是 1+0j，而是 1+1j。命令如下：

```
> complex1 = tf.ones([2,2,2,2],'complex64')
Tensor {
 isDisposedInternal: false,
 shape: [ 2, 2, 2, 2 ],
 dtype: 'complex64',
 size: 16,
 strides: [ 8, 4, 2 ],
 dataId: {},
 id: 5,
 rankType: '4' }
```

打印内容效果如下：

```
> complex1.print()
Tensor
    [[[[1 + 1j, 1 + 1j],
       [1 + 1j, 1 + 1j]],
      [[1 + 1j, 1 + 1j],
       [1 + 1j, 1 + 1j]]],
     [[[1 + 1j, 1 + 1j],
       [1 + 1j, 1 + 1j]],
      [[1 + 1j, 1 + 1j],
       [1 + 1j, 1 + 1j]]]]
```

12.2.2 TensorFlow.js 张量的初始化

在 Python 中，借助 NumPy 的帮助，可以不用 TensorFlow 或 PyTorch 来对张量进行初始化。在 TensorFlow.js 中，因为没有 NumPy，所以可能依赖 TensorFlow.js 的 API 更多一些。

1. 填充相同值 -fill

在前面介绍了 tf.ones、tf.zeros 两个全部填充成 1 和 0 的方法，更通用的方法是使用 tf.fill 函数。例如，给一个 [3,3,3] 的张量全部赋值为 3：

```
> float2 = tf.fill([3,3],3, 'float32')
Tensor {
  isDisposedInternal: false,
  shape: [ 3, 3 ],
  dtype: 'float32',
  size: 9,
  strides: [ 3 ],
  dataId: {},
  id: 9,
  rankType: '2' }
> float2.print()
Tensor
    [[3, 3, 3],
     [3, 3, 3],
     [3, 3, 3]]
```

2. 生成对角矩阵 -eye

与 TensorFlow 和 PyTorch 一样，TensorFlow.js 也是用 tf.eye 来生成对角矩阵：

```
> eye1 = tf.eye(5)
Tensor {
  isDisposedInternal: false,
  shape: [ 5, 5 ],
  dtype: 'float32',
  size: 25,
  strides: [ 5 ],
  dataId: {},
  id: 15,
  rankType: '2' }
> cyc1.print()
Tensor
    [[1, 0, 0, 0, 0],
     [0, 1, 0, 0, 0],
     [0, 0, 1, 0, 0],
     [0, 0, 0, 1, 0],
     [0, 0, 0, 0, 1]]
```

3. 生成等差序列 -range

TensorFlow.js 同样提供了 range 函数。默认指定起始值和结束值即可，生成的序列将包含起始值，但是不包含结束值。下面来看例子：

```
> range1 = tf.range(0,10)
Tensor {
  isDisposedInternal: false,
  shape: [ 10 ],
  dtype: 'float32',
  size: 10,
  strides: [],
  dataId: {},
  id: 16,
  rankType: '1' }
```

因为是从 0 开始到 10 结束，所以结果是 0~9 一共 10 个数，结果如下：

```
> range1.print()
Tensor
[0, 1, 2, 3, 4, 5, 6, 7, 8, 9]
```

如果我们想生成递减 -1 的序列，也无须指定步长值，只要起始值大，结束值小就可以了。

我们看下面的例子，如下：

```
> range_less = tf.range(0,-10)
Tensor {
 isDisposedInternal: false,
 shape: [ 10 ],
 dtype: 'float32',
 size: 10,
 strides: [],
 dataId: {},
 id: 18,
 rankType: '1' }
```

生成的结果是从 0~−9：

```
> range_less.print()
Tensor
[0, -1, -2, -3, -4, -5, -6, -7, -8, -9]
```

也可以指定步长值：

```
> range2 = tf.range(1, 10, 0.2)
Tensor {
 isDisposedInternal: false,
 shape: [ 45 ],
 dtype: 'float32',
 size: 45,
 strides: [],
 dataId: {},
 id: 19,
 rankType: '1' }
```

打印出来的值，竟然还有一些误差：

```
> range2.print()
Tensor
   [1, 1.2, 1.4000001, ..., 9.3999958, 9.5999956, 9.7999954]
```

4. 按个数生成序列 -linspace

相比之下，tf.linspace 更人性化一点，起始值和结束值都包括，只要指定在这区间内一共多少值即可，代码如下：

```
> lins1 = tf.linspace(1,100,100)
```

```
Tensor {
  isDisposedInternal: false,
  shape: [ 100 ],
  dtype: 'float32',
  size: 100,
  strides: [],
  dataId: {},
  id: 21,
  rankType: '1' }
> lins1.print()
Tensor
[1, 2, 3, ..., 98, 99, 100]
```

12.2.3 TensorFlow.js 张量拼接

关于张量拼接，前面已经学了很多，现在借着 TensorFlow.js 再复习一下。

第一步，生成一个 32 个数值的向量：

```
> const v5_2 = tf.range(0,32);
> v5_2.print();
Tensor
  [0, 1, 2, ..., 29, 30, 31]
```

第二步，将 v5_2 整形成 2*2*2*2*2 的 5 维张量：

```
> let v5_3 = v5_2.reshape([2,2,2,2,2]);
undefined
> v5_3.print();
Tensor
  [[[[[0 , 1 ],
      [2 , 3 ]],
     [[4 , 5 ],
      [6 , 7 ]]],
    [[[8 , 9 ],
      [10, 11]],
     [[12, 13],
      [14, 15]]]],
   [[[[16, 17],
      [18, 19]],
```

```
  [[20, 21],
   [22, 23]]],
  [[[24, 25],
   [26, 27]],
  [[28, 29],
   [30, 31]]]]]
undefined
```

第三步，生成一个 5 维的全 1 张量：

```
> let v5_4 = tf.ones([2,2,2,2,2]);
undefined
> v5_4.print();
Tensor
  [[[[[1, 1],
     [1, 1]],
    [[1, 1],
     [1, 1]]],
   [[[1, 1],
     [1, 1]],
    [[1, 1],
     [1, 1]]]],
  [[[[1, 1],
     [1, 1]],
    [[1, 1],
     [1, 1]]],
   [[[1, 1],
     [1, 1]],
    [[1, 1],
     [1, 1]]]]]
undefined
```

第四步，通过 tf.concat 方法进行拼接。根据 0~4 轴分别代表的意思，下面介绍 0 轴的拼接，代码如下：

```
> let v5_5 = tf.concat([v5_3, v5_4],0);
undefined
> v5_5.print();
Tensor
```

```
[[[[[0 , 1 ],
    [2 , 3 ]],
   [[4 , 5 ],
    [6 , 7 ]]],
  [[[8 , 9 ],
    [10, 11]],
   [[12, 13],
    [14, 15]]]],
 [[[[16, 17],
    [18, 19]],
   [[20, 21],
    [22, 23]]],
  [[[24, 25],
    [26, 27]],
   [[28, 29],
    [30, 31]]]],
 [[[[1 , 1 ],
    [1 , 1 ]],
   [[1 , 1 ],
    [1 , 1 ]]],
  [[[1 , 1 ],
    [1 , 1 ]],
   [[1 , 1 ],
    [1 , 1 ]]]],
 [[[[1 , 1 ],
    [1 , 1 ]],
   [[1 , 1 ],
    [1 , 1 ]]],
  [[[1 , 1 ],
    [1 , 1 ]],
   [[1 , 1 ],
    [1 , 1 ]]]]]
```

然后介绍负轴的例子：

```
> let v5_6 = tf.concat([v5_3, v5_4],-3);
undefined
```

```
> v5_6.print();
Tensor
    [[[[[0 , 1 ],
        [2 , 3 ]],
       [[4 , 5 ],
        [6 , 7 ]],
       [[1 , 1 ],
        [1 , 1 ]],
       [[1 , 1 ],
        [1 , 1 ]]],
      [[[8 , 9 ],
        [10, 11]],
       [[12, 13],
        [14, 15]],
       [[1 , 1 ],
        [1 , 1 ]],
       [[1 , 1 ],
        [1 , 1 ]]]],
     [[[[16, 17],
        [18, 19]],
       [[20, 21],
        [22, 23]],
       [[1 , 1 ],
        [1 , 1 ]],
       [[1 , 1 ],
        [1 , 1 ]]],
      [[[24, 25],
        [26, 27]],
       [[28, 29],
        [30, 31]],
       [[1 , 1 ],
        [1 , 1 ]],
       [[1 , 1 ],
        [1 , 1 ]]]]]
```

12.3 TensorFlow.js 的常用运算

再次强调下，JavaScript 没有运算符重载，所以不要试图用“+-/*%”等运算符进行张量运算。所有的张量运算都要用显式的函数调用方式来进行。例如，加法就是 tf.add，不能用加号。

12.3.1 算术运算

为什么强调 js 中没有运算符重载？我们先来做个小思考题，假设有下面的代码：

```
> const a1 = tf.tensor([1,2])
undefined
> a1.print();
Tensor
  [1, 2]
undefined
> const a2 = a1 * 2;
undefined
```

我们先看一下 a2 的值是什么：

```
> a2
NaN
```

再来看一下字符串乘以 2 的值：

```
> const a = 'hello';
undefined
> const b = a * 2;
undefined
> b
NaN
```

为什么 a2 的值与字符串乘以 2 的值相同？因为不管是张量还是字符串，只要不能转换成数值，调用 * 运算就没有意义。js 没有运算符重载，不会调用 tf.tensor.add，所以还是调用 tf 的函数来实现。

1. 加法 – tf.add

Add 支持普通运算和广播运算。例如：

```
const i1 = tf.tensor1d([1, 2, 3, 4]);
const i2 = tf.add(i1, 1);
```

```
i2.print();
```

输出结果如下：

```
Tensor
[2, 3, 4, 5]
```

2. 减法 – tf.sub

减法与加法很类似，也支持普通运算和广播运算。例如：

```
const i3 = tf.tensor1d([1, 2, 3, 4], 'int32');
const i4 = tf.tensor1d([4, 3, 2, 1], 'int32');
const i5 = tf.sub(i4, i3);
i5.print();
```

输出结果如下：

```
Tensor
  [3, 1, -1, -3]
```

3. 乘法 tf.mul

如果是两个 1d 张量相乘，结果为相应位置的两个元素相乘。例如：

```
const mul1 = tf.tensor1d([1, 2, 3, 4], 'float32');
const mul2 = tf.tensor1d([10, 100, -10, -100], 'float32');
const mul3 = tf.mul(mul1, mul2);
mul3.print();
```

4. 除法 tf.div 和 tf.floorDiv

除法分为两种：一种是普通除法 tf.div，另一种是取整除法 tf.floorDiv。例如：

```
const div1 = tf.linspace(1, 100, 100);
const div2 = tf.div(div1, 2);
div2.print();
const div3 = tf.linspace(1, 100, 100);
const div4 = tf.floorDiv(div3, 2);
div4.print();
```

输出结果如下：

```
Tensor
  [0.5, 1, 1.5, ..., 49, 49.5, 50]
Tensor
  [0, 1, 1, ..., 49, 49, 50]
```

5. 取余数 – tf.mod

mod 取余数运算只能用于整数。例如：

```
const mod1 = tf.linspace(1, 100, 100);
const mod2 = tf.mod(mod1, 3);
mod2.print();
```

输出结果如下：

```
Tensor
  [1, 2, 0, ..., 2, 0, 1]
```

6. 乘方 – tf.pow

乘方运算也是可以基于张量进行的。例如：

```
const pow1 = tf.linspace(1, 100, 100);
const pow2 = tf.pow(pow1, 3);
pow2.print();
```

输出结果如下：

```
Tensor
  [1, 8, 27, ..., 941192, 970299, 1000000]
```

12.3.2 数学函数

除了基本算数运算之外，TensorFlow.js 也提供了常用的数学函数。这些数学函数是可以利用硬件加速的，推荐优先使用。

1. 绝对值函数 tf.abs

TensorFlow 的求绝对值函数是支持针对整个张量的。例如：

```
const abs1 = tf.linspace(-1, -100, 100).reshape([10, 10]);
abs1.print();
const abs2 = tf.abs(abs1);
abs2.print();
```

输出结果如下：

```
Tensor
  [[-1 , -2 , -3 , -4 , -5 , -6 , -7 , -8 , -9 , -10 ],
   [-11, -12, -13, -14, -15, -16, -17, -18, -19, -20 ],
   [-21, -22, -23, -24, -25, -26, -27, -28, -29, -30 ],
   [-31, -32, -33, -34, -35, -36, -37, -38, -39, -40 ],
   [-41, -42, -43, -44, -45, -46, -47, -48, -49, -50 ],
```

```
    [-51, -52, -53, -54, -55, -56, -57, -58, -59, -60 ],
    [-61, -62, -63, -64, -65, -66, -67, -68, -69, -70 ],
    [-71, -72, -73, -74, -75, -76, -77, -78, -79, -80 ],
    [-81, -82, -83, -84, -85, -86, -87, -88, -89, -90 ],
    [-91, -92, -93, -94, -95, -96, -97, -98, -99, -100]]
Tensor
   [[1 , 2 , 3 , 4 , 5 , 6 , 7 , 8 , 9 , 10 ],
    [11, 12, 13, 14, 15, 16, 17, 18, 19, 20 ],
    [21, 22, 23, 24, 25, 26, 27, 28, 29, 30 ],
    [31, 32, 33, 34, 35, 36, 37, 38, 39, 40 ],
    [41, 42, 43, 44, 45, 46, 47, 48, 49, 50 ],
    [51, 52, 53, 54, 55, 56, 57, 58, 59, 60 ],
    [61, 62, 63, 64, 65, 66, 67, 68, 69, 70 ],
    [71, 72, 73, 74, 75, 76, 77, 78, 79, 80 ],
    [81, 82, 83, 84, 85, 86, 87, 88, 89, 90 ],
    [91, 92, 93, 94, 95, 96, 97, 98, 99, 100]]
```

2. 三角函数

基于张量，可以对其进行三角函数的运算。下面以 4d 的张量为例进行试验：

```
const sinInput = tf.linspace(0, 1, 16).reshape([2, 2, 2, 2]);
const sin1 = tf.sin(sinInput);
sin1.print();
const cos1 = tf.cos(sinInput);
cos1.print();
const tan1 = tf.tan(sinInput);
tan1.print();
```

输出结果如下：

```
Tensor
   [[[[0        , 0.0666173],
      [0.1329386, 0.1986693]],
     [[0.2635174, 0.3271947],
      [0.3894183, 0.4499119]]],
    [[[0.5084066, 0.5646425],
      [0.6183698, 0.6693498]],
     [[0.7173561, 0.7621753],
      [0.8036083, 0.841471 ]]]]
```

```
Tensor
   [[[[1        , 0.9977786],
      [0.9911243, 0.9800666]],
     [[0.9646546, 0.944957 ],
      [0.921061 , 0.893073 ]]],
    [[[0.8611171, 0.8253356],
      [0.7858872, 0.7429473]],
     [[0.6967067, 0.6473707],
      [0.5951586, 0.5403023]]]]
Tensor
   [[[[0        , 0.0667656],
      [0.1341291, 0.20271  ]],
     [[0.2731728, 0.3462535],
      [0.4227932, 0.5037795]]],
    [[[0.5904035, 0.6841368],
      [0.7868429, 0.9009385]],
     [[1.0296385, 1.1773398],
      [1.3502423, 1.5574077]]]]
```

12.3.3 矩阵运算

矩阵运算中，最常使用的还是矩阵的转置和矩阵乘法。

1. 矩阵转置 tf.transpose

仍然是用传统的 tf.transpose 来进行转置，没有 t 这么简单的名称：

```
const mat1 = tf.linspace(1, 10, 10).reshape([2, -1]);
const mat2 = tf.transpose(mat1);
mat2.print();
```

输出结果如下：

```
Tensor
   [[1, 6 ],
    [2, 7 ],
    [3, 8 ],
    [4, 9 ],
    [5, 10]]
```

下面对照一下 TensorFlow 的写法：

```
>>> mat1 = tf.linspace(1.0,10.0,10)
>>> mat2 = tf.reshape(mat1,[2,-1])
>>> mat3 = tf.transpose(mat2)
>>> sess.run(mat3)
array([[ 1.,  6.],
       [ 2.,  7.],
       [ 3.,  8.],
       [ 4.,  9.],
       [ 5., 10.]], dtype=float32)
```

2. 矩阵乘法

矩阵乘法是全连接网络的核心运算，下面来看下 TensorFlow.js 是如何实现的：

```
const mat3 = tf.linspace(1, 16, 16).reshape([4, 4]);
const mat4 = tf.eye(4);
const mat5 = tf.matMul(mat3, mat4);
mat5.print();
```

输出结果如下：

```
Tensor
   [[1 , 2 , 3 , 4 ],
    [5 , 6 , 7 , 8 ],
    [9 , 10, 11, 12],
    [13, 14, 15, 16]]
```

下面复习下 TensorFlow 的写法：

```
>>> mat4 = tf.linspace(1.0,16.0,16)
>>> mat5 = tf.reshape(mat4,[4,4])
>>> mat6 = tf.eye(4)
>>> mat7 = tf.matmul(mat5,mat6)
>>> sess.run(mat7)
array([[ 1.,  2.,  3.,  4.],
       [ 5.,  6.,  7.,  8.],
       [ 9., 10., 11., 12.],
       [13., 14., 15., 16.]], dtype=float32)
```

12.3.4 生成随机数

在采样的时候，经常需要随机数。TensorFlow.js 中支持常用的 3 种分布：均匀分布、正态分布和多项分布。

1. 生成均匀分布的随机数

格式：tf.randomUniform(形状 , 最小值 , 最大值 , 数据类型)

例如，生成 [0,1] 区间的随机数：

```
const rand1 = tf.randomUniform([28, 28], 0, 1, 'float32')
rand1.print()
```

输出结果如下：

```
Tensor
   [[0.9509996, 0.6048554, 0.7537644, ..., 0.4461667, 0.6616052, 0.1745946],
    [0.0563962, 0.6242863, 0.1036531, ..., 0.990531 , 0.3740676, 0.9817016],
    [0.5115074, 0.7433426, 0.6568947, ..., 0.2022578, 0.1636873, 0.7599347],
    ...,
    [0.7183433, 0.752546 , 0.1905376, ..., 0.2580032, 0.3565532, 0.7825027],
    [0.5376734, 0.776742 , 0.02778  , ..., 0.871705 , 0.1490234, 0.3114095],
    [0.9601242, 0.0217402, 0.1513672, ..., 0.340452 , 0.5405781, 0.9196898]]
```

在此复习下 TensorFlow 的写法：

```
>>> rand1 = tf.random.uniform([28,28],0,1,dtype=tf.float32)
>>> sess.run(rand1)
```

另外，PyTorch 的 rand 默认是从 0 到 1 区间的：

```
>>> rand1_t = t.rand([28,28],dtype=t.float32)
```

2. 生成正态分布的随机数

通过 tf.randomNormal 来生成正态分布的随机数。例如：

```
const rand2 = tf.randomNormal([28, 28], 0, 1, 'float32');
rand2.print();
```

输出值如下：

```
Tensor
   [[0.8973752 , -1.4349716, -0.2889688, ..., -1.5525711, -1.6662567, 1.0501242 ],
    [-0.5768066, 1.826063  , 1.5101228 , ..., -1.1791685, -1.0011357, 0.1874036 ],
    [-1.5237703, -1.2708499, 0.4716858 , ..., 1.003795  , 0.1799403 , 0.2432598 ],
    ...,
    [-1.3568574, -0.5998623, 0.1087665 , ..., 0.2644873 , 0.7369037 , 0.1449311 ],
    [1.1604689 , -0.5926159, -0.5121562, ..., -0.1238355, 0.7671429 , 0.1916882 ],
    [0.3534295 , 1.0928447 , -0.1604118, ..., 0.2560919 , 0.7739316 , 0.0416185 ]]
```

对照下，从 TensorFlow 的写法来看：

```
>>> rand2 = tf.random.normal([28,28],0,1,dtype=tf.float32)
>>> sess.run(rand2)
```

3. 生成多项分布的随机数

最简单的多项分布是二项分布，就是值以一定的概率取 0，剩下的概率取 1 的分布。下面以最简单的 0 和 1 都取 50% 概率的例子看一下：

```
const probs1 = tf.multinomial([0.5, 0.5], 20);
probs1.print();
```

输出结果就是一串 0 和 1 的序列：

```
Tensor
[1, 0, 0, 1, 1, 1, 0, 1, 0, 0, 1, 1, 0, 1, 1, 0, 0, 1, 1, 1]
```

再换成三项进行试验：

```
const probs2 = tf.tensor([0.3, 0.3, 0.4]);
tf.multinomial(probs2, 10).print();
```

另外，生成多项分布还可以批处理，一次性执行多个分布。例如：

```
const probs3 = tf.multinomial([
  [0.6, 0.3, 0.1],
  [0.3, 0.35, 0.35],
], 20);
probs3.print();
```

输出结果如下：

```
Tensor
  [[1, 1, 0, 0, 2, 2, 2, 2, 2, 0, 0, 2, 1, 1, 2, 2, 0, 2, 0, 0],
   [2, 1, 2, 0, 2, 1, 2, 0, 1, 2, 2, 1, 1, 0, 1, 2, 2, 0, 0, 2]]
```

在 TensorFlow 中，是只支持二维数组批量的。例如：

```
>>> rand3 = tf.multinomial([[0.3,0.6,0.1]],20)
>>> sess.run(rand3)
array([[2, 1, 0, 2, 1, 2, 2, 0, 2, 1, 2, 1, 2, 1, 2, 0, 0, 0, 2, 0]])
```

PyTorch 中的实现比较不同，只能取小于等于概率数组长度的值。例如：

```
>>> rand4_t = t.multinomial(t.tensor([[0.2,0.2,0.3,0.3],[0.2,0.2,0.3,0.3]],dtype=t.float32),4)
>>> rand4_t
tensor([[2, 3, 1, 0],
        [2, 0, 1, 3]])
```

12.4 激活函数

学习了基本运算后，我们开始进入深度学习相关的函数。首先从最简单的激活函数开始。

12.4.1 sigmod 和 tanh

在第 7 章中，介绍过两种传统神经网络中常用的激活函数 sigmoid 和 tanh。sigmoid 函数在 TensorFlow.js 中的 API 是 tf.sigmoid 函数：

```
// 激活函数大全
const sigInput = tf.linspace(-100, 100, 201);
sigInput.print();
const sigmoid1 = tf.sigmoid(sigInput);
sigmoid1.print();
```

输出结果如下：

```
Tensor
  [-100, -99, -98, ..., 98, 99, 100]
Tensor
  [0, 0, 0, ..., 1, 1, 1]
```

在 TensorFlow.js 中，对于过多的值省略了，不过可以通过复习 TensorFlow 中的写法来查看其完整的列表。TensorFlow 的写法如下：

```
>>> sigInput = tf.linspace(-100.0,100.0,201)
>>> sess.run(sigInput)

array([-100., -99., -98., -97., -96., -95., -94., -93., -92.,
        -91., -90., -89., -88., -87., -86., -85., -84., -83.,
        -82., -81., -80., -79., -78., -77., -76., -75., -74.,
        -73., -72., -71., -70., -69., -68., -67., -66., -65.,
        -64., -63., -62., -61., -60., -59., -58., -57., -56.,
        -55., -54., -53., -52., -51., -50., -49., -48., -47.,
        -46., -45., -44., -43., -42., -41., -40., -39., -38.,
        -37., -36., -35., -34., -33., -32., -31., -30., -29.,
        -28., -27., -26., -25., -24., -23., -22., -21., -20.,
        -19., -18., -17., -16., -15., -14., -13., -12., -11.,
        -10., -9., -8., -7., -6., -5., -4., -3., -2.,
```

```
        -1.,  0.,  1.,  2.,  3.,  4.,  5.,  6.,  7.,
         8.,  9., 10., 11., 12., 13., 14., 15., 16.,
        17., 18., 19., 20., 21., 22., 23., 24., 25.,
        26., 27., 28., 29., 30., 31., 32., 33., 34.,
        35., 36., 37., 38., 39., 40., 41., 42., 43.,
        44., 45., 46., 47., 48., 49., 50., 51., 52.,
        53., 54., 55., 56., 57., 58., 59., 60., 61.,
        62., 63., 64., 65., 66., 67., 68., 69., 70.,
        71., 72., 73., 74., 75., 76., 77., 78., 79.,
        80., 81., 82., 83., 84., 85., 86., 87., 88.,
        89., 90., 91., 92., 93., 94., 95., 96., 97.,
        98., 99., 100.], dtype=float32)
>>> sigmoid1 = tf.sigmoid(sigInput)
```

之前在第 7 章中主要是通过图形的方式理解 sigmoid 的 S 曲线，这里我们不妨仔细看一下从 −100 到 100，sigmoid 曲线的具体取值。从 0 到 1 的过渡，是比较平滑的。

```
>>> sess.run(sigmoid1)
array([0.00000000e+00, 0.00000000e+00, 0.00000000e+00, 0.00000000e+00,
       0.00000000e+00, 0.00000000e+00, 0.00000000e+00, 0.00000000e+00,
       0.00000000e+00, 0.00000000e+00, 0.00000000e+00, 0.00000000e+00,
       0.00000000e+00, 1.64581145e-38, 4.47377959e-38, 1.21609938e-37,
       3.30570052e-37, 8.98582618e-37, 2.44260089e-36, 6.63967767e-36,
       1.80485133e-35, 4.90609499e-35, 1.33361487e-34, 3.62514078e-34,
       9.85415445e-34, 2.67863700e-33, 7.28129045e-33, 1.97925992e-32,
       5.38018651e-32, 1.46248624e-31, 3.97544948e-31, 1.08063929e-30,
       2.93748195e-30, 7.98490404e-30, 2.17052199e-29, 5.90009060e-29,
       1.60381082e-28, 4.35961013e-28, 1.18506485e-27, 3.22134047e-27,
       8.75651089e-27, 2.38026637e-26, 6.47023468e-26, 1.75879214e-25,
       4.78089300e-25, 1.29958139e-24, 3.53262839e-24, 9.60267995e-24,
       2.61027889e-23, 7.09547441e-23, 1.92874989e-22, 5.24288570e-22,
       1.42516404e-21, 3.87399781e-21, 1.05306175e-20, 2.86251861e-20,
       7.78113228e-20, 2.11513107e-19, 5.74952202e-19, 1.56288229e-18,
       4.24835413e-18, 1.15482247e-17, 3.13913289e-17, 8.53304763e-17,
       2.31952296e-16, 6.30511685e-16, 1.71390849e-15, 4.65888619e-15,
       1.26641658e-14, 3.44247708e-14, 9.35762359e-14, 2.54366569e-13,
       6.91440015e-13, 1.87952887e-12, 5.10908937e-12, 1.38879429e-11,
```

```
        3.77513437e-11, 1.02618795e-10, 2.78946810e-10, 7.58256014e-10,
        2.06115369e-09, 5.60279645e-09, 1.52299808e-08, 4.13993781e-08,
        1.12535155e-07, 3.05902205e-07, 8.31528041e-07, 2.26032444e-06,
        6.14417422e-06, 1.67014223e-05, 4.53978719e-05, 1.23394580e-04,
        3.35350138e-04, 9.11051175e-04, 2.47262302e-03, 6.69285096e-03,
        1.79862101e-02, 4.74258736e-02, 1.19202919e-01, 2.68941432e-01,
        5.00000000e-01, 7.31058598e-01, 8.80797029e-01, 9.52574134e-01,
        9.82013762e-01, 9.93307173e-01, 9.97527421e-01, 9.99089003e-01,
        9.99664664e-01, 9.99876618e-01, 9.99954581e-01, 9.99983311e-01,
        9.99993801e-01, 9.99997735e-01, 9.99999166e-01, 9.99999642e-01,
        9.99999881e-01, 1.00000000e+00, 1.00000000e+00, 1.00000000e+00,
...
        1.00000000e+00, 1.00000000e+00, 1.00000000e+00, 1.00000000e+00,
        1.00000000e+00, 1.00000000e+00, 1.00000000e+00, 1.00000000e+00,
        1.00000000e+00], dtype=float32)
```

然后是 tf.tanh，它在 [-1,1] 区间上：

```
const tanh1 = tf.tanh(sigInput);
tanh1.print();
```

输出结果如下：

```
Tensor
  [-1, -1, -1, ..., 1, 1, 1]
```

再复习下 TensorFlow 下的 tanh 的写法。请大家跟上面 sigmoid 的值进行对比，tanh 曲线只在中间的一小段有很大的变化，而在之前和之后都是非常粗暴的 -1 和 1。

```
>>> tanh1 = tf.tanh(sigInput)
>>> sess.run(tanh1)
array([-1.        , -1.        , -1.        , -1.        , -1.        ,
       -1.        , -1.        , -1.        , -1.        , -1.        ,
       -1.        , -1.        , -1.        , -1.        , -1.        ,
       -1.        , -1.        , -1.        , -1.        , -1.        ,
...
       -1.        , -1.        , -0.99999976, -0.99999833, -0.99998784,
       -0.99990916, -0.9993292 , -0.9950547 , -0.9640276 , -0.7615942 ,
        0.        , 0.7615942 , 0.9640276 , 0.9950547 , 0.9993292 ,
        0.99990916, 0.99998784, 0.99999833, 0.99999976, 1.        ,
...
```

```
1.      , 1.      , 1.      , 1.      , 1.      ,
1.      , 1.      , 1.      , 1.      , 1.      ,
1.      , 1.      , 1.      , 1.      , 1.      ,
1.      ], dtype=float32)
```

12.4.2 ReLU 激活函数族

在 TensorFlow.js 中，也支持 ReLU 激活函数族中的很多函数。

1. tf.relu

最基础的 ReLU，在第 8 章中专门介绍过。小于 0 时取 0，大于 0 时取输出的原始值。例如：

```
const relu1 = tf.relu(sigInput);
relu1.print();
```

输出结果如下：

```
Tensor
  [0, 0, 0, ..., 98, 99, 100]
```

2. tf.leakyRelu

leakyReLU 是在小于 0 时取一个斜率。例如：

```
const relu2 = tf.leakyRelu(sigInput);
relu2.print();
```

输出结果如下，看起来小于 0 部分的精度还不是特别好。

```
Tensor
  [-20, -19.8000011, -19.6000004, ..., 98, 99, 100]
```

3. tf.prelu

我们之前在人脸识别的 P-Net、R-Net、O-Net 中广泛使用的 prelu。注意，斜率参数不是可选的，一定要指定。例如：

```
const relu3 = tf.prelu(sigInput, 0.1);
relu3.print();
```

输出结果如下，也有一些误差：

```
Tensor
  [-10, -9.9000006, -9.8000002, ..., 98, 99, 100]
```

4. elu

指数线性单元 elu 可以通过 tf.elu 调用。由于篇幅所限，我们就不把完整的值打印出来了。有兴趣的读者可以自行练习下。有对原理感兴趣的读者，可以阅读 elu 的论文 *Fast and Accurate Deep Network Learning by Exponential Linear Units (ELUs)*。

例如：

```
const relu4 = tf.elu(sigInput);
relu4.print();
```

输出结果如下：

```
Tensor
[-1, -1, -1, ..., 98, 99, 100]
```

5. selu

selu 是相对较新的激活函数，意为可缩放的指数线性整流单元（scalcd cxponential linear units）。其公式为 scale×alpha×[exp(features) −1]。其中，alpha=1.6732632423543772848170429916717，scale=1.0507009873554804934193349852946。

有兴趣的读者可以参考论文 *Self-Normalizing Nerual Networks*。

例如：

```
const selu = tf.selu(sigInput);
selu.print();
```

输出结果如下：

```
Tensor
  [-1.7580993, -1.7580993, -1.7580993, ..., 102.9686966, 104.0194016, 105.0700989]
```

复习下 TensorFlow 中 selu 的写法：

```
>>> selu1 = tf.linspace(-100.0,100.0,201)
>>> selu2 = tf.nn.selu(selu1)
```

请注意，selu 的输出值并不像 ReLU 那样简单，我们的自变量取值范围为 [−100,+100]，但输出值并不是线性的。

```
>>> sess.run(selu2)
array([ -1.7580993, -1.7580993, -1.7580993, -1.7580993, -1.7580993,
        -1.7580993, -1.7580993, -1.7580993, -1.7580993, -1.7580993,
        -1.7580993, -1.7580993, -1.7580993, -1.7580993, -1.7580993,
        -1.7580993, -1.7580993, -1.7580993, -1.7580993, -1.7580993,
        -1.7580993, -1.7580993, -1.7580993, -1.7580993, -1.7580993,
        -1.7580993, -1.7580993, -1.7580993, -1.7580993, -1.7580993,
        -1.7580993, -1.7580993, -1.7580993, -1.7580993, -1.7580993,
        -1.7580993, -1.7580993, -1.7580993, -1.7580993, -1.7580993,
```

```
-1.7580993, -1.7580993, -1.7580993, -1.7580993, -1.7580993,
-1.7580993, -1.7580993, -1.7580993, -1.7580993, -1.7580993,
-1.7580993, -1.7580993, -1.7580993, -1.7580993, -1.7580993,
-1.7580993, -1.7580993, -1.7580993, -1.7580993, -1.7580993,
-1.7580993, -1.7580993, -1.7580993, -1.7580993, -1.7580993,
-1.7580993, -1.7580993, -1.7580993, -1.7580993, -1.7580993,
-1.7580993, -1.7580993, -1.7580993, -1.7580993, -1.7580993,
-1.7580993, -1.7580993, -1.7580993, -1.7580993, -1.7580993,
-1.7580993, -1.7580993, -1.7580993, -1.7580992, -1.7580991,
-1.7580988, -1.7580979, -1.7580954, -1.7580885, -1.75807  ,
-1.7580194, -1.7578824, -1.7575096, -1.7564961, -1.7537414,
-1.7462534, -1.7258986, -1.6705687, -1.5201665, -1.1113307,
 0.       ,  1.050701 ,  2.101402 ,  3.152103 ,  4.202804 ,
 5.253505 ,  6.304206 ,  7.354907 ,  8.405608 ,  9.456309 ,
10.50701  , 11.557712 , 12.608412 , 13.659113 , 14.709814 ,
15.760515 , 16.811216 , 17.861917 , 18.912619 , 19.96332  ,
21.01402  , 22.064722 , 23.115423 , 24.166124 , 25.216824 ,
26.267525 , 27.318226 , 28.368927 , 29.419628 , 30.47033  ,
31.52103  , 32.57173  , 33.622433 , 34.673134 , 35.723835 ,
36.774536 , 37.825237 , 38.87594  , 39.92664  , 40.97734  ,
42.02804  , 43.078743 , 44.129444 , 45.180145 , 46.230846 ,
47.281548 , 48.33225  , 49.38295  , 50.433647 , 51.48435  ,
52.53505  , 53.58575  , 54.63645  , 55.687153 , 56.737854 ,
57.788555 , 58.839256 , 59.889957 , 60.94066  , 61.99136  ,
63.04206  , 64.092766 , 65.14346  , 66.19417  , 67.244865 ,
68.29556  , 69.34627  , 70.396965 , 71.44767  , 72.49837  ,
73.54907  , 74.59977  , 75.650475 , 76.70117  , 77.75188  ,
78.802574 , 79.85328  , 80.90398  , 81.95468  , 83.00538  ,
84.05608  , 85.10678  , 86.157486 , 87.20818  , 88.25889  ,
89.309586 , 90.36029  , 91.41099  , 92.46169  , 93.51239  ,
94.563095 , 95.61379  , 96.6645   , 97.715195 , 98.7659   ,
99.8166   ,100.867294 ,101.918    ,102.9687   ,104.0194   ,
105.0701  ], dtype=float32)
```

12.4.3 激活函数层的用法

除了 tf.relu 以外，还有 tf.layers.reLU 将激活函数当成 Layer 的用法。例如：

```
// reLU 层
const reluLayer = tf.layers.reLU();
// input 数据
const inputRelu = tf.linspace(-10, 10, 21);
// 应用 relu 层
const output = reluLayer.apply(inputRelu);
output.print();
```

输出结果如下：

```
Tensor
  [0, 0, 0, ..., 8, 9, 10]
```

tf.layers.reLU 是 tf.layers.Layer 的子类。Layers 封装的是一系列的权值和操作，是我们构成网络的主要构件。下面再来看一个 leakyReLU 的例子：

```
// leakyReLU 的 alpha 指定的是斜率
const leakyRelu2 = tf.layers.leakyReLU({
  alpha: 0.8,
});
const outputLeaky = leakyRelu2.apply(inputRelu);
outputLeaky.print();
```

输出结果如下：

```
Tensor
  [-8, -7.2000003, -6.4000001, ..., 8, 9, 10]
```

12.5 TensorFlow.js 变量

TensorFlow.js 与 TensorFlow 和 PyTorch 一样都是有变量的。所有用来训练的数据，都要保存在变量中。

在 TensorFlow.js 中，张量的 variable() 方法可以将张量转换成变量。例如：

```
// w 和 b 是两个要训练的变量
const w = tf.scalar(Math.random()).variable();
const b = tf.scalar(Math.random()).variable();
```

下面用一个线性回归的例子来说明变量的用法：

```
const tf = require('@tensorflow/tfjs');
```

```
// 加载绑定
require('@tensorflow/tfjs-node');    // 如果有 GPU，请换成 '@tensorflow/tfjs-node-gpu'
const endValue = 100;    // 坐标结束值
const learningRate = 0.01;    // 学习率
const xs = tf.range(0,endValue);    // x 是从 0 到 endValue 的序列
let rand2 = tf.randomNormal([endValue],0,1);    // rand2 给序列带来一些扰动
let ys = tf.mul(xs,2);
ys = tf.add(ys, 1);
ys = tf.add(ys, rand2);
// w 和 b 是两个要训练的变量
const w = tf.scalar(Math.random()).variable();
const b = tf.scalar(Math.random()).variable();
const f = function(x){
  let result = tf.mul(x,w).add(b);    // y = w * x + b
  w.print();
  b.print();
  result.print();
  return result;
};
const loss = (pred, label) => pred.sub(label).square().mean();    // 误差是均方差
const optimizer = tf.train.sgd(learningRate);    // 优化器选用随机梯度下降
for (let i = 0; i < 100; i++) {
  optimizer.minimize(() => loss(f(xs), ys));    // 训练模型
}
// 进行预测
console.log(
  `w: ${w.dataSync()}, b: ${b.dataSync()}`);
const preds = f(xs).dataSync();
preds.forEach((pred, i) => {
  console.log(`x: ${i}, pred: ${pred}`);
});
```

12.6 TensorFlow.js 神经网络编程

有了激活层和变量的支持之后，就可以开始尝试进行神经网络编程了。下面从卷积开

始介绍。

12.6.1 卷积

有了 tf.matMul，就可以做全连接网络，下面进入卷积网络的世界。先来看卷积的实例：

```
const conv1 = tf.layers.conv2d({
  inputShape: [28, 28, 1],   //28*28,1 通道
  filters: 32,   //32 个卷积核
  kernelSize: 3,   // kernel 大小 3*3
  activation: 'relu',   // 激活函数
});
console.log(conv1);
```

下面看下打印出来的卷积网络的结构，结果如下：

```
Conv2D {
  _callHook: null,
  _addedWeightNames: [],
  _stateful: false,
  id: 2,
  activityRegularizer: null,
  inputSpec: null,
  supportsMasking: false,
  _trainableWeights: [],
  _nonTrainableWeights: [],
  _losses: [],
  _updates: [],
  _built: false,
  inboundNodes: [],
  outboundNodes: [],
  name: 'conv2d_Conv2D1',
  trainable: true,
  updatable: true,
  batchInputShape: [ null, 28, 28, 1 ],
  dtype: 'float32',
  initialWeights: null,
  _refCount: null,
  bias: null,
```

```
  DEFAULT_KERNEL_INITIALIZER: 'glorotNormal',
  DEFAULT_BIAS_INITIALIZER: 'zeros',
  rank: 2,
  kernelSize: [ 3, 3 ],
  strides: [ 1, 1 ],
  padding: 'valid',
  dataFormat: 'channelsLast',
  activation: Relu {},
  useBias: true,
  biasInitializer: Zeros {},
  biasConstraint: null,
  biasRegularizer: null,
  dilationRate: [ 1, 1 ],
  kernel: null,
  filters: 32,
  kernelInitializer:
   GlorotNormal { scale: 1, mode: 'fanAvg', distribution: 'normal', seed: null },
  kernelConstraint: null,
  kernelRegularizer: null }
```

下面就用一张随机生成的图片来试验一下卷积的效果，代码如下：

```
// 先生成 28*28 的随机图片
const rand1 = tf.randomUniform([28, 28], 0, 1, 'float32')
rand1.print()
//reshape 成卷积函数需要的格式
const input1 = tf.reshape(rand1, [-1, 28, 28, 1]);
const out_conv1 = conv1.apply(input1);
out_conv1.print();
```

随机生成的图片的结果如下：

```
Tensor
   [[0.752864 , 0.2914373, 0.4478389, ..., 0.4574995, 0.7232857, 0.0847203],
    [0.904105 , 0.1051127, 0.740133 , ..., 0.7624482, 0.9286919, 0.7710417],
    [0.2127042, 0.6858938, 0.6113983, ..., 0.126444 , 0.7108459, 0.0619021],
    ...,
    [0.2550405, 0.6906092, 0.177289 , ..., 0.3185972, 0.1958449, 0.6100668],
    [0.8907552, 0.0235789, 0.1761309, ..., 0.7881274, 0.704017 , 0.5592605],
```

```
[0.7226025, 0.6091997, 0.8034173, ..., 0.5042758, 0.2802746, 0.1909694]]
```

卷积出来的结果如下：

```
Tensor
 [[[[0.1295186, 0        , 0        , ..., 0        , 0        , 0.0251136],
   [0.1589504, 0.086499 , 0        , ..., 0        , 0        , 0.0470084],
   [0.1773514, 0        , 0        , ..., 0.049817 , 0        , 0        ],
   ...,
   [0.1196856, 0.0658915, 0        , ..., 0        , 0.0180489, 0        ],
   [0.3520311, 0.0271083, 0        , ..., 0        , 0.04824  , 0.0852619],
   [0.0689713, 0        , 0        , ..., 0.0569061, 0        , 0        ]],
  [[0.0948016, 0.0291433, 0        , ..., 0.0235465, 0.028125 , 0.0023423],
   [0.2459858, 0        , 0.0396695, ..., 0        , 0        , 0.1152715],
   [0.1077738, 0.0548803, 0        , ..., 0        , 0.0175214, 0.0859564],
   ...,
   [0.3528084, 0        , 0        , ..., 0        , 0        , 0        ],
   [0.162041 , 0        , 0        , ..., 0.1282563, 0        , 0        ],
   [0.1651376, 0        , 0.0217893, ..., 0.0074029, 0        , 0.1460522]],
  [[0.1130512, 0.0337563, 0        , ..., 0        , 0        , 0.0217824],
   [0.1704201, 0        , 0        , ..., 0.0708037, 0        , 0        ],
   [0.161341 , 0        , 0.0833643, ..., 0        , 0.0110539, 0.1884779],
   ...,
   [0.1509309, 0        , 0        , ..., 0.0808637, 0        , 0        ],
   [0.1038109, 0        , 0        , ..., 0        , 0.0051486, 0.0975177],
   [0.0007632, 0        , 0        , ..., 0.1041152, 0        , 0        ]],
  ...
  [[0.0872668, 0        , 0        , ..., 0.0687008, 0        , 0        ],
   [0.2148637, 0        , 0        , ..., 0        , 0        , 0.0880589],
   [0.114163 , 0        , 0        , ..., 0        , 0        , 0        ],
   ...,
   [0.1473924, 0.0957185, 0        , ..., 0        , 0.0440587, 0.0223295],
   [0.3234423, 0.0763847, 0        , ..., 0        , 0        , 0.0021753],
   [0.2389759, 0        , 0        , ..., 0.0491909, 0        , 0.0322843]],
  [[0.212311 , 0.0149377, 0        , ..., 0        , 0.000514 , 0.0211915],
   [0.110805 , 0        , 0        , ..., 0.0724654, 0        , 0        ],
   [0.0418173, 0        , 0.0156068, ..., 0.0426441, 0        , 0.0380342],
```

```
  ...,
  [0.2659053, 0       , 0       , ..., 0       , 0       , 0.1293256],
  [0.114368 , 0       , 0       , ..., 0.0089147, 0      , 0.0208205],
  [0.1535932, 0.0001342, 0      , ..., 0       , 0       , 0.0085257]],
 [[0.2158749, 0       , 0       , ..., 0       , 0       , 0       ],
  [0.0708968, 0.053743 , 0      , ..., 0       , 0       , 0       ],
  [0.1597099, 0       , 0       , ..., 0       , 0       , 0       ],
  ...,
  [0.1201719, 0       , 0       , ..., 0.0764656, 0      , 0       ],
  [0.0454609, 0       , 0.0126222, ..., 0.0422823, 0     , 0.0547024],
  [0.222878 , 0.0356506, 0      , ..., 0       , 0.0397889, 0.0226017]]]]
```

这里大家再复习一下在 TensorFlow 中如何写卷积。最重要的是，TensorFlow 的 filter 是要生成一个相应形状的张量，只给形状的描述不行。看一下等价的实例：

```
# 生成 28*28 随机图片
input1 = tf.random.uniform([28, 28], 0, 1, dtype=tf.float32)
# reshape 成 [ 批次，宽，高，深度 ]
input2 = tf.reshape(input1, [-1, 28, 28, 1])
# TensorFlow 要求 filter 是有随机值的张量，不能只给形状
filter1 = tf.random_normal([28, 28, 1, 32], 0, 1, dtype=tf.float32)
# 步长 [1,1] 是可以给个值就好了，加 SAME padding
output1 = tf.nn.conv2d(input2, filter1, [1, 1, 1, 1], padding='SAME')
output2 = sess.run(output1)
print(output2)
```

12.6.2 池化层

TensorFlow.js 的池化层也比 TensorFlow 要容易写。例如：

```
const pool1 = tf.layers.maxPool2d({
  poolSize: 2,
  strides: 2,
  padding: 'valid',
  dataFormat: 'channelsLast',
});
const outPool1 = pool1.apply(outConv1);
outPool1.print();
```

对于池化核的大小和步幅的大小，如果宽高一致，只用给一个值就好。当然也可以都写上：

```
const pool2 = tf.layers.maxPool2d({
  poolSize: [2, 2],
  strides: [2, 2],
  padding: 'valid',
  dataFormat: 'channelsLast',
});
const outPool2 = pool2.apply(outConv1);
outPool2.print();
```

[2,2] 的效果与 2 是等价的。

channelsLast 的含义是通道数放在宽高值的后面。

12.7 TensorFlow.js 实现完整模型

我们再次使用第 2 章写的 Keras 代码：

```
model = Sequential()
# 第 1 个卷积层，32 个卷积核，大小为 3*3，输入形状为 (28,28,1)
model.add(Conv2D(32, kernel_size=(3, 3),
        activation='relu',
        input_shape=(28,28,1)))
# 第 2 个卷积层，64 个卷积核
model.add(Conv2D(64, (3, 3), activation='relu'))
# 第 1 个池化层
model.add(MaxPooling2D(pool_size=(2, 2)))
# 卷积网络到全连接网络的转换层
model.add(Flatten())
# 第 1 个全连接层
model.add(Dense(128, activation='relu'))
# 第 1 个 Dropout 层
model.add(Dropout(0.5))
# 输出层
model.add(Dense(10, activation='softmax'))
```

下面将其翻译成 TensorFlow.js：

```
const model = tf.sequential();
```

```
//第 1 个卷积层，32 个卷积核，大小为 3*3，输入形状为 (28,28,1)
model.add(tf.layers.conv2d({
 inputShape: [28, 28, 1],
 filters: 32,
 kernelSize: 3,
 activation: 'relu',
}));
//第 2 个卷积层，64 个卷积核
model.add(tf.layers.conv2d({
 filters: 64,
 kernelSize: 3,
 activation: 'relu',
}));
//第 1 个池化层
model.add(tf.layers.maxPooling2d({poolSize: [2, 2]}));
//tfjs 中的 flatten() 与 Keras 中的 Flatten() 同义
model.add(tf.layers.flatten());
//第 1 个全连接层
model.add(tf.layers.dense({units: 128, activation: 'relu'}));
//第 1 个 dropout 层
model.add(tf.layers.dropout({rate: 0.5}));
//输出层
model.add(tf.layers.dense({units: 10, activation: 'softmax'}));
```

因为 TensorFlow.js 的 API 设计就是参考 Keras 和 PyTorch 的 API，所以基本上可以一一对译。

下面复习一下 TensorFlow 的写法：

```
def model(X, filter1, filter2, filter3, fc_weight, out_weight):
  # filter 1: [3,3,1,32]
  # 输入形状 (?, 28, 28, 1)
  conv1_1 = tf.nn.conv2d(
    X, filter1, strides=[1, 1, 1, 1], padding='SAME')
  conv1 = tf.nn.relu(conv1_1)
  # 第一次池化后形状 (?, 14, 14, 32)
  pool1 = tf.nn.max_pool(
    conv1, ksize=[1, 2, 2, 1], strides=[1, 2, 2, 1],
```

```
        padding='SAME')
    # filter 2: [3,3,32,64]
    # 卷积后形状 (?, 14, 14, 64)
    conv2_1 = tf.nn.conv2d(
        pool1, filter2, strides=[1, 1, 1, 1],
        padding='SAME')
    conv2 = tf.nn.relu(conv2_1)
    # 池化后形状：# (?, 7, 7, 64)
    pool2 = tf.nn.max_pool(
        conv2, ksize=[1, 2, 2, 1], strides=[1, 2, 2, 1],
        padding='SAME')
    # filter 3: [3,3,64,128]
    # 卷积后形状：# (?, 7, 7, 128)
    conv3_1 = tf.nn.conv2d(
        pool2, filter3, strides=[1, 1, 1, 1], padding='SAME')
    conv3 = tf.nn.relu(conv3_1)
    # 池化后形状 (?, 4, 4, 128)
    pool3 = tf.nn.max_pool(
        conv3, ksize=[1, 2, 2, 1], strides=[1, 2, 2, 1],
        padding='SAME')
    # 从 (?, 4,4,128) 拍平成 (?, 2048)
    flatten = tf.reshape(
        pool3, [-1, fc_weight.get_shape().as_list()[0]])
    flatten1 = tf.nn.dropout(flatten, 0.25)
    fc1_1 = tf.matmul(flatten1, fc_weight)
    fc1_2 = tf.nn.relu(fc1_1)
    fc = tf.nn.dropout(fc1_2, 0.5)
    pyx = tf.matmul(fc, out_weight)
    return pyx
X = tf.placeholder("float", [None, 28, 28, 1])
Y = tf.placeholder("float", [None, 10])
filter1 = tf.Variable(
    tf.random_normal([3, 3, 1, 32], stddev=0.01), name='filter1')
filter2 = tf.Variable(
    tf.random_normal([3, 3, 32, 64], stddev=0.01), name='filter2')
```

```
filter3 = tf.Variable(
    tf.random_normal([3, 3, 64, 128], stddev=0.01), name='filter3')
fc_weight = tf.Variable(
    tf.random_normal([128 * 4 * 4, 625], stddev=0.01), name='fc_weight')
out_weight = tf.Variable(
    tf.random_normal([625, 10], stddev=0.01), name='out_weight')
py_x = model(X, filter1, filter2, filter3, fc_weight, out_weight)
cost = tf.reduce_mean(
    tf.nn.softmax_cross_entropy_with_logits(logits=py_x, labels=Y))
train_op = tf.train.RMSPropOptimizer(0.001, 0.9).minimize(cost)
predict_op = tf.argmax(py_x, 1)
```

下面来将其改写成 TensorFlow.js 的版本。读取数据部分省略，就是用 js 重新实现读 MNIST 几个文件的过程，MNIST 的 4 个文件格式在第 2 章已经详细分析过。另外，训练部分省略，留作练习。

```
const tf = require('@tensorflow/tfjs');
// 加载绑定
require('@tensorflow/tfjs-node');
const model = tf.sequential();
model.add(tf.layers.conv2d({
    inputShape: [28, 28, 1],
    filters: 32,
    kernelSize: 3,
    activation: 'relu',
    padding: 'same',
}));    // 第 1 个卷积层，32 个卷积核，大小为 3*3，输入形状为 (28,28,1)
model.add(tf.layers.maxPooling2d({
    poolSize: 2,
    strides: 2,
    padding: 'same',
}));    // 第 1 个池化层
model.add(tf.layers.conv2d({
    filters: 64,
    kernelSize: 3,
    activation: 'relu',
    padding: 'same',
```

```
})); // 第 2 个卷积层，64 个卷积核
model.add(tf.layers.maxPooling2d({
  poolSize: 2,
  strides: 2,
  padding: 'same',
})); // 第 2 个池化层
model.add(tf.layers.conv2d({
  filters: 128,
  kernelSize: 3,
  activation: 'relu',
  padding: 'same',
})); // 第 3 个卷积层，128 个卷积核
model.add(tf.layers.maxPooling2d({
  poolSize: 2,
  strides: 2,
  padding: 'same',
})); // 第 3 个池化层
model.add(tf.layers.flatten()); // tfjs 中的 flatten() 与 Keras 中的 Flatten() 同义
model.add(tf.layers.dense({ units: 625, activation: 'relu' })); // 第 1 个全连接层
model.add(tf.layers.dropout({ rate: 0.5 })); // 第 1 个 dropout 层
model.add(tf.layers.dense({ units: 10, activation: 'softmax' })); // 输出层
model.compile({
  optimizer: 'rmsprop', // 优化方法选 rmsprop
  loss: 'categoricalCrossentropy', // 交叉熵
  metrics: ['accuracy'], // 显示准确率
});
model.summary(); // 输出模型的汇总信息
```

12.8 TensorFlow.js 的后端接口

前面 7 节讲的都是从 JavaDcript 调用 TensorFlow.js 的 API 的开发者的角度来看 TensorFlow.js。本节我们尝试介绍 TensorFlow.js 与后端，也就是 TensorFlow 接口的一些简单原理。

首先来看从 TensorFlow.js API 调用到 libtensorflow.so 的过程，如图 12.1 所示。

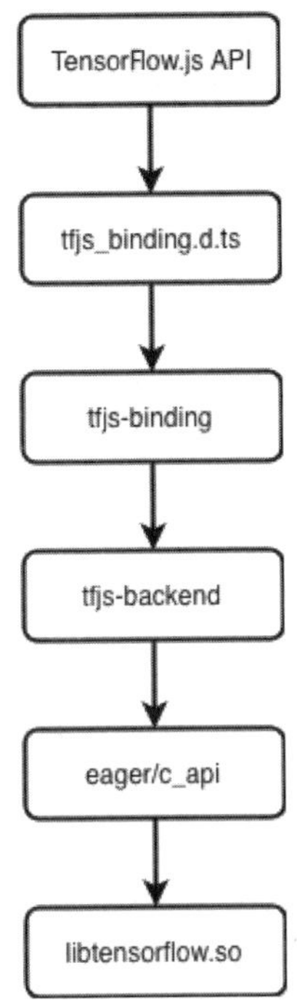

图 12.1　TensorFlow.js 调用后端流程

在 TensorFlow.js 的实现中，处理与后端打交道的类是 TFJSBackend 类。这个类对外的服务可以抽象成 4 个接口，并有 4 种主要操作如图 12.2 所示。

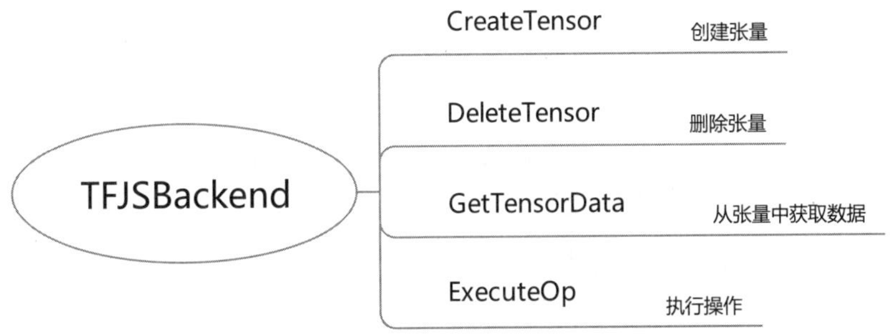

图 12.2　TFJSBackend 类的 4 种主要操作

上面这 4 种主要操作，首先是在 TypeScript 层进行定义的。篇幅所限，我们取其中的 CreateTensor 为例，在 TypeScript 层中，它的定义为：

```
CreateTensor(
        shape: number[], dtype: number,
        buffer: Float32Array|Int32Array|Uint8Array): number;
```

创建张量时需要 3 个参数，即形状、类型和值数组。然后看对应于 TypeScript 的 C++

绑定层的实现：

```
static napi_value CreateTensor(napi_env env, napi_callback_info info) {
  napi_status nstatus;
  // 就是 ts 传来的 3 个参数 : shape 形状、dtype 类型、 typed-array 内容
  size_t argc = 3;
  napi_value args[3];
  napi_value js_this;    // js_this 用于保存当前 this 对象
  nstatus = napi_get_cb_info(env, info, &argc, args, &js_this, nullptr);    // 调用 napi 来获取
this 对象
  ENSURE_NAPI_OK_RETVAL(env, nstatus, nullptr);
  // 对于小于 3 个参数的错误处理
  if (argc < 3) {
    NAPI_THROW_ERROR(env, "Invalid number of args passed to createTensor()");
    return nullptr;
  }
  ENSURE_VALUE_IS_ARRAY_RETVAL(env, args[0], nullptr);    // 验证 shape 是数组
  ENSURE_VALUE_IS_NUMBER_RETVAL(env, args[1], nullptr);    // 验证 dtype 是整数
  ENSURE_VALUE_IS_TYPED_ARRAY_RETVAL(env, args[2], nullptr);    // 验证 typed-array 是
Typed Array
  return gBackend->CreateTensor(env, args[0], args[1], args[2]);    // 调用后端的 CreateTensor
}
```

从上面的 binding 部分来看，主要是处理与 ts 打交道的部分，并且检验类型的有效性，功能方面还是调用后端的 CreateTensor 函数来实现。

```
napi_value TFJSBackend::CreateTensor(napi_env env,    //this 变量
                    napi_value shape_value,    // 形状
                    napi_value dtype_value,    // 类型
                    napi_value typed_array_value) {    // 值
  napi_status nstatus;
  std::vector<int64_t> shape_vector;    // 用 vector 来处理数组
  ExtractArrayShape(env, shape_value, &shape_vector);    // 形状参数转到 vector 中
  if (IsExceptionPending(env)) {
    return nullptr;    // 如果有异常，则直接返回
  }
  int32_t dtype_int32;    // 类型是个整形
  nstatus = napi_get_value_int32(env, dtype_value, &dtype_int32);    // 获取此整型
```

```
    ENSURE_NAPI_OK_RETVAL(env, nstatus, nullptr);    // 检查返回值的正确性
    // 调用 TensorFlow eager api 中的 CreateTFE_TensorHandleFromTypedArray 来创建张量
    TFE_TensorHandle *tfe_handle = CreateTFE_TensorHandleFromTypedArray(
      env, shape_vector.data(), shape_vector.size(),
      static_cast<TF_DataType>(dtype_int32), typed_array_value);
    if (IsExceptionPending(env)) {
     return nullptr;    // 照例检查异常
    }
    // 按照 GPU 的要求，所有的非 int32 的数值要复制到设备的内存（如 GPU 的显存）中
    // 对于 int32，GPU 支持其留在主存储器中
    if (dtype_int32 != TF_INT32) {
     // 如果复制到同一设备，会共享同一份内存
     TFE_TensorHandle *new_handle = CopyTFE_TensorHandleToDevice(
       env, device_name.c_str(), tfe_handle, tfe_context_);
     TFE_DeleteTensorHandle(tfe_handle);// 释放复制前的张量
     tfe_handle = new_handle;    // 返回新张量
    }
    napi_value output_tensor_id;
    nstatus = napi_create_int32(env, InsertHandle(tfe_handle), &output_tensor_id);    // 调用 env-
>InsertHandle
    ENSURE_NAPI_OK_RETVAL(env, nstatus, nullptr);    // 检查返回值
    return output_tensor_id;
  }
```

这一层调用的 CreateTFE_TensorHandleFromTypedArray 仍然是 TensorFlow.js 中的封装，在这个函数的实现代码中，我们才发现对 TensorFlow C API 的调用。

```
    const size_t byte_size = num_elements * width;
    TF_AutoTensor tensor(
      TF_AllocateTensor(dtype, shape, shape_length, byte_size));
    memcpy(TF_TensorData(tensor.tensor), array_data, byte_size);
```

第 13 章 高级编程

前面讲 AlexNet 的重要贡献时提到过，AlexNet 使用 GPU 进行加速训练，一举开创行业之先，从此引发了硬件加速的热潮。从 GPU 到专用的加速硬件（如 TPU），以及 FPGA 等可编程硬件的应用，大大加速了深度学习的应用速度。

之所以放到后面才讲，是因为这部分内容对编程的影响不大。对于 TensorFlow 几乎是完全透明的，PyTorch 也只需要加很少的语句，学习基本算法和基本编程方法的重要性更高。本章我们就从使用 GPU 加速开始介绍高级编程。

本章将介绍以下内容

- GPU 加速
- 生成对抗网络
- Attention 机制
- 多任务学习

13.1 GPU 加速

在 PC 平台上，最主要的 GPU 加速是针对于 NVIDIA 的 CUDA 所做。下面就以 CUDA 为例，说明使用 GPU 加速的方法。

13.1.1 PyTorch GPU 版的安装

首先，不管是 PyTorch 还是 TensorFlow，对于 CUDA 最新版本的支持都需要一个时间上的延迟，一般我们不能使用最新版，而是要先检查 PyTorch 目前支持哪个版本。

在写作本书时，CUDA 的最新版本是 10.0.0，而 PyTorch 还只能支持到 9.2.0。

我们需要先下载 CUDA 9.2 版本，下载时，根据操作系统版本的不同，需要进行一些选择。

下载后进行安装，安装完成之后，我们还需要安装支持对应版本的 PyTorch。安装命令在 PyTorch 官网主页可以找到。例如，在 Windows 系统上，使用的是 pip 安装，Python 版本为 3.6，安装命令为：

```
pip3 install https://download.pytorch.org/whl/cu100/torch-1.0.0-cp36-cp36m-win_amd64.whl
```

如果是 Python 3.7 版本，在 Windows 上 pip 的安装命令为：

```
pip3 install https://download.pytorch.org/whl/cu100/torch-1.0.0-cp37-cp37m-win_amd64.whl
```

13.1.2 TensorFlow GPU 版的安装

TensorFlow 的 GPU 版安装要比 PyTorch 简单一些。目前，TensorFlow-gpu 支持 CUDA 9.0，不需要查 Python 的版本号，只需要指定 GPU 版本即可：

```
pip3 install tensorflow-gpu -U
```

当然，也是可以指定用哪个包，如针对 Python 3.6 的如下：

```
pip3 install https://storage.googleapis.com/tensorflow/windows/gpu/tensorflow_gpu-1.12.0-cp36-cp36m-win_amd64.whl
```

13.1.3 PyTorch 中使用 CUDA

因为 TensorFlow 中对于 GPU 加速的使用是自动的，下面主要讲解在 PyTorch 中对 CUDA 的使用。

在 PyTorch 中，每个张量都可以通过 cuda() 函数来获取 GPU 加速的版本。

下面先看一个例子：

```
>>> import torch as t
>>> a = t.zeros(4,4, dtype=t.float64)
>>> a
tensor([[0., 0., 0., 0.],
        [0., 0., 0., 0.],
        [0., 0., 0., 0.],
        [0., 0., 0., 0.]], dtype=torch.float64)
>>> a2 = a.cuda()
>>> a2
tensor([[0., 0., 0., 0.],
        [0., 0., 0., 0.],
        [0., 0., 0., 0.],
        [0., 0., 0., 0.]], device='cuda:0', dtype=torch.float64)
```

通过调用 tensor 的 cuda() 函数方法，a2 就获取了 GPU 加速版本的张量对象。

如果想要写出兼容 CUDA 和 CPU 的代码，可以通过 torch.cuda.is_available() 函数来确定。例如：

```
>>> t.cuda.is_available()
True
```

提 示

使用了 GPU 加速后要关注内存使用情况，在 CPU 下够用的内存，在 GPU 上经常是不够用的。

13.1.4 PyTorch CUDA 内存管理

说到内存管理，PyTorch 在 CUDA 类中提供了一系列函数来帮助管理内存。

我们可以通过 torch.cuda.memory_allocated 来得到分配了多少内存，通过 torch.cuda.memory_cached 来获取缓存的大小。下面来看例子，默认都是 0。

```
>>> print(t.cuda.memory_allocated())
0
>>> print(t.cuda.memory_cached())
0
```

然后分配一个张量：

```
>>> a = t.ones([10,10], device='cuda:0')
```

再看下分配的内存：

```
>>> print(t.cuda.memory_allocated())
512
>>> print(t.cuda.memory_cached())
1048576
```

我们发现，10×10 的张量占用了 512B 内存。系统预分配了 1MB 的缓存。此外，还可以通过 torch.cuda.max_memory_allocated 与 torch.cuda.max_memory_cached 来获取最大可分配内存。

13.2 生成对抗网络

前面学习的算法主要是用于分类的。除了分类之外，生成数据也是一个重要的方向。下面来讨论生成数据的模型。

13.2.1 生成模型

生成模型 (Generative Model) 是指一系列用于随机生成可观测数据的模型，包括自动编码器 (AutoEncoder) 和变分自动编码器 (Variational AutoEncoder, VAE) 和生成对抗网络 (Generative Adversarial Networks)，如图 13.1 所示。

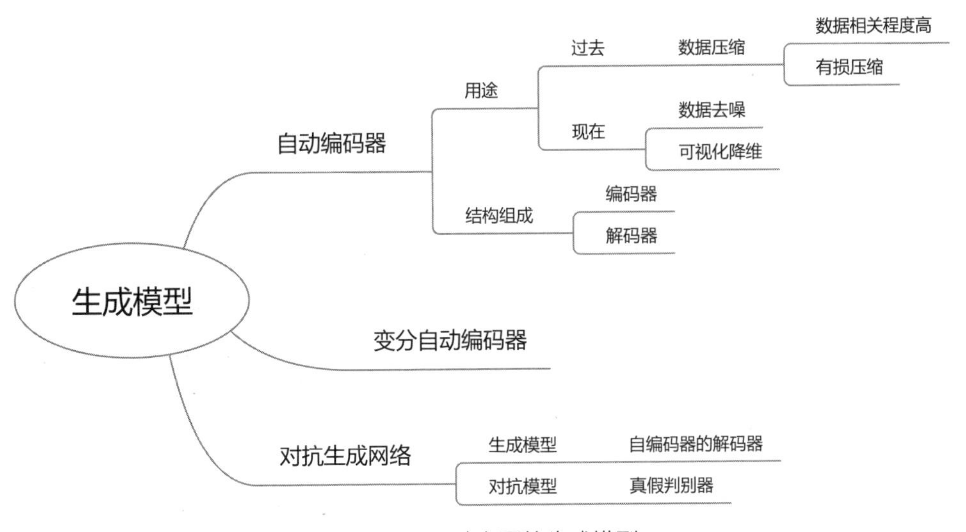

图 13.1　几种主要的生成模型

自动编码器 (AutoEncoder) 最开始作为一种数据的压缩方法，其特点如下。

（1）与数据相关程度很高，只能压缩与训练数据相似的数据。

（2）压缩后数据是有损的，因为在降维的过程中不可避免地会丢失信息。

现在自动编码器主要用于两个方面：数据去噪和可视化降维。

结构上，自动编码器由编码器 Encoder 和解码器 Decoder 两部分组成。

编码器和解码器都可以用任意的模型，通常使用神经网络模型。也就是说，输入的数据经过神经网络降维到一个编码，接着又通过另外一个神经网络去解码，得到一个与输入原数据一模一样的生成数据。然后通过比较这两个数据，最小化它们之间的差异来训练这个网络中编码器和解码器的参数。

当这个过程训练完之后，拿出这个解码器，随机传入一个编码，通过解码器就能够生成一个和原数据差不多的数据。示例如下：

```
import torch as t
class AutoEncoder(t.nn.Module):    # 自动编解码器示例
  def __init__(self):
    super(AutoEncoder, self).__init__()
    self.encoder = t.nn.Sequential(
      t.nn.Linear(28 * 28, 128),    # 784 -> 128
      t.nn.ReLU(True),
      t.nn.Linear(128, 64),    # 128 -> 64
      t.nn.ReLU(True),
      t.nn.Linear(64, 12),    # 64 -> 12
      t.nn.ReLU(True),
      t.nn.Linear(12, 3)    # 12 -> 3
    )
    self.decoder = t.nn.Sequential(    # 与编码器的顺序刚好相反
      t.nn.Linear(3, 12), t.nn.ReLU(True), t.nn.Linear(12, 64),
      t.nn.ReLU(True), t.nn.Linear(64, 128), t.nn.ReLU(True),
      t.nn.Linear(128, 28 * 28), t.nn.Tanh())
  def forward(self, x):
    x = self.encoder(x)    # 编码器
    x = self.decoder(x)    # 解码器
    return x
model = AutoEncoder()
print(model)
```

打印的模型结构如下：

```
AutoEncoder(
```

```
(encoder): Sequential(
  (0): Linear(in_features=784, out_features=128, bias=True)
  (1): ReLU(inplace)
  (2): Linear(in_features=128, out_features=64, bias=True)
  (3): ReLU(inplace)
  (4): Linear(in_features=64, out_features=12, bias=True)
  (5): ReLU(inplace)
  (6): Linear(in_features=12, out_features=3, bias=True)
)
(decoder): Sequential(
  (0): Linear(in_features=3, out_features=12, bias=True)
  (1): ReLU(inplace)
  (2): Linear(in_features=12, out_features=64, bias=True)
  (3): ReLU(inplace)
  (4): Linear(in_features=64, out_features=128, bias=True)
  (5): ReLU(inplace)
  (6): Linear(in_features=128, out_features=784, bias=True)
  (7): Tanh()
)
)
```

我们复习一下生成编码的原理：拿出这个解码器，随机传入一个编码，通过解码器就能够生成一个和原数据差不多的数据。用这个原理与自动编码器对比，就会发现一个严重的问题。我们会发现做生成操作使用解码器时，使用的是随机数据；而我们训练自编码器时，使用的是真实图片。真实图片无论如何训练，训练出的结果也不会是正态分布。生成的不是正态分布，就无法承接随机数据生成图片。

那如何解决上述问题呢？办法就是让图片生成的结果变得像正态分布一样，但需要做个权衡。如果完全变成正态分布，那么就跟图片没什么关系了；如果太像图片，则又退化成自编码器了。所以我们的方法是生成一个既和正态分布像，又和图片分布像的分布，生成的新分布与正态分布和图片分布两者的差最小：

$$D_{\mathrm{KL}}(P \| Q)=\sum_{i} P(i) \log \frac{P(i)}{Q(i)}$$

通过下面一段代码就清楚了：

```
def loss_function(recon_x, x, mu, logvar):
    """
```

```
    :param recon_x: 生成的图片
    :param x: 原图片
    :param mu: 均值
    :param logvar: 标准差
    :return:
    """
    BCE = torch.nn.BCELoss(size_average=False) (recon_x,x)
    # loss = 1/2 * sum(1+log(sigma^2) - mu^2 - sigma^2)
    KLD_element = mu.pow(2).add_(logvar.exp()).mul(-1).add_(1).add_(logvar)
    KLD = torch.sum(KLD_element).mul_(-0.5)
    # KL dlvergnece
    return BCE + KLD
```

如代码所示，损失函数由 BCE 和 KLD 两部分组成。BCE 是生成图片和原图片的差，KLD 是训练后的图片的分布与正态分布的差。让 BCE 和 KLD 之和最小，就是我们所追求的目标。

但是，变分自动编码器和自动编码器一样，还是以平均方差作为损失函数，这样不可避免地导致生成的图片比较平均。

13.2.2 生成对抗网络

生成对抗网络由两部分组成：一部分是生成网络，就像自动编码器中的解码器一样；另一部分是判别网络，用于判断生成网络生成的数据的真假。通过这两部分的竞争，最后能够输出以假乱真数据可以骗过判别网络的生成网络。

在训练时，先训练判别器，将真的数据和假的数据都输入判别器中，训练出足够好的判别器；然后用这个训练好的判别器来训练生成器，让生成器生成的数据尽可能骗过训练好的判别器。

但是，生成对抗网络也有以下一些问题。

（1）训练困难：看起来很美，但是因为是两个对抗网络在相互学习，所以需要增加一些训练技巧才能使训练更加稳定。

（2）学习能力不足：通过对抗的过程，只是生成尽可能真的数据，但其实并没有真正学到它要表示的物体。

13.3 Attention 机制

前面我们在学习 R-CNN 等进行对象识别的时候，通常使用的方式都是先进行框遍历，如果发现是可能的图像，再调用预测子网络去预测。端到端的方式如（YOLO 和 SSD）在此方面有较大的进步。但是我们仍然可以做得更好，这就是模仿人的注意力的方式，采用 RNN 技术发展起来的 Attention 机制。

人类的注意力在一张图片上并不是像 R-CNN 一样均匀扫描，而是在空白处快速跳过，而到了细节丰富的区域则会慢下来仔细看。如果遇见无法分辨的情况，可以先扫过去然后再扫回来。也就是说，历史的信息是会被积累下来的。

这样的情况，自然不能依靠没有记忆的 CNN 能够解决的，而是靠 RNN 网络解决。

在 RNN 中学习过，对于太久的历史信息，可能会被慢慢丢掉。所以我们使用带有辅助存储的 LSTM 和 GRU 来解决遗忘的问题。几种神经网络的记忆如图 13.2 所示。

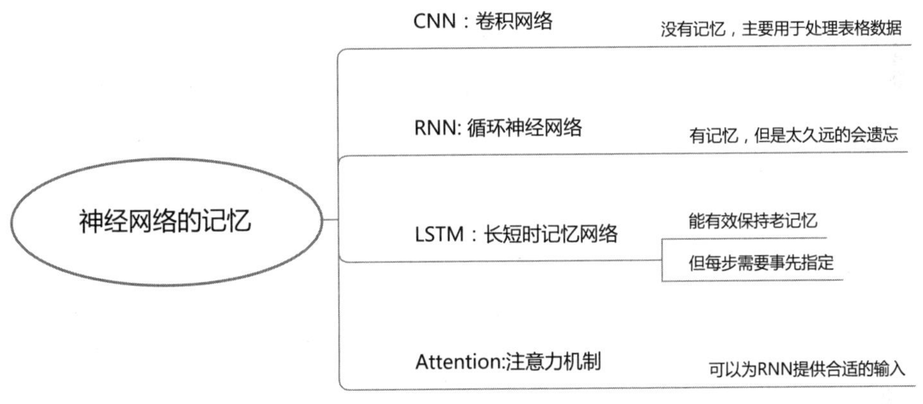

图 13.2　几种神经网络的记忆

Attention 机制可以分为两类：软注意力和硬注意力。软注意力（soft attention）就是有多个候选的可能，我们可以按照概率计算一个反映共同可能的总和作为结果；而硬注意力（hard attention）采用的是赢家通吃的策略，胜出的候选者本身成为 Attention 的结果。

soft attention 听起来就与之前学的优化方法（如梯度下降的算法）很配；而 hard attention 这种方式没见过，需要我们后面介绍的强化学习来处理它。注意力机制的分类如图 13.3 所示。

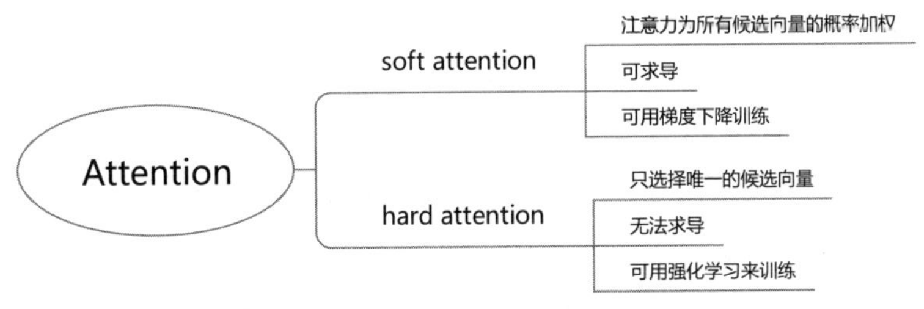

图 13.3　注意力机制的分类

最后通过 Attention 的模块组成来了解 Attention 的工作原理，如图 13.4 所示。

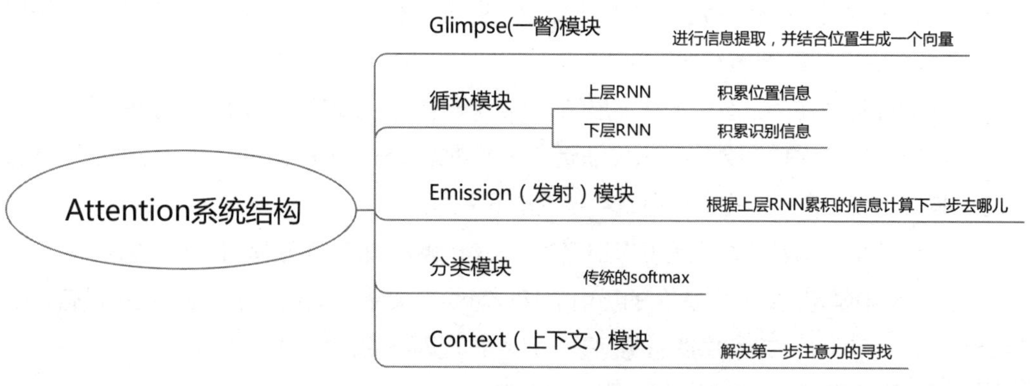

图 13.4　Attention 的系统结构

Attention 机制被广泛应用于主要的数据生成领域，如机器翻译、图像生成、根据图像生成文本等。

在机器翻译方面，虽然 LSTM 可以有效解决 RNN 的不足，但是针对全局的记忆和局部的记忆如何协调是 LSTM 训练的难点。

在论文 *Effective Approaches to Attention-based Neural Machine Translation* 中，作者使用了基于所有源文本的全局注意力系统和基于邻域文本的局部注意力系统，效果比传统的 LSTM 有较显著的进步。

在论文 *DRAW: A Recurrent Neural Network For Image Generation* 中，通过采用 Attention 机制，可以生成裸眼无法判别真伪的自动编码器。

13.4　多任务学习

从前面的学习中可以知道，神经网络是可以支持多输入和多输出的。

那么是不是可以在一个神经网络里并发执行多个训练，让参数在过程中共享?

事实证明，这样比起单任务学习，在很多时候取得的效果要好。主要的好处有以下几方面。

（1）提高了泛化准确率。因为样本更多，噪声分布也更广，所以更不易过拟合。

（2）提升了学习速度，并发更新权值网络比串行效率更好。

（3）使得结果的可解释性变得更好。因为是从几个任务中归纳出来的，所以从因果性分析上更具说服力。

我们回忆下第 6 章学习梯度下降时的知识，梯度下降的初始值都是随机的，所以即使是同一个模型，反复训练时的权值训练结果也是不同的。因此多个任务同时训练，带来的随机性会上升，有助于避免过拟合。

另外，多个任务同时训练，相当于是分配给每个任务的网络容量变小了，也有助于降低过拟合。

多任务学习的主要方法，如图 13.5 所示。

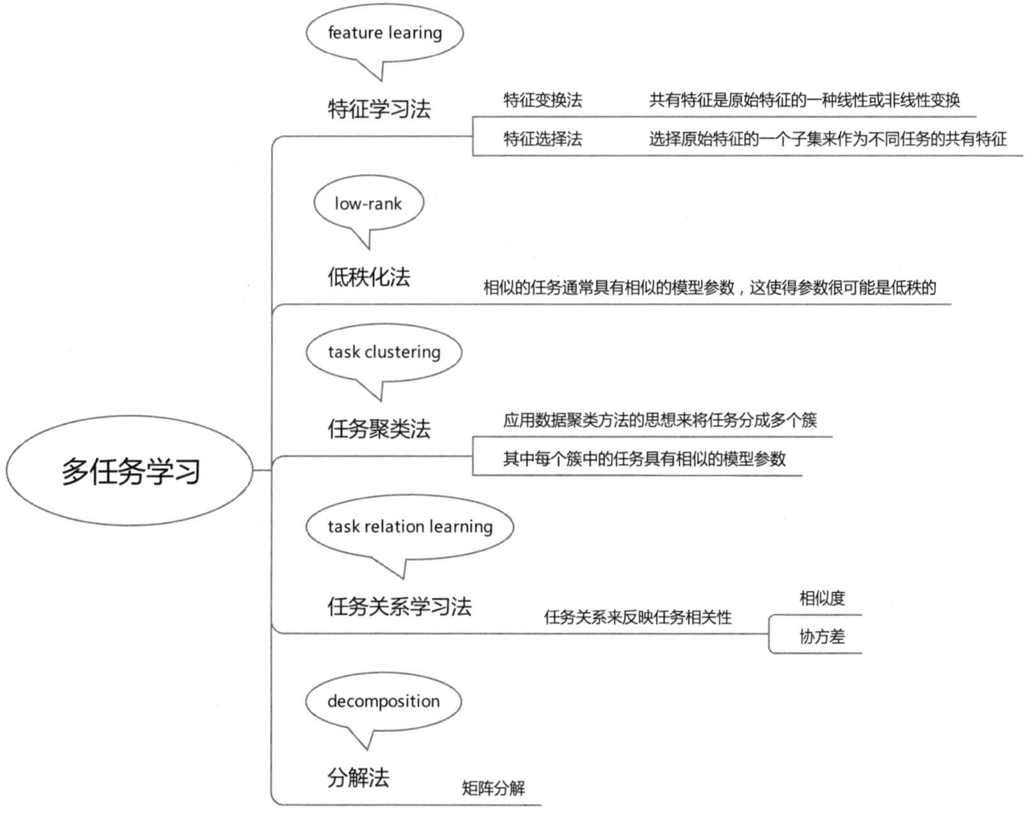

图 13.5　多任务学习的主要方法

- 特征学习法（feature learning approach）：学习共享训练网络的一种共有属性。它还分两种子方法：第一种是特征变换法（feature transformation approach），如对各种属性进行线性组合变换或者是非线性的组合变换；第二种是特征选择法，不做变换了，直接抽取一个子集来做共有特征。
- 低秩化法（low-rank approach）：既然这些模型是相似的，那么可以用低秩子空间来表示共有特征。
- 任务聚类法（task clustering approach）：通过聚类的方法来利用非监督学习的方式

来寻找共有特征。

- 任务关系学习法（task relation learning approach）：类似于传统的推荐算法，总有些相似度或者协方差一类的属性可以描述共有属性。
- 分解法（decomposition）：就像我们在第 5 章中学习的特征分解、奇异值分解等数学方法可以应用于此。

下面用一个示例代码来说明多任务学习：

```
import torch as t
class MTLnet(t.nn.Module):    # 多任务网络
    def __init__(self, f_size, s_size,
            o_size):    # f_size 是每个子任务的神经元，s_size 是共享的神经元
        super(MTLnet, self).__init__()
        self.feature_size = f_size    # 子任务元素数
        self.shared_size = s_size    # 共享层元素数
        self.output_size = o_size    # 输出层元素数
        self.sharedlayer = t.nn.Sequential(    # 共享层
            t.nn.Linear(self.feature_size, self.shared_size), t.nn.ReLU(),
            t.nn.Dropout())
        self.task1 = t.nn.Sequential(    # 任务 1，全连接网络
            t.nn.Linear(self.shared_size, self.output_size), t.nn.ReLU())
        self.task2 = t.nn.Sequential(    # 任务 2，卷积网络
            t.nn.Conv2d(1, 32, kernel_size=3, stride=1, padding=1),
            t.nn.BatchNorm2d(32), t.nn.ReLU(),
            t.nn.MaxPool2d(kernel_size=2, stride=1))
    def forward(self, x):
        layer_shared = self.sharedlayer(x)    # 共享部分
        out1 = self.task1(layer_shared)    # 任务 1 独立部分
        out2 = self.task2(layer_shared)    # 任务 2 独立部分
        return out1, out2
model = MTLnet(1000, 100, 10)    # 子任务 1000 个神经元，共享 100 个，输出 10 个
print(model)
```

示例中的 sharedlayer 是共享权值的公共部分，训练的时候都更新的是同一套权值。而 task1 和 task2 是分别独立的部分。

第 14 章 超越深度学习

前面我们用了 13 章的篇幅，介绍了深度学习的几个主要工具。深度学习成功地降低了使用机器学习的门槛，而且达到了非常好的效果。

前面章节介绍了 AlexNet、VGGNet、Inception、Resnet、Densenet、ResNeXt 等，一个比一个更精妙。但是，比这个更高的是给一组数据直接生成模型出来。这种技术被称为 AutoML。

虽然自动机器学习能够帮我们识别模型，但当其识别不出来时，我们还可以通过强化学习的方法来进行处理。

本章将介绍以下内容

- 自动机器学习 AutoML
- Autokeras
- Windows Subsystem for Linux
- 强化学习
- 强化学习编程
- 下一步的学习方法

下面先学习自动调参的机器学习技术，再介绍强化学习的基础知识。

14.1 自动机器学习 AutoML

AutoML 是一个不同于深度学习的新领域，但我们还是延续一贯的程序员优先的风格，先从如何用讲起。

目前主要的开源 AutoML 工具有两种：Auto-Sklearn 和 Autokeras。

14.1.1 Auto-Sklearn 的安装

Auto-Sklearn 目前只支持 Linux 系统，关于如何在 Windows 系统上使用，将在 14.3 节中介绍 Windows Subsystem for Linux。

1. 建立 virtualenv 环境

首先建立一个 virtualenv 环境，命令如下：

```
virtualenv -p /usr/local/bin/python3 autosk
```

输出结果如下：

```
Running virtualenv with interpreter /usr/local/bin/python3
Using base prefix '/usr/local'
New python executable in /home/ziying.liuziying/autosk/bin/python3
Also creating executable in /home/ziying.liuziying/autosk/bin/python
Installing setuptools, pip, wheel...
done.
```

2. 激活 virtualenv 环境

激活 virtualenv 环境，命令如下：

```
cd autosk/
source bin/activate
```

3. 安装 NumPy

安装 NumPy，命令如下：

```
pip install NumPy
```

4. 安装 Cython

安装 Cython，命令如下：

```
pip install Cython
```

输出结果如下：

```
Looking in indexes: https://pypi.tuna.tsinghua.edu.cn/simple
Collecting Cython
  Downloading https://pypi.tuna.tsinghua.edu.cn/packages/39/b1/2acbf92bb3c817dc99
a7588a6196629a0490b3f940b672136aa4d09f91ea/Cython-0.29.2-cp36-cp36m-manylinux1_
x86_64.whl (2.1MB)
    100% |████████████████████████████████| 2.1MB
2.7MB/s
Installing collected packages: Cython
Successfully installed Cython-0.29.2
```

5. 安装 Auto-Sklearn

安装 Auto-Sklearn，命令如下：

```
pip install auto-sklearn
```

这个输出比较长，与安装 Cython 过程相同的包在此略过，我们讲一下不同的部分：

```
  Running setup.py bdist_wheel for auto-sklearn ... done
  Stored in directory: /home/ziying.liuziying/.cache/pip/wheels/57/04/a9/7fd115541a8b07c
a19784f6ad9b95a7e48c18591a3b2df553e
  Running setup.py bdist_wheel for psutil ... done
  Stored in directory: /home/ziying.liuziying/.cache/pip/wheels/e9/17/e9/ef154a3afa04a1ba
fe5de947ba3b5ec5740931303ff1834338
  Running setup.py bdist_wheel for liac-arff ... done
  Stored in directory: /home/ziying.liuziying/.cache/pip/wheels/e5/48/39/90499a53d820e4
2282b7a26a92d05e1dea37a90f144286fec6
  Running setup.py bdist_wheel for ConfigSpace ... done
  Stored in directory: /home/ziying.liuziying/.cache/pip/wheels/f4/d0/26/62400642bb9205f
32c9a92254e18750b2ea2273f459e7a90d7
  Running setup.py bdist_wheel for pynisher ... done
  Stored in directory: /home/ziying.liuziying/.cache/pip/wheels/dc/ab/6e/dbabf3d157296c1
6c2a78148da093461e125612712598998ac
  Running setup.py bdist_wheel for pyrfr ... done
  Stored in directory: /home/ziying.liuziying/.cache/pip/wheels/6f/4f/c5/804b01e7b24dfb3c
b3058eb914d77aa2aa1c1fa2608656aecc
  Running setup.py bdist_wheel for smac ... done
  Stored in directory: /home/ziying.liuziying/.cache/pip/wheels/79/34/f2/1b85ef230874d62f
dee5956405e64bb0a8e2d03f1595cdcfa8
Successfully built auto-sklearn psutil liac-arff ConfigSpace pynisher pyrfr smac
```

从上述内容可以看出，上面的这些包不是直接安装的，而是调用了 setup.py 重新编译生成的。

6. 安装成功的包列表

```
Installing collected packages: nose, NumPy, scipy, scikit-learn, lockfile, joblib, psutil, pyyaml, liac-arff, six, python-dateutil, pytz, pandas, pyparsing, typing, ConfigSpace, docutils, pynisher, pyrfr, sphinxcontrib-websupport, babel, idna, urllib3, chardet, certifi, requests, imagesize, packaging, alabaster, snowballstemmer, Pygments, MarkupSafe, Jinja2, sphinx, sphinx-rtd-theme, smac, xgboost, auto-sklearn
```

另外，编译的过程需要依赖 swig。

Ubuntu 下安装 swig:

```
sudo apt install swig
```

Fedora 下安装 swig:

```
sudo dnf install swig
```

输出节选如下:

```
Installed:
  swig-3.0.12-21.fc29.x86_64
Complete!
```

14.1.2 依赖库的简要介绍

我们先简单介绍下 Auto-Sklearn 依赖的这些库，其中的一些重要库，尤其是算法相关和数据相关的库，对我们以后应用编程是很有益处的。

1. 日期时区相关库

- python-dateutil：提供了对日期功能的扩展。
- pytz：提供了对 Olson tz 数据库的支持，用来进行准确的跨时区的计算。

2. 系统相关库

- lockfile：用于并发访问文件时加锁，已经废弃，建议用 fasteners、oslo.concurrency 替代。
- joblib：提供轻量级流水线功能，尤其是透明的文件缓存和简单的并发访问的功能。
- psutil：获取进程信息和 CPU 使用率的库。
- pynisher：限制应用使用资源的模块，如可以限制内存和 CPU 的使用率。

3. 数据相关处理库

- pandas：著名的数据预处理库。

- liac-arff：读取 ARFF 文件的功能，ARFF(Attribute-Relation File Format) 是一种描述机器学习中使用的数据集的功能。
- Imagesize：解析图片的文件头以获取图片大小。

4. 机器学习算法相关库

- scikit-learn：机器学习库。
- ConfigSpace：用于管理算法配置和超参数配置空间。
- pyrfr：随机森林库 RFR 的 Python 接口。
- Smac：是一种算法配置工具，用于优化算法中的参数。
- Xgboost：可扩展、可移植的分布式梯度增强 Gradient Boosting 库。

5. 测试框架

- Nose：Python 测试框架。

6. 程序对象相关库

- pyparsing：创建和执行简单语法的功能库。
- typing：用于 Python 3.5 以上版本，提示 Python 对象的类型。
- Packaging：管理 Python 包的核心工具。

7. 网络相关库

- Idna：支持 RFC5891 定义的国际化域名 IDNA。
- urllib3：功能强大测试完全的 HTTP 客户端。
- requests：使用广泛的 HTTP 请求库。
- Jinja2：用纯 Python 编写的前端模板引擎。

8. 文档相关库

- Sphinx：Python 文档库。
- Alabaster：Sphinx 的默认主题。
- docutils：文档文法转义器，如可以将文档转换成 HTML、XML 和 LaTeX。
- sphinxcontrib-websupport：提供接口将 Sphinx 文档集成到 Web 应用中。
- sphinx-rtd-theme：是一个现代的、对移动端友好的 sphinx 主题。
- Babel：用于 Python 代码国际化。
- snowballstemmer：Snowball 算法生成 16 种语言的词干分析器。
- chardet：字符编码的探测器。
- certifi：根证书集合，可用于验证 SSL 证书的可信度。
- MarkupSafe：文本字符转义工具，使其可以安全地应用于 HTML 等文件中。

- Pygments：用 Python 编写的语法高亮包。

14.1.3　Auto-Sklearn 编程

有了 Auto-Sklearn 以后，写有监督机器学习分类问题就只需要两行代码：

```
automl = autosklearn.classification.AutoSklearnClassifier()   # 创建自动分类器
automl.fit(X_train, y_train)   # 自动建模，自动调参
```

也就是说，只需要给定训练的数据，剩下的事情都交给 Auto-Sklearn 去自动处理。

除分类之外，Auto-Sklearn 也支持回归的自动模型生成。

下面看个例子：

```
import NumPy as np
import autosklearn.classification
import autosklearn.regression
import sklearn.model_selection
import sklearn.datasets
import sklearn.metrics
# 数据部分
X_train = np.arange(1,10001)
y_train = X_train * 2 + np.random.random(10000)   # 生成 2 * X + (0,1) 之间的随机数
X_test = np.arange(1,101)
y_test = X_test * 2
X_train = X_train.reshape(-1,1)   # 按照 Auto-Sklearn 的要求，不能是一维向量，一维的也要
reshape 成 (-1,1) 型的
X_test = X_test.reshape(-1,1)
# 训练部分
feature_types = (['numerical'] * 1)   # 只有一个数字型的 feature
automl = autosklearn.regression.AutoSklearnRegressor(
          time_left_for_this_task=120,
          per_run_time_limit=30,
          tmp_folder='~/tmp/autosklearn_regression_example_tmp',
          output_folder='~/tmp/autosklearn_regression_example_out',
)
automl.fit(X_train, y_train,feat_type=feature_types)   # 自动训练模型
print(automl.show_models())   # 打印模型信息
predictions = automl.predict(X_test)   # 根据自动生成的
```

```
print("R2 分数 :", sklearn.metrics.r2_score(y_test, predictions))    # 评测分数
```

输出结果如下，我们先看重点：

```
R2 分数 : 0.999918663138032
```

效果还不错。然后我们看下 Auto-Sklearn 所找到的模型，很长，这里节选其中的一部分：

```
[(0.440000, SimpleRegressionPipeline({'categorical_encoding:__choice__': 'one_hot_encoding', 'imputation:strategy': 'median', 'preprocessor:__choice__': 'nystroem_sampler', 'regressor:__choice__': 'ridge_regression', 'rescaling:__choice__': 'minmax', 'categorical_encoding:one_hot_encoding:use_minimum_fraction': 'True', 'preprocessor:nystroem_sampler:kernel': 'rbf', 'preprocessor:nystroem_sampler:n_components': 56, 'regressor:ridge_regression:alpha': 0.00040141880310164265, 'regressor:ridge_regression:fit_intercept': 'True', 'regressor:ridge_regression:tol': 0.0037897934620765013, 'categorical_encoding:one_hot_encoding:minimum_fraction': 0.0009583010345617072, 'preprocessor:nystroem_sampler:gamma': 0.05070996797465568},
dataset_properties={
  'task': 4,
  'sparse': False,
  'multilabel': False,
  'multiclass': False,
  'target_type': 'regression',
  'signed': False})),
```

下面我们用 Auto-Sklearn 去解决困扰了神经网络初期的重要问题：异或问题。

第一步，我们来构建异或的训练集。一共有 4 个结果：

```
X_train = np.array([[0,0],[0,1],[1,0],[1,1]])    # 异或训练集
y_train = np.array([0,1,1,0])
```

测试集与训练集一模一样。下面开始编码：

```
import NumPy as np
import autosklearn.classification
import sklearn.model_selection
import sklearn.datasets
import sklearn.metrics

# 数据部分

X_train = np.array([[0,0],[0,1],[1,0],[1,1]])    # 异或训练集
y_train = np.array([0,1,1,0])
```

```
X_test = np.array([[0,0],[0,1],[1,0],[1,1]])   # 异或训练集
y_test = np.array([0,1,1,0])

# 自动训练部分
automl = autosklearn.classification.AutoSklearnClassifier()   # 创建自动分类器
automl.fit(X_train, y_train)   # 自动建模，自动调参
y_hat = automl.predict(X_test)   # 预测
print(" 准确率分数：", sklearn.metrics.accuracy_score(y_test, y_hat))
print(automl.cv_results_)
print(automl.sprint_statistics())
print(automl.show_models())   # 打印适配的模型的信息
```

输出很长，我们从中节选一些关键性的信息。

首先是运行结果，最关键的一条：

```
auto-sklearn results:
  Dataset name: 720a278cc84cd375c2067fb026ef79dc
  Metric: accuracy
  Best validation score: 1.000000
  Number of target algorithm runs: 6428
  Number of successful target algorithm runs: 4948
  Number of crashed target algorithm runs: 1480
  Number of target algorithms that exceeded the time limit: 0
  Number of target algorithms that exceeded the memory limit: 0
```

Best validation score 是最好的结果，异或这种当然会是 1.0，也就是全部命中。

Number of target algorithm runs: 6428 是指一共运行 6428 种算法。

Number of successful target algorithm runs：4948 是指运行成功 4948 个。

Number of crashed target algorithm runs：1480 是指还有 1480 个崩溃。

14.2 Autokeras

Auto-Sklearn 并不是自动机器学习的唯一选择，还有更加强大的 Autokeras 系统。我们学习过 keras，还学过跟 keras 很相近的 PyTorch 和 TensorFlow.js，学习 Autokeras 会更容易一些。

14.2.1 Autokeras 的安装

因为 Autokeras 的库与 Auto-Sklearn 有冲突，所以需要为 Autokeras 再创建一个虚拟环境：

```
virtualenv -p /usr/bin/python3.6 autokeras
```

然后激活这个虚拟环境：

```
cd autokeras/
source bin/activate
```

接着安装 Autokeras:

```
pip install autokeras
```

安装过程如下：

```
Looking in indexes: https://pypi.tuna.tsinghua.edu.cn/simple
Collecting autokeras
Collecting scikit-image==0.13.1 (from autokeras)
  Using cached https://pypi.tuna.tsinghua.edu.cn/packages/60/0e/75fbf63c3b7a14fdbfaf92ca77035c18e90963003031148211bf12441be7/scikit_image-0.13.1-cp36-cp36m-manylinux1_x86_64.whl
Collecting NumPy==1.14.5 (from autokeras)
  Using cached https://pypi.tuna.tsinghua.edu.cn/packages/68/1e/116ad560de97694e2d0c1843a7a0075cc9f49e922454d32f49a80eb6f1f2/NumPy-1.14.5-cp36-cp36m-manylinux1_x86_64.whl
Collecting scipy==1.1.0 (from autokeras)
  Using cached https://pypi.tuna.tsinghua.edu.cn/packages/a8/0b/f163da98d3a01b3e0ef1cab8dd2123c34aee2bafbb1c5bffa354cc8a1730/scipy-1.1.0-cp36-cp36m-manylinux1_x86_64.whl
Collecting GPUtil==1.3.0 (from autokeras)
Collecting requests==2.20.1 (from autokeras)
  Using cached https://pypi.tuna.tsinghua.edu.cn/packages/ff/17/5cbb026005115301a8fb2f9b0e3e8d32313142fe8b617070e7baad20554f/requests-2.20.1-py2.py3-none-any.whl
Collecting lightgbm==2.2.2 (from autokeras)
  Using cached https://pypi.tuna.tsinghua.edu.cn/packages/4c/3b/4ae113193b4ee01387ed76d5eea32788aec0589df9ae7378a8b7443eaa8b/lightgbm-2.2.2-py2.py3-none-manylinux1_x86_64.whl
Collecting imageio==2.4.1 (from autokeras)
Collecting pandas==0.23.4 (from autokeras)
  Using cached https://pypi.tuna.tsinghua.edu.cn/packages/e1/d8/feeb346d41f181e83fba4
```

```
5224ab14a8d8af019b48af742e047f3845d8cff/pandas-0.23.4-cp36-cp36m-manylinux1_x86_64.whl
    Collecting scikit-learn==0.20.1 (from autokeras)
      Using cached https://pypi.tuna.tsinghua.edu.cn/packages/10/26/d04320c3edf2d59b1fcd0720b46753d4d603a76e68d8ad10a9b92ab06db2/scikit_learn-0.20.1-cp36-cp36m-manylinux1_x86_64.whl
    Collecting tensorflow==1.10.0 (from autokeras)
      Using cached https://pypi.tuna.tsinghua.edu.cn/packages/ee/e6/a6d371306c23c2b01cd2cb38909673d17ddd388d9e4b3c0f6602bfd972c8/tensorflow-1.10.0-cp36-cp36m-manylinux1_x86_64.whl
    Collecting torch==0.4.1 (from autokeras)
      Using cached https://pypi.tuna.tsinghua.edu.cn/packages/49/0e/e382bcf1a6ae8225f50b99cc26effa2d4cc6d66975ccf3fa9590efcbedce/torch-0.4.1-cp36-cp36m-manylinux1_x86_64.whl
    Collecting tqdm==4.25.0 (from autokeras)
      Using cached https://pypi.tuna.tsinghua.edu.cn/packages/c7/e0/52b2faaef4fd87f86eb8a8f1afa2cd6eb11146822033e29c04ac48ada32c/tqdm-4.25.0-py2.py3-none-any.whl
    Collecting torchvision==0.2.1 (from autokeras)
      Using cached https://pypi.tuna.tsinghua.edu.cn/packages/ca/0d/f00b28857 11e08bd71242ebe7b96561e6f6d01fdb4b9dcf4d37e2e13c5e1/torchvision-0.2.1-py2.py3-none-any.whl
    Collecting keras==2.2.2 (from autokeras)
      Using cached https://pypi.tuna.tsinghua.edu.cn/packages/34/7d/b1dedde8af99bd82f20ed7e9697aac0597de3049b1f786aa2aac3b9bd4da/Keras-2.2.2-py2.py3-none-any.whl
    Collecting pillow>=2.1.0 (from scikit-image==0.13.1->autokeras)
      Using cached https://pypi.tuna.tsinghua.edu.cn/packages/62/94/5430ebaa83f91cc7a9f687ff5238e26164a779cca2ef9903232268b0a318/Pillow-5.3.0-cp36-cp36m-manylinux1_x86_64.whl
    Collecting six>=1.7.3 (from scikit-image==0.13.1->autokeras)
      Using cached https://pypi.tuna.tsinghua.edu.cn/packages/73/fb/00a976f728d0d1fecfe898238ce23f502a721c0ac0ecfedb80e0d88c64e9/six-1.12.0-py2.py3-none-any.whl
    Collecting PyWavelets>=0.4.0 (from scikit-image==0.13.1->autokeras)
      Using cached https://pypi.tuna.tsinghua.edu.cn/packages/fe/68/74a8527b3a727aa69736baaf5a273d83947fa6c91ef4f2e1efddda00d8b6/PyWavelets-1.0.1-cp36-cp36m-manylinux1_x86_64.whl
    Collecting networkx>=1.8 (from scikit-image==0.13.1->autokeras)
    Collecting matplotlib>=1.3.1 (from scikit-image==0.13.1->autokeras)
```

```
  Using cached https://pypi.tuna.tsinghua.edu.cn/packages/71/07/16d781df15be30df4a
cfd536c479268f1208b2dfbc91e9ca5d92c9caf673/matplotlib-3.0.2-cp36-cp36m-manylinux1_
x86_64.whl
 Collecting idna<2.8,>=2.5 (from requests==2.20.1->autokeras)
  Using cached https://pypi.tuna.tsinghua.edu.cn/packages/4b/2a/0276479a4b3caeb8a8c1
af2f8e4355746a97fab05a372e4a2c6a6b876165/idna-2.7-py2.py3-none-any.whl
 Collecting urllib3<1.25,>=1.21.1 (from requests==2.20.1->autokeras)
  Using cached https://pypi.tuna.tsinghua.edu.cn/packages/62/00/ee1d7de624db8ba7090
d1226aebefab96a2c71cd5cfa7629d6ad3f61b79e/urllib3-1.24.1-py2.py3-none-any.whl
 Collecting certifi>=2017.4.17 (from requests==2.20.1->autokeras)
  Using cached https://pypi.tuna.tsinghua.edu.cn/packages/9f/e0/accfc1b56b57e9750eba2
72e24c4dddeac86852c2bebd1236674d7887e8a/certifi-2018.11.29-py2.py3-none-any.whl
 Collecting chardet<3.1.0,>=3.0.2 (from requests==2.20.1->autokeras)
  Using cached https://pypi.tuna.tsinghua.edu.cn/packages/bc/a9/01ffebfb562e4274b6487
b4bb1ddec7ca55ec7510b22e4c51f14098443b8/chardet-3.0.4-py2.py3-none-any.whl
 Collecting python-dateutil>=2.5.0 (from pandas==0.23.4->autokeras)
  Using cached https://pypi.tuna.tsinghua.edu.cn/packages/74/68/d87d9b36af36f44254a8
d512cbfc48369103a3b9e474be9bdfe536abfc45/python_dateutil-2.7.5-py2.py3-none-any.whl
 Collecting pytz>=2011k (from pandas==0.23.4->autokeras)
  Using cached https://pypi.tuna.tsinghua.edu.cn/packages/f8/0e/2365ddc010afb3d79147f
1dd544e5ee24bf4ece58ab99b16fbb465ce6dc0/pytz-2018.7-py2.py3-none-any.whl
 Collecting protobuf>=3.6.0 (from tensorflow==1.10.0->autokeras)
  Using cached https://pypi.tuna.tsinghua.edu.cn/packages/c2/f9/28787754923612ca9b
fdffc588daa05580ed70698add063a5629d1a4209d/protobuf-3.6.1-cp36-cp36m-manylinux1_
x86_64.whl
 Collecting tensorboard<1.11.0,>=1.10.0 (from tensorflow==1.10.0->autokeras)
  Using cached https://pypi.tuna.tsinghua.edu.cn/packages/c6/17/ecd918a004f297955c30
b4fffbea100b1606c225dbf0443264012773c3ff/tensorboard-1.10.0-py3-none-any.whl
 Collecting astor>=0.6.0 (from tensorflow==1.10.0->autokeras)
  Using cached https://pypi.tuna.tsinghua.edu.cn/packages/35/6b/11530768cac581a12952
a2aad00e1526b89d242d0b9f59534ef6e6a1752f/astor-0.7.1-py2.py3-none-any.whl
 Collecting absl-py>=0.1.6 (from tensorflow==1.10.0->autokeras)
 Collecting grpcio>=1.8.6 (from tensorflow==1.10.0->autokeras)
  Using cached https://pypi.tuna.tsinghua.edu.cn/packages/3b/bb/701d879849c938028c
09fdb5405dbde7c86644bbbb90098094002db23ded/grpcio-1.17.1-cp36-cp36m-manylinux1_
```

```
x86_64.whl
    Collecting setuptools<=39.1.0 (from tensorflow==1.10.0->autokeras)
      Using cached https://pypi.tuna.tsinghua.edu.cn/packages/8c/10/79282747f9169f21c053c562a0baa21815a8c7879be97abd930dbcf862e8/setuptools-39.1.0-py2.py3-none-any.whl
    Requirement already satisfied: wheel>=0.26 in ./lib/python3.6/site-packages (from tensorflow==1.10.0->autokeras) (0.32.3)
    Collecting gast>=0.2.0 (from tensorflow==1.10.0->autokeras)
    Collecting termcolor>=1.1.0 (from tensorflow==1.10.0->autokeras)
    Collecting pyyaml (from keras==2.2.2->autokeras)
    Collecting h5py (from keras==2.2.2->autokeras)
      Using cached https://pypi.tuna.tsinghua.edu.cn/packages/30/99/d7d4fbf2d02bb30fb76179911a250074b55b852d34e98dd452a9f394ac06/h5py-2.9.0-cp36-cp36m-manylinux1_x86_64.whl
    Collecting keras-preprocessing==1.0.2 (from keras==2.2.2->autokeras)
      Using cached https://pypi.tuna.tsinghua.edu.cn/packages/71/26/1e778ebd737032749824d5cba7dbd3b0cf9234b87ab5ec79f5f0403ca7e9/Keras_Preprocessing-1.0.2-py2.py3-none-any.whl
    Collecting keras-applications==1.0.4 (from keras==2.2.2->autokeras)
      Using cached https://pypi.tuna.tsinghua.edu.cn/packages/54/90/8f327deaa37a71caddb59b7b4aaa9d4b3e90c0e76f8c2d1572005278ddc5/Keras_Applications-1.0.4-py2.py3-none-any.whl
    Collecting decorator>=4.3.0 (from networkx>=1.8->scikit-image==0.13.1->autokeras)
      Using cached https://pypi.tuna.tsinghua.edu.cn/packages/bc/bb/a24838832ba35baf52f32ab1a49b906b5f82fb7c76b2f6a7e35e140bac30/decorator-4.3.0-py2.py3-none-any.whl
    Collecting cycler>=0.10 (from matplotlib>=1.3.1->scikit-image==0.13.1->autokeras)
      Using cached https://pypi.tuna.tsinghua.edu.cn/packages/f7/d2/e07d3ebb2bd7af696440ce7e754c59dd546ffe1bbe732c8ab68b9c834e61/cycler-0.10.0-py2.py3-none-any.whl
    Collecting kiwisolver>=1.0.1 (from matplotlib>=1.3.1->scikit-image==0.13.1->autokeras)
      Using cached https://pypi.tuna.tsinghua.edu.cn/packages/69/a7/88719d132b18300b4369fbffa741841cfd36d1e637e1990f27929945b538/kiwisolver-1.0.1-cp36-cp36m-manylinux1_x86_64.whl
    Collecting pyparsing!=2.0.4,!=2.1.2,!=2.1.6,>=2.0.1 (from matplotlib>=1.3.1->scikit-image==0.13.1->autokeras)
      Using cached https://pypi.tuna.tsinghua.edu.cn/packages/71/e8/6777f6624681c8b9701a8a0a5654f3eb56919a01a78e12bf3c73f5a3c714/pyparsing-2.3.0-py2.py3-none-any.whl
```

```
Collecting werkzeug>=0.11.10 (from tensorboard<1.11.0,>=1.10.0->tensorflow==1.10.0->autokeras)
  Using cached https://pypi.tuna.tsinghua.edu.cn/packages/20/c4/12e3e56473e52375aa29c4764e70d1b8f3efa6682bef8d0aae04fe335243/Werkzeug-0.14.1-py2.py3-none-any.whl
Collecting markdown>=2.6.8 (from tensorboard<1.11.0,>=1.10.0->tensorflow==1.10.0->autokeras)
  Using cached https://pypi.tuna.tsinghua.edu.cn/packages/7a/6b/5600647404ba15545ec37d2f7f58844d690baf2f81f3a60b862e48f29287/Markdown-3.0.1-py2.py3-none-any.whl
Installing collected packages: pillow, six, NumPy, PyWavelets, decorator, networkx, cycler, setuptools, kiwisolver, pyparsing, python-dateutil, matplotlib, scipy, scikit-image, GPUtil, idna, urllib3, certifi, chardet, requests, scikit-learn, lightgbm, imageio, pytz, pandas, protobuf, werkzeug, markdown, tensorboard, astor, absl-py, grpcio, gast, termcolor, tensorflow, torch, tqdm, torchvision, pyyaml, h5py, keras-preprocessing, keras-applications, keras, autokeras
  Found existing installation: setuptools 40.6.3
    Uninstalling setuptools-40.6.3:
      Successfully uninstalled setuptools-40.6.3
Successfully installed GPUtil-1.3.0 PyWavelets-1.0.1 absl-py-0.6.1 astor-0.7.1 autokeras-0.3.5 certifi-2018.11.29 chardet-3.0.4 cycler-0.10.0 decorator-4.3.0 gast-0.2.0 grpcio-1.17.1 h5py-2.9.0 idna-2.7 imageio-2.4.1 keras-2.2.2 keras-applications-1.0.4 keras-preprocessing-1.0.2 kiwisolver-1.0.1 lightgbm-2.2.2 markdown-3.0.1 matplotlib-3.0.2 networkx-2.2 NumPy-1.14.5 pandas-0.23.4 pillow-5.3.0 protobuf-3.6.1 pyparsing-2.3.0 python-dateutil-2.7.5 pytz-2018.7 pyyaml-3.13 requests-2.20.1 scikit-image-0.13.1 scikit-learn-0.20.1 scipy-1.1.0 setuptools-39.1.0 six-1.12.0 tensorboard-1.10.0 tensorflow-1.10.0 termcolor-1.1.0 torch-0.4.1 torchvision-0.2.1 tqdm-4.25.0 urllib3-1.24.1 werkzeug-0.14.1
```

提 示

Autokeras 对于库的并不是最新版本，所以与最新版本可能有些冲突。例如，假设现在最新的 TensorFlow 是 1.12.0 版，但是 Autokeras 0.3.5 要求的是 TensorFlow 1.10.0。对于 PyTorch 也是如此。

请大家像上面列出的一样，检查是否有版本号的冲突。

14.2.2 Autokeras 编程

下面还是以异或为例子，来看下在 Autokeras 中是如何运行的：

```
import NumPy as np
```

```
from autokeras import MlpModule
from autokeras.nn.loss_function import classification_loss
from autokeras.nn.metric import Accuracy

X_train = np.array([[0,0],[0,1],[1,0],[1,1]])   # 异或训练集
y_train = np.array([0,1,1,0])

X_test = np.array([[0,0],[0,1],[1,0],[1,1]])   # 异或训练集
y_test = np.array([0,1,1,0])

mlpModule = MlpModule(loss=classification_loss, metric=Accuracy, searcher_args={},
verbose=True)   # 多层神经网络模型
mlpModule.fit(n_output_node=2,   # 输出分几类
          input_shape=(4,2),   # 输入的形状
          train_data=X_train,   # 训练集
          test_data=y_train,   # 验证集
          time_limit=24 * 60 * 60)   # 超时时间的设置
```

关键代码只有最后两行，比起手动建模方便了很多。

14.3 Windows Subsystem for Linux

前面介绍了 Auto-Sklearn 只支持 Linux 系统。不仅如此，截至目前，Autokeras 对于 Windows 的支持也不是特别好。

但是不用担心，Windows 系统也在不断升级。在 Windows 10 中，微软加入了 Windows Subsystem for Linux(WSL) 功能。这个功能最早是为了在 Windows 10 中支持 Android 设计的。

14.3.1 激活 WSL 功能

WSL 功能默认是没有打开的，可以通过下面的方式来打开它。

（1）Win+X 打开菜单，选择“Windows Powershell(管理员)”。

（2）在 Powershell 中输入下面的命令：

```
Enable-WindowsOptionalFeature -Online -FeatureName Microsoft-Windows-Subsystem-
Linux
```

14.3.2 在微软商店中安装 Linux

激活 WSL 之后，就可以在微软商店中用“wsl”作为关键字去搜索，结果如图 14.1 所示。

图 14.1 在微软商店中搜索“wsl”的结果

然后选择一个较新的版本，“Ubuntu 18.04 LTS”，如图 14.2 所示。

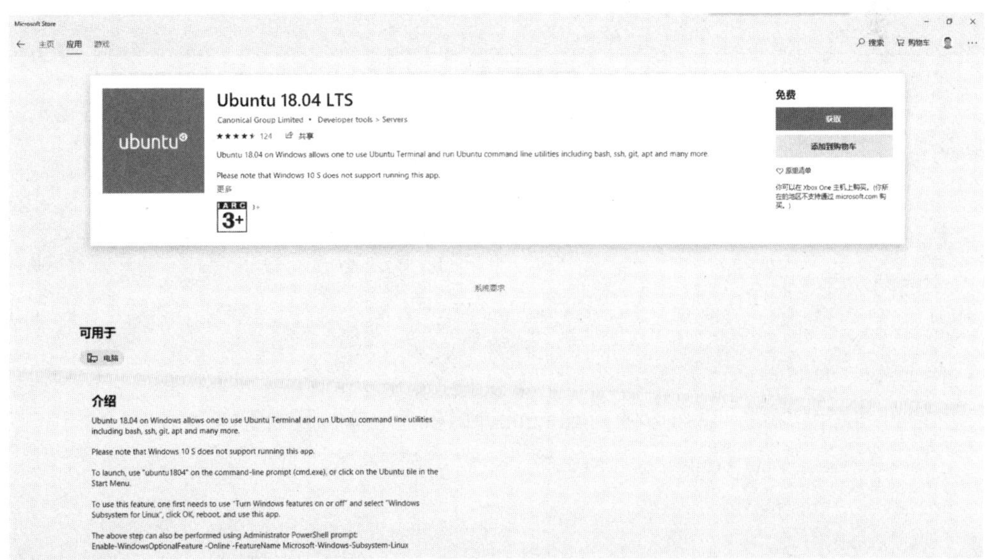

图 14.2 获取 Ubuntu 18.04 LTS 应用

单击右上角的“获取”按钮，就可以进行安装了，如图 14.3 所示。

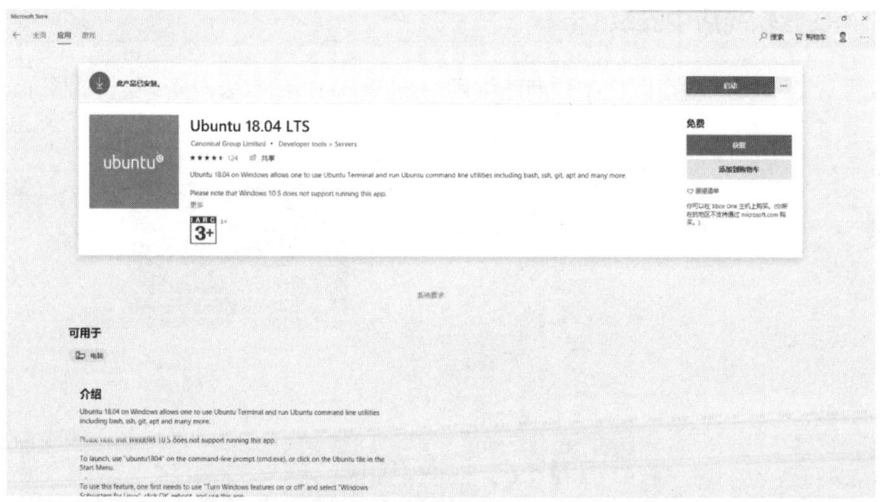

图 14.3　启动 Ubuntu 18.04 LTS

单击右上角的“启动”按钮，Ubuntu 就像一个 Windows 应用一样启动了。启动之后会有一段时间的安装过程，只需要耐心等几分钟即可，如图 14.4 所示。

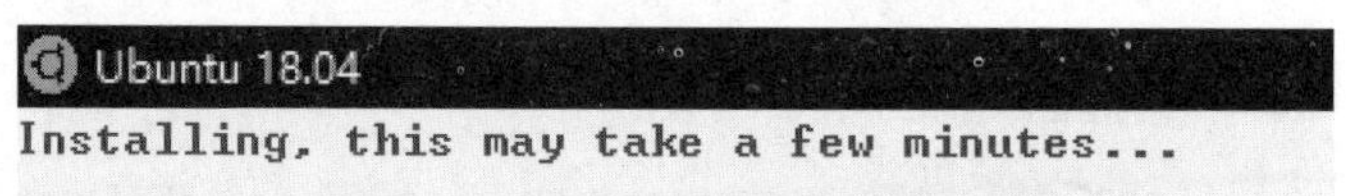

图 14.4　Ubuntu 18.04 启动后的安装过程

下面系统会提示输入用户名：

```
Please create a default UNIX user account. The username does not need to match your Windows username.
For more information visit: https://aka.ms/wslusers
Enter new UNIX username:
```

然后两次要求输入密码：

```
Enter new UNIX password:
Retype new UNIX password:
```

看到下面的信息后，就可以像在 Ubuntu 计算机上一样，开始工作。

```
passwd: password updated successfully
Installation successful!
To run a command as administrator (user "root"), use "sudo <command>".
See "man sudo_root" for details.
```

如果还有进一步的问题，请参见微软的官方文档：https://docs.microsoft.com/zh-cn/windows/wsl/install-win10#for-anniversary-update-and-creators-update-install-using-lxrun。

Ubuntu 18.04 的镜像已经安装了 Python 3，但是没有安装 pip，需要通过下面的命令来安装：

```
sudo apt install python3-pip
```

我们可以使用清华的软件源来替换 Ubuntu 的默认值，具体方法是用下面的内容替换掉 /etc/apt/sources.list 文件的内容。

```
# 默认注释了源码镜像以提高 apt update 速度，如有需要可自行取消注释
deb https://mirrors.tuna.tsinghua.edu.cn/ubuntu/ bionic main restricted universe multiverse
# deb-src https://mirrors.tuna.tsinghua.edu.cn/ubuntu/ bionic main restricted universe multiverse
deb https://mirrors.tuna.tsinghua.edu.cn/ubuntu/ bionic-updates main restricted universe multiverse
# deb-src https://mirrors.tuna.tsinghua.edu.cn/ubuntu/ bionic-updates main restricted universe multiverse
deb https://mirrors.tuna.tsinghua.edu.cn/ubuntu/ bionic-backports main restricted universe multiverse
# deb-src https://mirrors.tuna.tsinghua.edu.cn/ubuntu/ bionic-backports main restricted universe multiverse
deb https://mirrors.tuna.tsinghua.edu.cn/ubuntu/ bionic-security main restricted universe multiverse
# deb-src https://mirrors.tuna.tsinghua.edu.cn/ubuntu/ bionic-security main restricted universe multiverse
# 预发布软件源，不建议启用
# deb https://mirrors.tuna.tsinghua.edu.cn/ubuntu/ bionic-proposed main restricted universe multiverse
# deb-src https://mirrors.tuna.tsinghua.edu.cn/ubuntu/ bionic-proposed main restricted universe multiverse
```

14.3.3 在 WSL 中使用图形

如我们所见，WSL 默认只提供了命令行的界面，但是可以通过一些 X Window 软件来实现。

首先，我们需要设置 DISPLAY 属性，如加入 ~/.bashrc 中。

```
export DISPLAY=:0
```

然后我们需要安装一个 X Window 软件，如 Xming 或 VcXsvr。例如，在 Ubuntu 中运行第 6 章介绍的 sigmoid 曲线绘制程序，绘图的结果将在 X Window 程序的单独窗口中显示，

如图 14.5 所示。

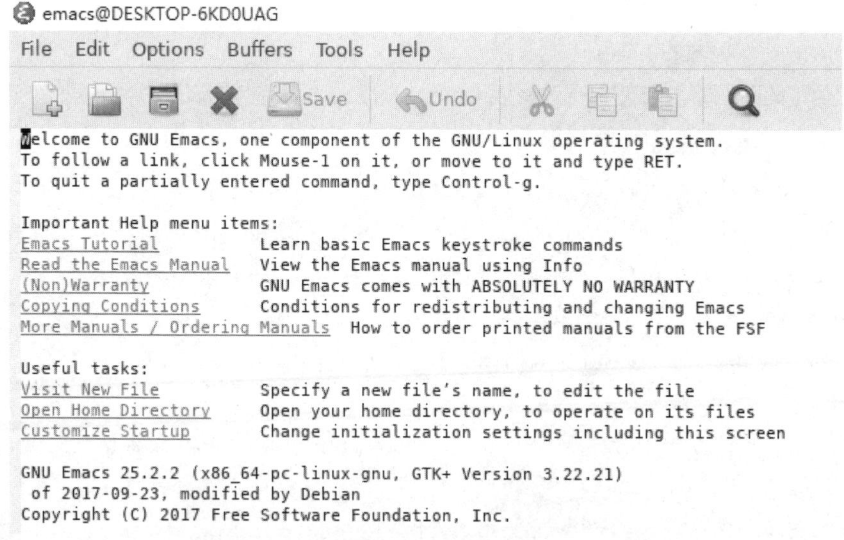

图 14.5 Xming 显示 Ubuntu 中的 emacs 图

14.4 强化学习

强化学习的主要特点是通过不断试错，也就是不断地跟环境交互来进行最优策略估计的一种算法。

强化学习其实是一门相对比较古老的机器学习学科，已经有几十年的历史。但是强化学习真正的爆发，也是在与深度学习结合之后。

2015 年，Google 收购的 DeepMind 团队在 *Nature* 杂志上发表了 *Human-level Control Through Deep Reinforcement Learning* 的文章，正式提出了将深度学习与强化学习的 Q Learning 算法结合的 DQN 网络。

2016 年，仍然是 DeepMind 团队在 *Nature* 杂志上发表了介绍 Alpha Go 算法的 *Mastering the Game of Go with Deep Nature Networks and Tree Search* 的文章，介绍了成功击败人类围棋冠军的 Alpha Go Zero 的技术。

与深度学习被诟病数学基础不足相比，强化学习有一个比较坚实的数学背景的。

这个数学背景，或者称为形式化方法，就是马尔科夫决策过程 MDP（Markov Decision Process）。

简单用一句话来介绍马尔科夫决策过程：包含了状态与行动交替的一个序列。

强化学习的基本目标也是非常简单，就是让长期回报的期望值达到最高。表示这个长期期望的函数就称为值函数。

针对值函数的优化，有两大类的算法：一种是基于有模型的算法；另一种是无模型算法。除此之外，强化学习还有一个重要的变种称为反向强化学习。

顾名思义，有模型算法就是可以大致找到数据的规律，能够提出一种假设的模型，不管是否精确；而无模型算法的情况就要恶劣得多，根本不知道规律是什么。

有模型算法最著名的例子就是攻克了世界围棋算法的 Alpha Go 中使用的 Alpha Zero 算法。

其实有模型算法的基本算法还是比较容易理解的，可以分为交替执行策略评估和策略提升的策略迭代法、与迭代更新值函数使其变得最优的价值迭代法，以及将两者结合起来的泛化迭代法。

无模型算法分为两大类：一类是最优价值法；另一类是策略梯度法。

最优价值法最基础的就是蒙特卡罗方法，但我们用得更多的是时序差分法。时序差分法有 SARSA 算法和 Q 学习法（Q Learning）。Q 学习法与深度学习结合产生的 DQN（Deep Q Network）深度 Q 学习是目前比较有效的一种方法。

因为 DQN 应用广泛，所以它的改进和变种方法也有很多。最后，我们还有很丰富的策略梯度法，类似于前面学习的梯度下降的思想。

首先通过一张逻辑图来加深对于强化学习知识体系的理解，如图 14.6 所示。

图 14.6　强化学习主要知识点

在不知道模型的情况，我们很自然的想法就是采用随机的方法来尝试，这就是蒙特卡罗方法。

根据大数定律，在尝试足够多的步骤之后，蒙特卡罗方法是一种无偏估计。正如一个硬币总是有两面的，蒙特卡罗方法最终可以达到目的地，但此过程中的速度并不是蒙特卡罗方法所关心的。用更数学一点的语言讲，叫作蒙特卡罗估计的期望方差比较大。

于是我们可以在蒙特卡罗算法的基础上，与动态规划结合起来，这种方法叫作时序差分法（Time Difference，TD）。

最基础的 TD 方法叫作 SARSA 算法，这个名字来源于 SARSA 中使用的关键字：S——当前状态，A——当前行动，R——模拟时得到的奖励，S——模拟进入的下一个状态，A——模拟中采取的下一个行动。

SARSA 算法的特点是遵从了交互序列，根据下一步的真实行动进行价值评估。这种估计策略叫作 On-Policy 策略。

Q 学习法却并不遵循交互序列，而是选择下一时刻可能使价值最大的行动。也就是说，Q 学习采用一个模型来估计价值，然后将模型的估计值和目标值进行比较，从而改进模型，如图 14.7 所示。

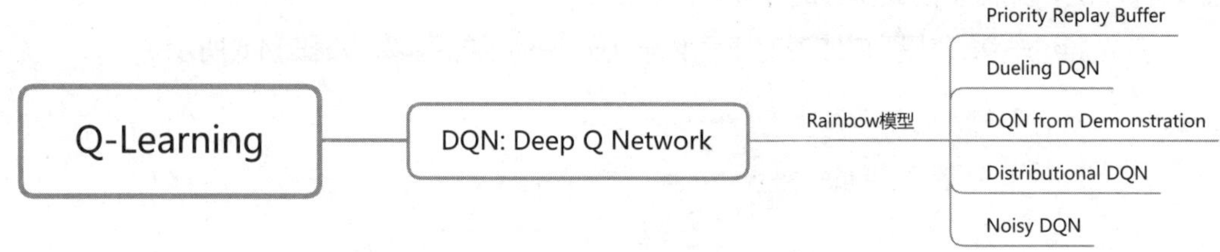

图 14.7　Q 学习法的改进算法

Q 学习的这种模型估计，如果有领域知识可以借用，就借用领域知识。如果没有现成的领域知识，就采用深度学习来进行模型的学习。这种基于深度学习的 Q 学习改进就叫作 DQN。

Q 学习进行模型学习中所使用的样本不一定是由当前模型所获得的，而是采用了 Replay Buffer 来记录存储了一段时间的交互样本。

以 Q 学习为代表的一系列算法，不管是有模型还是无模型的，其核心思想都是对值函数进行估计。但是我们也可以不这样走迂回策略，直接针对长期回报进行优化。优化的方法就是我们前面已经非常熟悉的梯度下降法。

我们把值函数看成一个函数，如果函数可以求导，就可以通过导数或者梯度的方法使其达到最大值。

与蒙特卡罗方法一样，策略梯度是个很好的破局点，但也带来了期望方差过大的问题。

所以，类似于 Q 学习使用模型进行估计，在策略梯度法时也可以用一个独立的模型来估计长期回报，这就是 Actor-Critic 算法。

实际应用中，使用的不是 Actor-Critic 算法本身，而是它的两种改进算法。这两种算法一种是同步的，叫作 A2C（Advantage Actor-Critic）；另一种是异步的，叫作 A3C（Asynchronous Advantage Actor-Critic）。这两种算法仍然是出自 Google 的 Deep Mind 团队，论文是 *Asynchronous Methods for Deep Reinforcement Learning*。这也是强化学习和深度学习结合取得的成果。

14.5 强化学习编程

前面强化学习的知识虽然有点多，但是可以在编程中慢慢加深理解。

在强化学习领域，Open AI 是一个强大的团队，Open AI 提供的 Gym 和 Baseline 都是强化学习领域的基础设施，类似于 TensorFlow 在深度学习中的地位。

Open AI 与 Google 的 DeepMind 堪称是强化学习领域的双璧，是由传奇人物——曾以投资 Airbnb 而闻名的 YC 的 CEO Sam Alterman 和创始人 Paul Graham 的夫人 Jessica Livingston、LinkedIn 创始人 Reid Hoffman、硅谷钢铁侠 Elon Musk、Paypal 创始人和 Facebook 天使投资人 Peter Thiel 等共同创立的。Open AI 的负责人是 Ilya Sutskever，就是 AlexNet 那篇文章的第二作者。

14.5.1 Gym 和 Baselines 的安装

由于强化学习主要是在游戏对抗中进行训练测试的，因此 Gym 就是提供一个这样的环境的工具。

Gym 的安装命令如下：

```
pip install gym -U
```

运行结果如下：

```
Successfully built gym future
Installing collected packages: future, pyglet, gym
Successfully installed future-0.17.1 gym-0.10.9 pyglet-1.3.2
```

Gym 主要的依赖库，除了前面介绍过的以外，主要还是 future 和 pyglet。

其中，future 库的作用是在 Python 2 中引用 Python 3 的功能。

pyglet 是一个跨平台的窗口和多媒体库，主要用于开发游戏。Baselines 是 Google 旗下的 Open AI 开发的强化学习的工具库。Baselines 依赖 cmake 和 openmpi 两个库，需要通过 Linux 包管理工具来安装。

例如，在 Ubuntu 上安装 Baselines 的依赖：

```
sudo apt install cmake libopenmpi-dev python3-dev zlib1g-dev
```

在 Fedora 系统下，对应的安装命令如下：

```
sudo dnf install cmake openmpi-devel python3-devel zlib-devel
```

Baselines 依赖收费软件 mujoco，其安装方法请参见 https://github.com/openai/mujoco-py#install-mujoco。

另外，在 Baselines 的基础上，很多开发者进行了二次开发。例如，stable-baselines 提供了更丰富的文档。

安装命令如下：

```
pip install stable-baselines
```

输出结果如下：

```
Installing collected packages: joblib, python-utils, progressbar2, cycler, kiwisolver, python-dateutil, pyparsing, matplotlib, cloudpickle, click, gym, pytz, pandas, h5py, keras-applications, gast, termcolor, grpcio, protobuf, markdown, werkzeug, tensorboard, keras-preprocessing, absl-py, astor, tensorflow, dill, seaborn, tqdm, pyzmq, zmq, mpi4py, glob2, opencv-python, stable-baselines
Successfully installed absl-py-0.6.1 astor-0.7.1 click-7.0 cloudpickle-0.6.1 cycler-0.10.0 dill-0.2.8.2 gast-0.2.0 glob2-0.6 grpcio-1.17.1 gym-0.10.9 h5py-2.9.0 joblib-0.13.0 keras-applications-1.0.6 keras-preprocessing-1.0.5 kiwisolver-1.0.1 markdown-3.0.1 matplotlib-3.0.2 mpi4py-3.0.0 opencv-python-3.4.5.20 pandas-0.23.4 progressbar2-3.39.2 protobuf-3.6.1 pyparsing-2.3.0 python-dateutil-2.7.5 python-utils-2.3.0 pytz-2018.7 pyzmq-17.1.2 seaborn-0.9.0 stable-baselines-2.3.0 tensorboard-1.12.1 tensorflow-1.12.0 termcolor-1.1.0 tqdm-4.28.1 werkzeug-0.14.1 zmq-0.0.0
```

14.5.2 Baselines 编程

以 Stable-Baselines 为例介绍 Baselines 的强化学习编程。强化学习主要有 3 个步骤：建模、训练、预测。

1. Deep Q Learning 编程

针对最流行的 Deep Q Learnig，建模的语句如下：

```
model = DQN(CnnPolicy, env, verbose=1)  # 使用 CnnPolicy 建模 Deep Q Learning Networks
```

因此 DQN 是使用深度学习的，所以使用的网络是全连接网络、卷积网络这些我们熟悉的网络。

除了 CnnPolicy 以外，还可以使用带有批量归一化的 Cnn：LnCnnPolicy。

我们也可以使用全连接网络：MlpPolicy 和 LnMlpPolicy。如果还不能满足需求，则可以继承 FeedForwardPolicy 类去实现自己的网络结构。

训练更简单，指定要训练多少步即可。

```
model.learn(total_timesteps=25000)   # 训练
```

预测也非常简单，从环境中获得 obs，调用 model.predict 就可以生成下一步的 action 和 state。

```
action, _states = model.predict(obs)   # 预测
```

针对 Atari 游戏，将上面 3 个步骤集成在一起：

```
from stable_baselines.common.atari_wrappers import make_atari
from stable_baselines.deepq.policies import MlpPolicy, CnnPolicy
from stable_baselines import DQN
env = make_atari('BreakoutNoFrameskip-v4')   # Atari 模型
model = DQN(CnnPolicy, env, verbose=1)   # 使用 CnnPolicy 建模 Deep Q Learning Network
model.learn(total_timesteps=25000)   # 训练
model.save("dpn")   # 保存模型
obs = env.reset()   # 重置环境
while True:
  action, _states = model.predict(obs)   # 预测
  obs, rewards, dones, info = env.step(action)   # 进行下一步游戏
  env.render()   # 绘图
```

2. A2C 编程

学习了最优价值法的代表例子 Deep Q Learing，再来看策略梯度法的代表 A2C 算法。仍然只有建模、训练和预测 3 步。首先是建模：

```
model = A2C(MlpPolicy, env, verbose=1)   # 使用 MlpPolicy 的 A2C 算法
```

A2C 的策略可以是 MlpPolicy、CnnPolicy、CnnLstmPolicy 等，仍然都是我们熟悉的深度网络结构。

训练和预测与 DQN 的方法一模一样：

```
model.learn(total_timesteps=25000)   # 训练
action, _states = model.predict(obs)   # 预测
```

我们用一个 4 线程的 CartPole 模型来演示 A2C 算法：

```
import gym
from stable_baselines.common.policies import MlpPolicy
from stable_baselines.common.vec_env import SubprocVecEnv
from stable_baselines import A2C
n_cpu = 4    # 支持 4 线程
env = SubprocVecEnv([lambda: gym.make('CartPole-v1') for i in range(n_cpu)])
model = A2C(MlpPolicy, env, verbose=1)    # 使用 MlpPolicy 的 A2C 算法
model.learn(total_timesteps=25000)    # 训练
obs = env.reset()
while True:
    action, _states = model.predict(obs)    # 预测
    obs, rewards, dones, info = env.step(action)    # 执行下一步游戏
    env.render()    # 显示
```

3. TRPO 编程

最后我们学习基于策略单调提升的 TRPO（置信区域策略优化）算法。TRPO 算法在使用上，除了支持了更复杂的 MlpLstmPolicy 和 MlplLnLstmPolicy 之外，使用方法与 A2C 相比并没有太大的不同。

示例如下：

```
import gym
from stable_baselines.common.policies import MlpPolicy, MlpLstmPolicy, MlpLnLstmPolicy
from stable_baselines.common.vec_env import DummyVecEnv
from stable_baselines import TRPO
env = gym.make('CartPole-v1')    # CartPole 连杆游戏
env = DummyVecEnv([lambda: env])
model = TRPO(MlpPolicy, env, verbose=1)    # 使用全连接网络模型
model.learn(total_timesteps=25000)    # 训练
model.save("trpo_cartpole")
obs = env.reset()
while True:
    action, _states = model.predict(obs)    # 预测
    obs, rewards, dones, info = env.step(action)    # 运行
    env.render()    # 绘制
```

14.6 下一步的学习方法

深度学习的神经网络，虽然有了很多新模型的论文不断发表，但其实我们并没有找到其中的终极规律。

所以在最后一章介绍了 AutoML 和强化学习，希望通过自动化的搜索和强化学习的思想，能够在未来的开发中给读者带来一些提示。

深度学习与传统机器学习的重要区别是不清楚模型的结构。我们可以通过类似于蒙特卡罗方法不断寻找，并且在不断寻找中积累数据建立模型，并通过这些模型来降低随机性带来的大方差。

这对于生活在像流沙一样不停变化的时代的我们，是不是也有启示呢？我们不再有前辈一样稳定的环境，原有的模型不再可靠。但是，我们可以通过搜索优化来寻找更优解，最终找到一条适合我们自己的成功之道。

全书的最后，给大家未来的学习提一些小建议。

1. 用足功夫打好基本功

虽然大家感觉学习一门新的编程语言越来越容易了，但是回想下第一次学习面向对象思想、函数式编程思想等较大编程技能时，其实还是蛮花时间与精力的。对于机器学习和深度学习这样大跨度的学习，花足够的时间打好基本功非常必要。

对于机器学习这样既涉及大量编程框架知识，又有大量数学基础知识的学科，既需要大量的实践，也需要多思考、多学习。基本功的好坏决定了未来能走多远。

目前在实际工作中，算法工程师往往分为偏算法型和偏工程型两种。算法工程当然也很好，但是能有坚实的算法基础，遇见实际问题尤其是比较困难的问题时，可用的方法才会更多。

2. 对照代码读论文

机器学习，尤其是深度学习和强化学习等领域，是一个快速发展的领域。经常有新的理论、新的模型、新的结果更新。所以能够跟上形势发展非常重要。当然开源代码的更新速度也很快，新的理论和技术总会有新的开源代码来跟踪，此外还要拥有阅读论文的能力。

程序员出身的一个重要优势就是拥有丰富的代码编程能力。以本书的训练为起点，实践去理解主要论文，并非是不可能完成的任务。

在开源代码的很多例子中，都附有它实现算法的原始论文的名称（相关地址见本书前言赠送资源）。我们在使用和改进相关代码的同时，顺便将原始论文读懂，能帮助我们继续进步和解决工程实践中遇到的问题。遇到只有论文，没有相关成熟开源代码时，我们也可以参照论文自己来实现。

需要说明的是，确实有一些很难读懂的论文，任何学科都有困难的部分。但是大部分深度学习相关的论文对程序员来说是较容易读懂的。

例如，优化方法中用得较多的 Adam 算法的论文是 *Adam: A Method for Stochastic Optimization*。这篇论文的第一节是算法的伪码实现，简单易懂。

有一个网站名为“papers with code”，网址为 https://paperswithcode.com/，可以通过 Trending 项目关注最近流行什么，通过 Greatest 来寻找最受好评的。单击 Paper 按钮就会跳转到下载论文的网址，单击 Code 项则跳转到相应的源代码网址。

3. 勤于实践，勤于反思

机器学习和深度学习有今日的发展，跟开源的盛行有重大关系。在网上有很多真实数据开源，也有大量的算法实现开源。

但是像调用函数库一样简单实用的好事一般不多，大部分是要在现有代码的基础上做一些修改。所以前面学到的基本功和从原论文中学到的知识要与实践相结合，就会产生爆发性的力量。

读者可以去 Kaggle 等网站多做相关练习，然后将自己写的算法与高手的算法做对比，从对比中找到差距，弥补不足。

与学习编程一样，实践非常重要，学习高手的代码也非常重要。对于一些读者来讲，基本功太枯燥，不知有什么用；看论文太辛苦，有些部分不知所云。通过跟高手的思路和代码相碰撞，自然就能知道差距在哪儿。通过实战，发现不足，再回去练基本功，学习效果会更好。

4. 跟实际应用场景紧密结合

学习算法的最终目的是解决实际问题。本书是写给实践者的，虽然限于篇幅，只能讲一些干货，一些内容不能完全展开，但学以致用，解决实际问题才是关键。

对于有些实际问题，有捷径可走，这也是深度学习能被广泛应用的原因。但是我们不可能只解决简单问题，能够给真实的业务场景提供有效的帮助才是算法工程师的天职。

5. 敢于挑战

与传统编程不同，机器学习和深度学习领域中未被解决的问题很多，机会也很多。真实场景中的很多问题还没有太好的解决方案，等待我们去发现和探索。

所以我们要敢于迎接挑战，勇为天下先。在国内，以《今日头条》为代表的算法巨头，证明了算法仍然是这个时代的核心竞争力和创造力之一。学好算法，一切皆有可能。